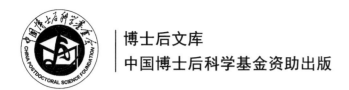

博士后文库
中国博士后科学基金资助出版

激光诱导冲击波特性
与材料响应

聂祥樊　著

科学出版社
北　京

内 容 简 介

　　激光诱导冲击波是指利用吉瓦量级、纳秒脉冲激光辐照材料表面，材料吸收激光能量后迅速等离子体化，高温高压等离子体快速膨胀而形成的吉帕量级高压冲击波。激光诱导冲击波在材料内部以应力波形式传播、衰减、反射、耦合等，与此同时，材料在高压冲击波作用下会发生超高应变率动态响应及影响。利用冲击波的第一波程压缩波发展了激光冲击强化技术，利用冲击波的第二波程拉伸波发展了激光冲击波结合力检测技术。本书从共性基础角度系统介绍激光诱导冲击波特性与材料响应，主要内容包括激光诱导冲击波的概述及其压力特性、激光诱导冲击波作用下的材料动态本构模型、激光诱导冲击波的传播规律与双波系耦合规律、激光诱导冲击波作用下的材料响应规律等。

　　本书可供激光诱导冲击波及应用技术、表面工程、制造检测、机械强度等领域工作者参考阅读，对激光物理、固体力学和材料科学等相关专业的研究人员具有参考价值。

图书在版编目（CIP）数据

激光诱导冲击波特性与材料响应／聂祥樊著. —北京：科学出版社，
2023.11

（博士后文库）

ISBN 978-7-03-074520-0

Ⅰ. ①激…　Ⅱ. ①聂…　Ⅲ. ①激光-冲击波　Ⅳ. ①O347.5

中国版本图书馆 CIP 数据核字（2022）第 253057 号

责任编辑：宋无汗／责任校对：崔向琳
责任印制：师艳茹／封面设计：陈　敬

科 学 出 版 社 出版
北京东黄城根北街 16 号
邮政编码：100717
http://www.sciencep.com

北京中科印刷有限公司 印刷

科学出版社发行　各地新华书店经销

*

2023 年 11 月第 一 版　开本：720×1000　1/16
2023 年 11 月第一次印刷　印张：15 1/4　插页：4
字数：307 000

定价：198.00 元
（如有印装质量问题，我社负责调换）

"博士后文库"编委会

"博士后文库"序言

　　1985 年，在李政道先生的倡议和邓小平同志的亲自关怀下，我国建立了博士后制度，同时设立了博士后科学基金。30 多年来，在党和国家的高度重视下，在社会各方面的关心和支持下，博士后制度为我国培养了一大批青年高层次创新人才。在这一过程中，博士后科学基金发挥了不可替代的独特作用。

　　博士后科学基金是中国特色博士后制度的重要组成部分，专门用于资助博士后研究人员开展创新探索。博士后科学基金的资助，对正处于独立科研生涯起步阶段的博士后研究人员来说，适逢其时，有利于培养他们独立的科研人格、在选题方面的竞争意识以及负责的精神，是他们独立从事科研工作的"第一桶金"。尽管博士后科学基金资助金额不大，但对博士后青年创新人才的培养和激励作用不可估量。四两拨千斤，博士后科学基金有效地推动了博士后研究人员迅速成长为高水平的研究人才，"小基金发挥了大作用"。

　　在博士后科学基金的资助下，博士后研究人员的优秀学术成果不断涌现。2013 年，为提高博士后科学基金的资助效益，中国博士后科学基金会联合科学出版社开展了博士后优秀学术专著出版资助工作，通过专家评审遴选出优秀的博士后学术著作，收入"博士后文库"，由博士后科学基金资助、科学出版社出版。我们希望，借此打造专属于博士后学术创新的旗舰图书品牌，激励博士后研究人员潜心科研，扎实治学，提升博士后优秀学术成果的社会影响力。

　　2015 年，国务院办公厅印发了《关于改革完善博士后制度的意见》(国办发〔2015〕87 号)，将"实施自然科学、人文社会科学优秀博士后论著出版支持计划"作为"十三五"期间博士后工作的重要内容和提升博士后研究人员培养质量的重要手段，这更加凸显了出版资助工作的意义。我相信，我们提供的这个出版资助平台将对博士后研究人员激发创新智慧、凝聚创新力量发挥独特的作用，促使博士后研究人员的创新成果更好地服务于创新驱动发展战略和创新型国家的建设。

　　祝愿广大博士后研究人员在博士后科学基金的资助下早日成长为栋梁之才，为实现中华民族伟大复兴的中国梦做出更大的贡献。

中国博士后科学基金会理事长

序

不同功率密度的高能激光与物质相互作用时，会发生不同的物理现象，随着功率密度增加，物质吸收激光能量而分别发生加热、融化、气化、等离子体化等现象。当激光功率密度达到吉瓦每平方厘米以上，即可使物质直接电离形成等离子体，迅速膨胀爆炸形成高压冲击波，即激光诱导冲击波。激光诱导冲击波具有压力大、时间短、可控性强等特点，利用其力学效应先后发明了激光冲击强化技术和激光冲击波结合力检测技术。前者利用冲击波正向压缩致使金属材料表层发生塑性变形，引入残余压应力、加工硬化和微观组织演化等影响，显著提高抗疲劳、抗应力腐蚀、抗磨损等性能；后者利用冲击波反向拉伸致使材料层裂，实现复合材料胶粘界面等结合强度的定量性检测评估。激光诱导冲击波特性与材料响应是上述两种技术研究的共性基础，更是实现其工程应用的理论依据。

聂祥樊博士是激光制造与检测技术领域的一位优秀青年学者，潜心研究激光诱导冲击波及应用技术十余年。2009 年开始他跟随导师李应红院士开展激光冲击强化理论与技术研究，探索激光诱导冲击波特性及材料动态响应规律，建立了高斯激光诱导冲击波压力模型，构建了钛合金超高应变率动态本构模型，揭示了激光诱导冲击波作用下钛合金表面纳米化的形成机制；指导完成了激光冲击强化生产线的光学整形与冲击波压力测试标定，支撑多型航空发动机部件激光冲击强化工程应用；牵头完成了国内首台飞机大型结构移动式动光束强化设备研制与工艺设计及性能考核，并在飞机上完成了演示验证，为先进飞机结构抗疲劳制造与延寿修理提供关键技术支撑；相关研究成果获中国航空学会科学技术奖一等奖、国防科学技术进步奖一等奖、陕西青年科技奖等，授权发明专利 10 余项。近年来，他带领团队成功研制了激光冲击波结合力检测成套设备，突破了高能激光脉宽可调、冲击波主动调控、材料动态响应监测等关键技术，授权发明专利 7 项。在博士后期间，他进一步深化了激光冲击强化材料本构模型及疲劳断裂机理的研究，阐明了外物打伤条件下多尺度裂纹扩展特性，揭示了激光冲击强化抗外物打伤的强化机理，先后入选全国博士后创新人才支持计划和中国科协青年人才托举工程。

该书具有鲜明特色，一是所涉及的研究工作系统深入，从激光诱导冲击波的形成过程、压力特性、材料内部传播到材料动态响应及影响，较为全面地研究和揭示了激光冲击强化和激光冲击波结合力检测的共性基础问题；二是聚焦关键科学问题，重点揭示了激光诱导冲击波压力模型，材料超高应变率本构模型，材料内部衰减、反射、耦合等传播规律，微观组织的动态演化机制等，为激光诱导冲击波主动调控与工艺设计提供了关键理论依据；三是突出关键技术问题，着重解决了激光诱导冲击波测试分析、传播仿真与主动调控等关键技术，为激光冲击强化和激光冲击波结合力检测的技术研究、发展及应用作出了重要贡献。

　　该书是在总结作者研究成果基础上撰写，内容系统、全面，理论性和技术性都很强，具有很好的学术价值和工程指导作用。相信该书的出版，必将有力推动激光诱导冲击波基础研究、激光冲击强化和激光冲击波结合力检测技术的进步。后生可畏，此定可期。是为序。

中国工程院院士　涂善东

华东理工大学

前　　言

　　激光诱导冲击波是激光与物质相互作用的一种现象,指高功率(吉瓦量级)、短脉冲(本书中特指纳秒量级)激光与物质相互作用,物质吸收激光能量后发生等离子体化,爆炸形成的高压(吉帕量级)冲击波。激光诱导冲击波在材料内部传播过程中,会与材料相互作用发生动态响应,具有压力大、传播深、作用快、可控性好等特点。利用激光诱导冲击波的力学效应,先后发明了激光冲击强化和激光冲击波结合力检测两种应用技术,因此,激光诱导冲击波特性与材料响应是上述两种应用技术的共性基础和理论依据。

　　激光冲击强化技术是利用激光诱导冲击波的第一波程(压缩应力波),使金属材料表层发生动态塑性变形,造成加工硬化,形成梯度分布的残余压应力层、硬化层和微观组织演化层,从而显著提升金属材料的抗疲劳/磨损/应力腐蚀开裂等性能。该技术由美国于 20 世纪 70 年代发明,90 年代成功解决了 F101、F110、F119 等航空发动机叶片高周疲劳断裂问题,并推广应用至 F-22、F-35 飞机结构上。在李应红院士团队推动下,通过"需求牵引、四位一体"系统研究,我国实现了激光冲击强化技术在航空发动机、燃气轮机等装备部件上的批量化应用,该项成果 2015 年获国家技术发明奖二等奖,作者主要负责激光诱导冲击波特性相关研究,目前正在牵头该技术在飞机大型结构上的移动式动光束强化设备、工艺及应用研究。

　　激光冲击波结合力检测技术是利用激光诱导冲击波的第二波程(拉伸应力波),将一定水平拉应力作用于复合材料粘接界面上,根据胶粘界面层裂发生与否对界面结合强度进行定量性检测评估。该技术由美国 LSPT 公司于 2001 年开始研发,2012 年成功给波音公司交付成套检测设备,并逐步在飞机结构、风机叶片等实现工程应用。在我国,作者带领的研究团队已完成了原理样机研制与技术验证,正在开展技术基础研究和关键技术攻关。

　　本书系统总结作者及研究团队关于激光诱导冲击波及应用技术的研究成果,并参考国内外有关研究成果,对激光诱导冲击波特性与材料响应进行了较为全面的阐述。本书主要内容包括三大部分:激光诱导冲击波的压力特性,激光诱导冲击波的传播规律与双波系耦合规律,激光诱导冲击波作用下材料响应规律。

　　本书内容主要为作者博士和博士后期间的研究成果。空军工程大学何卫锋教授、周留成副教授、罗思海讲师、焦阳讲师和研究生薛丁元、汤毓源、吴昊年、李阳、王亚洲、徐明、延黎等提供了很多素材，特别是汤毓源、李阳做了大量文档整理、书稿排版和图表绘制等工作。空军工程大学龙霓东副教授、李玉琴副教授以及已经毕业的研究生李启鹏、刘海雷、刘瑞军、赵飞樊、魏晨等，华东理工大学温建锋教授、研究生侯志伟，西安天瑞达光电技术股份有限公司李国杰技术总监、田增高工等在试验测试方面给予指导和帮助。西北工业大学索涛教授和西安交通大学臧顺来副教授等在材料动态本构模型与冲击波传播仿真方面给予很多帮助。西安交通大学材料学院单智伟教授、陈凯教授等与我们合作开展了冲击波作用下微观组织动态演化工作，部分成果收入本书中。西安交通大学郭朝维工程师、西安天瑞达光电技术股份有限公司毋乃亮工程师、四川物科光学精密机械有限公司刘光海工程师等在材料分析和冲击波测试方面给予了帮助和支持。在此向各位表示真诚的谢意。

本书的研究工作得到了中国博士后科学基金项目(编号：BX201700077、2017M621385)、国防基础科研计划重点项目(编号：JCKY2019802B001)、国家自然科学基金项目(编号：92060109)、国家重点研发计划项目子课题(编号：2021YFF0602304)和装备预研重点实验室基金项目等多个科研项目的资助，在此一并感谢。

感谢中国科学院李应红院士、张卫红院士和中国工程院涂善东院士等，空军工程大学何卫锋教授，华东理工大学张显程教授，西安交通大学陈雪峰教授和单智伟教授，北京理工大学姜澜教授，广东工业大学张永康教授，江苏大学鲁金忠教授，西北工业大学李玉龙教授，南昌航空大学胡晓安教授等对我及研究工作的指导、支持！特别感谢博士后导师涂善东先生为本书作序！

本书涉及跨学科和技术交叉研究，由于作者水平和知识面有限，书中难免存在不妥之处，希望广大读者批评指正。

聂祥樊

2023 年 3 月

目　　录

"博士后文库"序言

序

前言

第1章　概述 ……………………………………………………………………… 1

  1.1　激光诱导冲击波的基本原理 ………………………………………… 1

    1.1.1　高功率激光与物质的相互作用 ………………………………… 1

    1.1.2　激光诱导冲击波的形成过程 …………………………………… 3

  1.2　激光诱导冲击波的应用技术 ………………………………………… 4

    1.2.1　激光冲击强化技术的原理及特点 ……………………………… 4

    1.2.2　激光冲击波结合力检测技术的原理及特点 …………………… 5

  1.3　激光诱导冲击波应用技术的发展历程 ……………………………… 6

    1.3.1　激光冲击强化技术的发展历程 ………………………………… 6

    1.3.2　激光冲击波结合力检测技术的发展历程 ……………………… 8

  1.4　激光诱导冲击波及应用技术的基础问题 …………………………… 9

    1.4.1　关键科学问题 …………………………………………………… 10

    1.4.2　共性技术问题 …………………………………………………… 10

  1.5　本书主要内容 ………………………………………………………… 11

  参考文献 …………………………………………………………………… 12

第2章　激光诱导冲击波的压力特性 ………………………………………… 17

  2.1　激光诱导冲击波的压力模型 ………………………………………… 17

    2.1.1　一维爆轰波模型 ………………………………………………… 17

    2.1.2　二维爆轰波模型 ………………………………………………… 20

  2.2　激光诱导冲击波压力的测试原理及方法 …………………………… 23

    2.2.1　压电薄膜测试原理及方法 ……………………………………… 23

    2.2.2　激光干涉仪测试原理及方法 …………………………………… 27

  2.3　激光诱导冲击波压力的参数影响 …………………………………… 29

    2.3.1　功率密度对激光诱导冲击波压力的影响 ……………………… 29

    2.3.2　空间能量分布对激光诱导冲击波压力的影响 ………………… 34

    2.3.3　激光脉宽对激光诱导冲击波压力的影响 ……………………… 39

    2.3.4　光斑畸变对激光诱导冲击波压力的影响 ……………………… 42

参考文献 ·· 48
第3章　激光诱导冲击波作用下的材料动态本构模型 ························· 50
3.1　常用动态本构模型 ·· 50
3.2　材料动态本构模型构建 ·· 53
3.3　不同应变率下材料力学行为实验 ··· 56
3.3.1　准静态拉伸实验 ··· 56
3.3.2　霍普金森压杆动态冲击实验 ······································· 60
3.3.3　激光冲击强化实验 ··· 64
3.3.4　残余应力测试实验 ··· 69
3.4　本构模型参数识别 ·· 72
3.4.1　本构模型参数识别方法 ·· 73
3.4.2　激光冲击强化数值模拟 ·· 74
3.4.3　本构模型参数反向识别 ·· 82
3.4.4　本构模型参数的实验验证 ·· 85
参考文献 ·· 86
第4章　激光诱导冲击波的传播规律 ·· 89
4.1　激光诱导冲击波传播的基本原理 ··· 89
4.1.1　应力波的传播与衰减 ·· 89
4.1.2　应力波的反射与透射 ·· 90
4.2　激光诱导冲击波在材料深度方向上的传播规律 ·························· 92
4.2.1　深度方向上的传播过程 ·· 92
4.2.2　深度方向上的衰减规律 ·· 97
4.3　激光诱导冲击波在材料表面上的传播规律 ····························· 102
4.3.1　激光冲击"残余应力洞"现象 ······································ 102
4.3.2　"残余应力洞"的形成机制 ··· 104
4.3.3　"残余应力洞"参数敏感性分析 ···································· 108
4.3.4　"残余应力洞"抑制方法 ··· 112
4.4　激光诱导冲击波在薄壁结构内的反射规律 ····························· 116
4.4.1　薄叶片叶身区域的冲击波反射规律 ································ 117
4.4.2　薄叶片进、排气边区域的冲击波反射规律 ······················ 125
4.5　激光诱导冲击波在薄壁结构内的透射规律 ····························· 132
4.5.1　薄叶片进、排气边区域的应力波透射规律 ······················ 133
4.5.2　不同透波材料的影响规律 ··· 139
4.5.3　应力波透波装置设计与应用 ······································· 142

4.6　激光诱导冲击波在树脂基复合材料内的传播规律 ················ 144
　　4.6.1　树脂基复合材料激光冲击的仿真建模 ················ 144
　　4.6.2　树脂基复合材料内冲击波的传播规律 ················ 147
参考文献 ·············· 149
第5章　激光诱导冲击波的双波系耦合规律 ················ 151
5.1　应力波耦合的基本原理 ················ 151
5.2　薄壁结构双面对冲的应力波耦合规律 ················ 152
　　5.2.1　双面对冲的应力波传播规律及材料动态响应 ················ 152
　　5.2.2　双面对冲的耦合残余应力应变场分布特征 ················ 161
　　5.2.3　薄叶片模拟件的双面对冲工艺与性能验证 ················ 164
5.3　薄壁结构双面错位冲击的应力波耦合规律 ················ 168
　　5.3.1　双面错位冲击的应力波传播规律 ················ 168
　　5.3.2　双面错位冲击的耦合残余应力应变场分布特征 ················ 170
　　5.3.3　双面错位冲击下材料的动态力学响应 ················ 171
　　5.3.4　不同错位条件的影响规律 ················ 173
5.4　薄壁结构双面延时冲击的应力波耦合规律 ················ 175
　　5.4.1　双面延时冲击的应力波传播规律 ················ 176
　　5.4.2　双面延时冲击的耦合残余应力应变场分布特征 ················ 178
　　5.4.3　双面延时冲击下材料的动态力学响应 ················ 179
　　5.4.4　不同延时条件的影响规律 ················ 182
参考文献 ·············· 184
第6章　激光诱导冲击波作用下的材料响应规律 ················ 185
6.1　入射压缩波与塑性变形 ················ 185
　　6.1.1　冲击压缩条件下材料的强度特性 ················ 185
　　6.1.2　冲击压缩作用过程 ················ 187
6.2　残余应力形成机制与分布规律 ················ 189
　　6.2.1　残余应力形成机制 ················ 189
　　6.2.2　残余应力分布规律 ················ 191
6.3　显微硬度分布 ················ 194
　　6.3.1　冷作硬化效应 ················ 194
　　6.3.2　显微硬度分布规律 ················ 195
6.4　微观组织的特征与演化 ················ 198
　　6.4.1　实验材料及组织状态 ················ 198
　　6.4.2　激光诱导冲击波作用下的微观组织特征 ················ 201
　　6.4.3　激光诱导冲击波作用下的微观组织演化 ················ 211

6.5　反射拉伸波与冲击层裂 ……………………………………………… 217

6.5.1　激光功率密度对复合材料层裂特征的影响 ………………… 217

6.5.2　激光空间能量分布对复合材料层裂特征的影响 ……………… 218

6.5.3　激光脉宽对复合材料层裂特征的影响 ………………………… 221

6.5.4　激光诱导冲击波作用下复合材料的层裂机制 ………………… 223

参考文献 ………………………………………………………………… 225

编后记 …………………………………………………………………… 227

彩图

第1章 概　　述

1.1　激光诱导冲击波的基本原理

1.1.1　高功率激光与物质的相互作用

1. 激光辐照效应

高功率激光与物质的相互作用是一个瞬态且复杂的物理过程，包括激光对物质的热作用，物质对激光的吸收、反射和激光在物质中的传播等。激光与物质的相互作用机制比较复杂，主要包括韧致吸收、光电离、多光子吸收、空穴吸收和杂质吸收等多种类型[1]。

激光与物质相互作用的影响因素主要包括波长、能量、脉宽、功率密度等激光参数，物质的材料特性、状态参量、表面粗糙度和外界环境等。物质对激光的吸收取决于物质本身的特性、材料表面的状态和几何状态。被吸收的激光可以造成物质的温升、熔融、气化和电离[2]，形成的电离气态的蒸汽和等离子体可以进一步吸收激光，在物质与激光之间造成屏蔽效应[3]。

高功率激光与物质的相互作用过程是从入射激光被物质反射和吸收开始的，当激光辐照在靶材表面时，部分激光能量被周围气体和靶材表面散射或反射，进入靶材表面的激光能量部分被吸收，其余部分则穿透靶物质继续传播，具体过程依赖于激光参数(如波长、能量和脉宽等)、材料特性和环境条件等[4]，如图 1.1 所示。

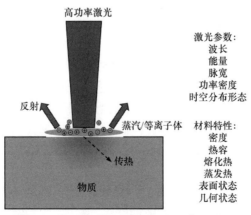

图 1.1　高功率激光与物质的相互作用过程

高功率激光束入射靶材表面后，靶材表面吸收大量激光能量，引起材料的温升、熔融、气化、电离等现象。具体的物理过程主要取决于激光的功率密度，一般按照激光功率密度的高低可分为四类[5]，具体见表1.1。

表 1.1　激光功率密度与物理现象对应关系

$10^3 \sim 10^4 \text{W/cm}^2$	$10^4 \sim 10^6 \text{W/cm}^2$	$10^6 \sim 10^8 \text{W/cm}^2$	$10^8 \sim 10^{10} \text{W/cm}^2$
温升	熔融	气化	电离

从表1.1中可以看出，在不同的功率密度范围内，激光与物质的相互作用会发生截然不同的物理过程及现象，当激光功率密度在 $10^3 \sim 10^4 \text{W/cm}^2$，材料表面吸收激光后主要表现为加热温升，属于热效应；当激光功率密度在 $10^4 \sim 10^6 \text{W/cm}^2$，同样属于热效应，只是温升效果达到材料熔点，表现为材料熔融；当激光功率密度在 $10^6 \sim 10^8 \text{W/cm}^2$，材料在剧烈温升下发生气化；当激光功率密度在 $10^8 \sim 10^{10} \text{W/cm}^2$，材料在高温下直接发生电离，产生大量高温、高压的等离子体[6]。

2. 激光辐照形成等离子体

高功率、短脉冲激光辐照材料会发生电离而形成大量等离子体，等离子体是激光诱导冲击波的能量载体。等离子体是物质的一种基本形态，是固、液、气之外的物质第四态。等离子体是由带电的正粒子、负粒子组成的集合体，包括正离子、负离子、电子、自由基和各种活性基团等，是一种呈中性的电离态气体；在空间和时间上需满足一定条件，即其粒子密度和能量分布需在质量和能量特定范围内才能达到等离子体自持稳态的时空矢量场。等离子体的状态主要取决于它的组成粒子、粒子密度和粒子温度。因此，粒子密度和粒子温度是它的两个基本参量，其他参量大多与密度和温度有关[7]。

高功率激光辐照各种气体、液体或固体等靶材后，使部分靶材转变为等离子体状态的主要机制如下。

(1) 热电离：高温下热运动速度很大的原子相互碰撞，使其电子处于激发态，其中一部分电子的能量超过电离势而使原子发生电离。

(2) 碰撞电离：气体中的带电粒子在电场作用下加速并与中性原子碰撞，发生能量交换，使原子中的电子获得足够能量而发生电离。

(3) 光电离：原子中的电子受到激光照射时，由于光电效应或多光子效应吸收足够的光子能量而发生电离[8]。

在激光冲击强化和激光冲击波结合力检测技术中，通常使用铝箔或黑胶胶带作为吸收保护层，用来吸收激光、发生电离，其主要为光电离和热电离。

1.1.2 激光诱导冲击波的形成过程

当高功率、短脉冲激光辐照靶材表面，靶材表面电离形成大量等离子体，等离子体对激光继续进行强烈吸收，形成一个激光强吸收区。被吸收的激光能量转化为该区气体(或等离子体)的内能，按照流体动力学的规律运动，这种吸收激光的气体或等离子体的传播运动，通常称为激光维持吸收波(laser supported absorption wave，LSAW)。在激光维持吸收波中，高振幅区的波阵面比低振幅区的波阵面传播得更快，所以扰动波阵面在穿过物质时会变得"陡峭"，这就形成了冲击波。冲击波可简单地定义为压力、温度(内能)和密度存在间断的波[9]。

根据冲击波相对于气体(蒸汽和环境气体)是以亚声速还是以超声速传播，可以分为两类：以亚声速传播的 LSAW 称为激光维持燃烧波(laser supported combustion wave，LSCW/LSC)；以超声速传播的 LSAW 称为激光维持爆轰波(laser supported detonation wave，LSDW/LSD)(图 1.2)。LSC 或 LSD 现象，与不同的激光功率密度范围相对应。靶材表面气化较强时，靶材蒸汽部分电离、温升，进而通过热辐射使前方冷空气也发生温升和电离，形成 LSC；这时仍有部分激光通过等离子体区入射到靶材表面，靶材附近等离子体的辐射有助于增强激光与靶材的热耦合，这种耦合随着等离子体的离去而削弱，并逐渐形成对靶材的屏蔽。随着激光功率密度增大，LSC 吸收区运动加快，吸收加强，直到与前方冲击波汇合，形成 LSD，这时构成对激光的完全吸收；LSD 后流场压力的升高，增强了激光与靶材的冲量耦合，随着侧向稀疏波传到中央光斑部位，流场压力衰减，使冲量耦合受到削弱。

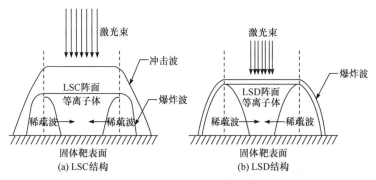

图 1.2 LSC 和 LSD 结构示意图

LSD 点燃的机理有两种：一种是 LSC 加速转变；另一种是激光开始时环境气体的直接点火。在激光功率密度很高的情况下，金属靶材蒸汽中可能出现 LSD，LSD 点燃与激光波长、环境气体的性质及压力有较明显的关系，对靶材性质的依赖关系较弱[10]。

1.2 激光诱导冲击波的应用技术

1.2.1 激光冲击强化技术的原理及特点

激光冲击强化(laser shock peening，LSP)是一种新型表面强化技术，其基本原理：当高功率(吉瓦每平方厘米量级)、短脉冲(纳秒量级)激光辐照金属材料表面，表面涂覆的吸收保护层(铝箔、黑色胶带、黑漆等)迅速吸收激光能量后形成稠密的高温、高压等离子体；等离子体继续吸收激光能量后向外膨胀，形成高压冲击波(吉帕量级)，并在约束层(水、玻璃等)约束下向材料内部传播；当冲击波压力超过金属材料的动态屈服强度[11]，材料发生塑性变形，如图 1.3 所示。因此，激光冲击强化是利用激光诱导冲击波的力学效应使金属材料表层发生塑性变形[12]，引入残余压应力和加工硬化，并改变其微观组织，从而提高金属材料的抗疲劳[13]、耐磨损[14]和抗应力腐蚀开裂[15]等性能。

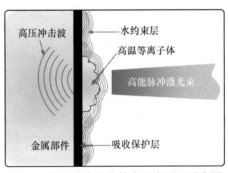

图 1.3 激光冲击强化技术基本原理示意图

激光冲击强化的技术特点主要如下：

(1) 高能。脉冲激光能量达数焦耳，脉冲激光功率密度达到吉瓦每平方厘米量级，且激光能量在极短时间内转变为冲击波动能。

(2) 高压。冲击波压力达到吉帕量级，可直接导致金属材料发生剧烈塑性变形，这是常规机械加工难以达到的。

(3) 超快。冲击波作用时间仅几十纳秒，而且整个材料响应过程也只有微秒级。

(4) 超高应变率。冲击波作用下材料在极短时间内完成动态塑性变形，其变形速率达 $10^6 s^{-1}$ 以上，比喷丸高出 1000 倍，属于极端条件下的加工方法。

(5) 非接触性。脉冲激光辐照材料表面后通过电离形成等离子体冲击波，再通过冲击波与材料相互作用，不存在物体与物体间的直接接触。

正是因为激光冲击强化具有与传统表面强化技术不同的技术特点，所以相比传统的喷丸、振动光饰、机械研磨等具有独特的技术优势。

(1) 强化效果好。可形成 1mm 以上的残余压应力层，是喷丸的 5～10 倍[16]，更加有利于提高金属材料的抗疲劳等性能。

(2) 实用性好。激光冲击强化通过冲击波将能量传播至更深处，相比喷丸、超声冲击等，表面塑性变形程度更低、表面粗糙度更小，尤其对于表面光洁度要求严苛的航空部件更具优势。

(3) 可控性好。强化过程中，不仅可以实时设定激光参数(能量、光斑等)，还可以实现工艺精确控制，可适用于小孔、倒角和沟槽等部位的强化处理。

1.2.2　激光冲击波结合力检测技术的原理及特点

激光冲击波结合力检测技术是一种新型界面结合强度的定量性检测技术[17]，其基本原理和结构组成与激光冲击强化技术相似，同样是利用高功率(吉瓦每平方厘米量级)、短脉冲(纳秒量级)激光辐照材料表面，材料表面涂覆的吸收保护层吸收激光能量，快速发生电离产生稠密等离子体，等离子体膨胀爆炸形成高压等离子体冲击波(吉帕量级)，在约束层作用下冲击波首先以压缩波形式向材料内部传播，即第一波程(激光冲击强化技术所利用的，可使金属材料发生压缩塑性变形)；冲击波传播到材料背面发生反射，转变为拉伸波，即第二波程(激光冲击波结合强度检测技术所利用，可使粘接界面发生拉伸层裂)[18]。当反射拉伸波应力值超过粘接界面的结合强度，就会在界面处发生层裂现象，因此，根据粘接界面处拉伸应力值和层裂现象发生与否，判断界面结合强度是否满足设计标准[19]，如图 1.4 所示。

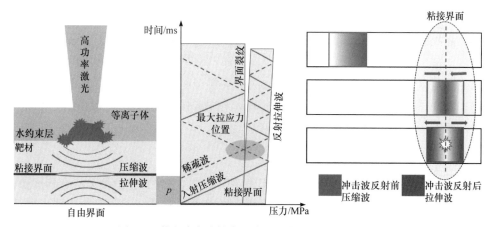

图 1.4　激光冲击波结合力检测技术基本原理示意图

除了与激光冲击强化技术共性的特点，激光冲击波结合力检测技术还有以下特点：

(1) 参数设计性强。激光冲击波结合力检测设备参数(功率密度、脉宽、光斑大小等)范围宽且可调，可实现对冲击波时空参量的主动调控，从而满足不同部件的检测需求(检测标准、深度、位置等)。

(2) 检测快速。整个冲击波作用及材料响应过程只有微秒级，配合内部层裂在线监测和判断技术可实现界面结合力的无接触、快速检测。

(3) 合格件的无损检测。当材料界面结合强度大于检测标准(反射拉伸波应力水平)，不发生冲击层裂，判定为合格品，此时材料内部未发生破坏损伤；反之，界面发生冲击层裂，即材料界面结合强度达不到检测标准，判定为不合格品(制造生产中)或危险件(服役中)，此时虽检测带来损伤，但发现的不合格品/危险件正好换下。

正是上述技术特点使激光冲击波结合力检测技术在薄膜、涂层、复合材料等含界面结构的无损检测领域具有以下优势：

(1) 适用性好。传统拉拔法、剪切法和弯曲法等结合力检测方法，设计难度大、流程复杂，既会损伤材料，又无法在线检测；激光冲击波结合力检测技术不需要专门设计试件，对部件无损，且可对装备部件进行在线检测。

(2) 检测范围广。传统 X 射线、超声波等无损检测技术只能对材料内部物理缺陷损伤进行检测，无法对界面"吻接"和结合力强度不足等问题进行有效检测。激光冲击波结合力检测技术可通过调控冲击波状态，对界面结合强度进行定量性检测。

1.3 激光诱导冲击波应用技术的发展历程

科学家发现高功率、短脉冲激光辐照材料表面产生的等离子体冲击波，具有压力高、作用快、可控性好等特点，可使材料发生高应变率动态响应，造成剧烈塑性变形，甚至层裂，是传统方法无法实现的。因此，利用激光诱导冲击波，发明了独特的制造与检测技术，如激光冲击强化技术、激光冲击波结合力检测技术等。

1.3.1 激光冲击强化技术的发展历程

20 世纪 70 年代激光冲击强化技术发明以来，由于其独特的技术特点和优势，国内外学者和机构纷纷开展相关研究，相继在美国旧金山、日本大阪、西班牙马德里等地召开了 7 届激光冲击强化国际学术会议，从不同方面推进了该技术的发展及应用，使其成为制造加工领域的重要表面强化技术之一。

1. 激光冲击强化技术的研究发展

美国俄亥俄州的巴特尔实验室首次开展激光冲击强化实验研究[20]以后，劳伦斯·利弗莫尔国家实验室[21]、洛斯·阿拉莫斯国家实验室[22]、普渡大学[23]和戴顿大学[24]等单位主要从残余应力分布和力学性能影响等方面开展研究,而美国国家航空航天局(NASA)[25]则利用激光冲击强化技术成功提高了航空焊接件的疲劳性能。法国国家科学研究中心高功率激光器应用实验室(LALP)[26]和意大利技术研究院[27]分别研究了冲击波压力模型和激光等离子体特性。日本东芝公司发展了水下无吸收保护层的激光冲击强化方法,有效提高了核电站焊缝的抗应力腐蚀开裂能力[28]。德国卡塞尔大学[29]和英国朴次茅斯大学[30]分别研究了热-机疲劳载荷和外物打伤条件下激光冲击强化的抗疲劳效果。美国加州大学[31]、法国特鲁瓦工程技术大学[32]、乌克兰国立科技大学[33]、印度拉贾·拉曼纳先进技术中心[34]、斯洛文尼亚卢布尔雅那大学[35]等单位采用不同技术手段进一步研究了激光冲击强化技术对材料/构件力学性能和微观组织的影响。

我国激光冲击强化技术研究始于20世纪90年代初期,比国外晚约20年,前期主要是跟踪和验证国外的研究工作。中国科学技术大学改进已有激光器用于激光冲击强化试验,并对冲击波模型与传播规律开展研究[36]。南京航空航天大学通过对航空用2024-T63铝合金进行强化,验证了激光冲击强化技术提高材料疲劳性能的有效性[37]。江苏大学主要研究了激光冲击强化对各种金属材料力学性能和微观组织的影响[38],分析了微观动态塑性变形机制[39-40],并利用有限元方法进行了残余应力分布预测[41]。中航工业北京航空材料研究院和北京航空制造工程研究所利用激光冲击强化技术成功提高了多型航空部件/材料的疲劳寿命[42-43]。空军工程大学针对空军现役航空发动机部件疲劳断裂问题,提出了"四位一体"(机理、工艺、设备和应用设计)的研究路线,突破了成套设备的关键技术,自主研制了多型强化设备,完成了钛合金、镍基合金、不锈钢等十余种航空部件激光冲击强化工艺研究[44-55],提出了激光冲击波表面纳米化方法和复合强化机理[56],发明了多种强化工艺[57-65]和质量控制方法[66-68]。

2. 激光冲击强化技术的应用发展

目前只有美国真正实现了激光冲击强化技术的规模化应用[69-70],成功解决了航空发动机部件附件和飞机结构的疲劳裂纹/断裂问题,而我国只是初步实现了工程应用[71]。

1995~2002年,美国通用电气公司(General Electric Company,GE)、普惠集团公司(Pratt & Whitney Group,PW)、激光冲击强化(LSP Technologies,LSPT)公司和金属改性公司(Metal Improvement Company,MIC)等单位利用"高周疲劳科学与技术研究计划"研究成果,成功将激光冲击强化应用于F101、F110、F119等发动机风扇/压气机叶片上,提高叶片前缘损伤容限15倍以上[72]。2003年,该技术被陆续应用于波音737飞机CFM-56发动机和空客A380飞机GE90的叶片制造和维修。2008 年，MIC 在英国伊尔比建立激光冲击强化生产线，主要为罗-罗公司 Trent500、Trent800、Trent1000 发动机风扇/压气机叶片进行强化处理。2010 年，MIC 成功研制了车载移动式激光冲击强化设备，提出"构件固定，光束移动"的技术路线，正式拉开了飞机大型构件的现场强化应用序幕，并成功推广应用至 T45 舰载机降落挂钩[73]和 F-22 飞机翼身连接螺栓孔[74]，有效解决了其疲劳断裂问题。2017 年至今，美国 F-35 飞机联合项目办联合洛克希德·马丁空间系统公司 (Lockheed Martin Space Systems Company，LMT)和柯蒂斯·赖特公司(Curtiss Wright, CW)完成了 F-35B、F-35C 飞机主承力隔框等结构激光冲击强化的多层级试验考核，强化后疲劳寿命超过了 2 倍大修寿命；2022 年 3 月美国海军陆战队彻丽波恩特航空站的东部舰队战备中心完成了首架 F-35B 机身部件激光冲击强化延寿修理，后续将在希尔空军基地的奥格登空军后勤中心对 F-35B、F-35C 进行延寿维护。

我国于 2008 年开始陆续开展激光冲击强化技术应用，比美国晚了十几年，但已初具规模。空军工程大学与西安天瑞达光电技术股份有限公司等单位合作，在军用航空修理厂、中国航发航空科技股份有限公司、西安航空发动机(集团)有限责任公司、贵州黎阳航空发动机有限公司等航空企业支持下，率先开始激光冲击强化技术工业应用和技术推广，在西安建立了我国第一条激光冲击强化生产线[75]，并陆续应用在风扇/压气机叶片[76-79]、涡轮叶片[80]、作动筒[81]等多种航空发动机关键部件上，而且还推广至民用的地面燃气轮机叶片、自行车赛车架等部件上。2021 年空军工程大学联合中航工业成都飞机设计研究所和成都飞机工业(集团)有限责任公司，完成了国内首台套飞机大型结构移动式动光束强化设备研制与工艺研究及性能考核验证，疲劳寿命提升 2 倍以上，并在飞机上完成了演示验证。目前，西安天瑞达光电技术股份有限公司已获得了美国 GE 燃气轮机叶片加工资质，2018 年入驻新加坡先进再制造和技术中心(Advanced Remanufacturing and Technology Centre，ARTC)，陆续为美国普惠、英国罗-罗、俄罗斯联合发动机公司进行发动机叶片强化加工。另外，我国江苏大学[82]、北京航空制造工程研究所[83]、中国航发沈阳黎明航空发动机有限责任公司[84]等单位也相继进行工程应用。

1.3.2 激光冲击波结合力检测技术的发展历程

1978 年，Vossen[85]提出了利用激光冲击波对涂层界面的粘接力进行测试的方法。Gupta[86]提出了一种纳秒脉冲激光冲击薄膜的定量评估方法，并逐渐得到了研究人员的重视，研究对象从金属逐渐向陶瓷、涂层和复合材料等发展。欧盟于 2010 年 11 月启动了面向复合材料界面粘接的拓展性无损检测技术(extended nondestructive testing for composite bonds，ENCOMB)计划[87]，旨在发展复合材料界面结合强度检测评估方法，用于支持复合材料结构的胶粘质量检测和服役性能评价。随着研究深入，相关研究人员提出将激光层裂法应用于纤维增强复合材料构件界面结合强度的测量，其中主要有美国波音公司与 LSPT 公司合作开展的激光冲击波结合力检测技术项目研究，法国空客公司资助法国国家科学研究中心进行的激光粘接测试(laser adhesion test)研究以及加拿大国立研究院提出的激光超声测试(laser ultrasonic test)研究[88]。

美国 LSPT 公司在 2001 年开始激光冲击波界面结合力技术研发，申请相关专利 8 项(公开的)，包括可调控高能激光器、高灵敏度检测探头、电磁超声胶带等方面；2006 年率先采用固体谐振腔+功率放大的技术路线研制了第一代成套检测设备，并对平板型复合材料进行了技术验证；2010 年在焊接接头上实现了检测应用；2012 年给美国波音公司交付了首套检测设备；2014 年研制了可工程现场检测用的移动式检测设备，并在飞机蒙皮、风电叶片、特种涂层等结构上实现了工程化检测，成为世界上唯一实现激光冲击波结合力检测技术工程应用的单位。从 2010 年至今，法国空客公司联合普瓦捷大学开展了大量纤维增强树脂基复合材料激光冲击波传播特性规律与冲击层裂损伤研究，并结合有限元方法和任意反射面速度干涉系统(velocity interferometer system for any reflector，VISAR)或光子多普勒测速仪(photonic Doppler velocimeter，PDV)分析了激光参数与层裂损伤特征、背面粒子速度等影响规律，但由于设备限制，尚未实现工程应用。

我国起步较晚，2016 年空军工程大学在原有激光冲击强化设备及研究成果基础上，完成了复合材料和抗冲蚀涂层的激光冲击波界面结合力检测技术验证；2018 年联合西安天瑞达光电技术股份有限公司、北京卓镭激光技术有限公司和武汉中科创新技术股份有限公司，创新采用种子源+调制+多级放大的技术路线，成功研制了激光冲击波界面结合力检测成套设备，目前正在自主设计研制可工程化应用的移动式设备。2019 年开始，在国家自然科学基金项目、装备预研重点实验室基金项目等相关项目资助下，联合西安交通大学、西北工业大学、南京航空航天大学、重庆交通大学、南昌航空大学、北京卓镭激光技术有限公司、重庆交通大学绿色航空技术研究院等相关单位开展技术基础与关键技术研究。

1.4　激光诱导冲击波及应用技术的基础问题

激光诱导冲击波及应用技术涉及激光、等离子体、材料、力学等多个学科，交叉性强。其关键科学问题主要包括激光诱导冲击波的压力特性、激光诱导冲击波在材料内部的传播特性、激光诱导冲击波作用下材料动态响应特性；同时，其共性技术问题主要包括激光诱导冲击波的动态测试分析、传播预测、主动调控。

1.4.1　关键科学问题

1. 激光诱导冲击波的压力特性

激光诱导冲击波形成过程是一个复杂的瞬态过程,包括物质对激光的吸收、物质的等离子体化、等离子体膨胀爆炸、冲击波形成等。激光冲击强化和激光冲击波结合力检测技术都是利用激光诱导冲击波的力学效应,通过第一波程压应力造成材料塑性变形,或通过第二波程拉应力造成材料层裂。因此,压力特性(幅值大小、持续时间等时空分布)是描述激光诱导冲击波状态的关键参量,是研究冲击波传播和材料动态响应的边界条件,更是应用技术参数设计的重要依据。

2. 激光诱导冲击波在材料内部的传播特性

激光诱导冲击波以应力波形式沿材料深度和表面方向进行传播,在材料深度上冲击波压力会衰减,并在自由面反射,由压缩波转变为拉伸波,在材料表面上则以表面波形式传播,引起更为复杂的现象和影响。激光诱导冲击波在材料内部传播时,经衰减、反射、耦合等作用后,不同区域材料所处的冲击波条件不同,导致材料发生不同形式、不同程度的响应。因此,激光诱导冲击波传播特性是研究材料动态响应特性的前提条件,更是实现激光诱导冲击波主动调控的理论依据。

3. 激光诱导冲击波作用下材料动态响应特性

激光诱导冲击波的压力达吉帕量级,且作用时间仅为纳秒量级,材料在冲击波作用下会发生超高应变率动态响应($>10^6 s^{-1}$),明显不同于准静态和高应变率(约 $10^3 s^{-1}$)条件。在激光诱导冲击波作用下,金属材料会发生超高应变率塑性变形,一方面塑性变形过程中的动态应力-应变关系发生显著变化,需要针对性构建材料动态本构模型,准确描述其宏观力学行为;另一方面,微观上原子、晶格、位错、晶粒等不同尺度组织演化也存在显著不同,需要结合冲击波特性分析微观组织演化机制。此外,复合材料在冲击波作用下的动态层裂失效机制同样会显著区别于落锤和高速冲击等条件。因此,激光诱导冲击波作用下材料动态响应特性是分析材料响应特征及影响规律的理论基础,更是应用技术的规律指导。

1.4.2　共性技术问题

1. 激光诱导冲击波的动态测试分析技术

激光诱导冲击波的形成过程瞬时、复杂,压力特性测试难度大,准确测试冲击波压力,获得激光参数与冲击波压力的关联规律尤为重要。另外,在激光冲击波结合力检测技术中,动态监测冲击波作用下,材料的动态响应是实现内部层裂在线判定的关键途径。因此,需要通过具备时间、空间高分辨率测试技术对激光冲击波压力进行测试，准确描述冲击波压力时空分布特征；结合不同激光参数下冲击波压力变化规律，构建冲击波压力时空模型；对材料表面动态响应进行监测，实现内部层裂信号特征获取与识别。

2. 激光诱导冲击波的传播预测技术

激光诱导冲击波在材料内部传播过程中，会发生衰减、反射、耦合等，整个过程瞬时、复杂、无法直接实验监测，往往只能通过有限元仿真方法进行预测，此时如何准确建立动态仿真模型就显得尤为关键。因此，需要通过分析冲击波作用下动态力学行为特性，构建超高应变率的动态本构模型；结合冲击波作用后的响应特征，设定优化目标和约束条件，进行本构模型参数的准确识别；将冲击波时空压力分布定义为载荷边界条件，实现激光诱导冲击波的传播预测。

3. 激光诱导冲击波的主动调控技术

激光诱导冲击波在材料内部传播时，不同区域材料会发生不同形式、不同程度的响应，甚至会造成有害的影响。例如，薄壁结构内部冲击波反射造成表层梯度残余压应力无法形成，表面瑞利波汇聚造成光斑中心残余应力洞现象，两束冲击波耦合造成内部材料损伤，反射拉伸波造成复合材料非粘接界面层裂损伤等问题。因此，需要分析不同响应特征的形成原因，建立激光参数-冲击波状态-传播规律-响应特征的关联规律，通过改变激光参数和传播规律实现激光诱导冲击波的主动调控。

1.5　本书主要内容

本书是以作者及研究团队的激光诱导冲击波及相关应用技术研究工作为基础，并结合国内外研究成果，较为系统地介绍、总结激光诱导冲击波特性与材料响应。

全书共 6 章。第 1 章为概述，主要介绍激光诱导冲击波的基本原理，激光冲击强化和激光冲击波结合力检测等应用技术的原理、特点及发展历程，以及激光诱导冲击波及应用技术所包含的关键科学问题和共性技术问题。第 2 章为激光诱导冲击波的压力特性，主要介绍激光诱导冲击波的压力模型、测试方法和参数影响规律，重点是不同激光参数条件下的冲击波压力大小、变化规律及数学模型建立。第 3 章为激光诱导冲击波作用下的材料动态本构模型，主要介绍常用动态本构模型、材料动态本构模型构建、不同应变率下材料力学行为实验和本构模型参数识别方法。第 4 章为激光诱导冲击波的传播规律，分别针对激光冲击强化和激光冲击波结合力检测两种应用技术，主要介绍激光诱导冲击波传播的基本原理、在材料深度方向和表面上的传播规律、薄壁结构内的反射规律与透射规律和树脂基复合材料内的传播规律。第 5 章为激光诱导冲击波的双波系耦合规律，针对两束激光作用时，分别从双面对冲、双面错位冲击和双面延时冲击三种条件进行双波系冲击波的耦合规律分析。第 6 章为激光诱导冲击波作用下的材料响应规律，分别针对激光冲击强化和激光冲击波结合力检测两种应用技术，从激光诱导冲击波的第一波程(压缩波)造成金属材料塑性变形出发，分析对残余应力、显微硬度和微观组织的影响规律及演化机制；再从第二波程(拉伸波)造成复合材料界面层裂出发，分析激光冲击层裂的影响规律及形成机制。

参 考 文 献

[1] 王家金. 激光加工技术[M]. 北京: 中国计量出版社, 1992.

[2] POPRAWE R . 激光制造工艺[M]. 张冬云, 译. 北京: 清华大学出版社, 2008.

[3] 陆建, 倪晓武, 贺安之. 激光与材料相互作用物理学[M]. 北京: 机械工业出版社, 1996.

[4] 刘丽. 基于激光冲击处理的冲击波特性研究[D]. 合肥: 中国科技大学, 2006.

[5] 左铁钏. 高强铝合金的激光加工[M]. 北京: 国防工业出版社, 2002.

[6] 周南, 乔登江. 脉冲束辐照材料动力学[M]. 北京: 国防工业出版社, 2002.

[7] 许根慧, 姜恩永, 盛京, 等. 等离子科学与技术[M]. 北京: 化学工业出版社, 2006.

[8] 马腾才, 胡希伟, 陈银华. 等离子体物理学原理[M]. 合肥: 中国科学技术大学出版社, 1986.

[9] 孙承伟. 激光辐照效应[M]. 北京: 国防工业出版社, 2002.

[10] LIEBERMAN M A, LICHTENBERG A J. 等离子体放电原理与材料处理[M]. 蒲以康, 译. 北京: 科学出版社, 2007.

[11] 余希同. 结构的塑性动力响应[J]. 爆炸与冲击, 1990, 10(1): 85-96.

[12] 马壮. 航空发动机部件激光冲击强化应用基础研究[D]. 西安: 空军工程大学, 2008.

[13] PEYRE P, FABBRO R. Laser shock processing of aluminum alloys: Application to high cycle fatigue behaviour [J]. Materials Science & Engineering A, 1996, 210: 102-113.

[14] BARLETTAA M, RUBINOA G, GISARIOB A. Adhesion and wear resistance of CVD diamond coatings on laser treated WC-Co substrates[J]. Wear, 2011, 271: 2016-2024.

[15] HATAMLEH O, SINGH P M, GARMESTANI H. Corrosion susceptibility of peened friction stir welded 7075 aluminum alloy joints[J]. Corrosion Science, 2009, 51: 135-143.

[16] BREUER D. Laser peening advanced residual stress technology[J]. Industrial Heating, 2007, 74(1): 48-50.

[17] GUPTA V, PRONIN A, ANAND K. Mechanisms and quantification of spalling failure in laminated composites under shock loading[J]. Journal of Composite Materials, 1996, 30(6): 722-747.

[18] ECAULT R, BERTHE L, TOUCHARD F, et al. Experimental and numerical investigations of shock and shear wave propagation induced by femtosecond laser irradiation in epoxy resins[J]. Journal of Physics D-Applied Physics, 2015, 48(9): 095501.

[19] ECAULT R, TOUCHARD F, BERTHE L, et al. Laser shock adhesion test numerical optimization for composite bonding assessment[J]. Composite Structures, 2020, 247(1): 112441.

[20] FAIRAND B P, WILCOX B A, GALLAGHTR W J, et al. Laser shock induced microstructural and mechanical property changes in 7075 aluminum[J]. Journal of Applied Physics, 1972, 43(9): 3893-3895.

[21] BECKER R. Effects of crystal plasticity on materials loaded at high pressures and strain rates[J]. International

Journal of Plasticity, 2004, 20: 1983-2006.

[22] LOOMIS E, PERALTA P, SWIFT D, et al. Cross-sectional TEM studies of plastic wave attenuation in shock loaded NiAl[J]. Materials Science & Engineering A, 2006, 437: 212-221.

[23] YE C, SUSLOV S, KIM B J, et al. Fatigue performance improvement in AISI 4140 steel by dynamic strain aging and dynamic precipitation during warm laser shock peening[J]. Acta Materialia, 2011, 59: 1014-1025.

[24] BROCKMAN R A, BRAISTED W R, OLSON S E, et al. Prediction and characterization of residual stresses from laser shock peening[J]. International Journal of Fatigue, 2012, 36: 96-108.

[25] HATAMLEH O. A comprehensive investigation on the effects of laser and shot peening on fatigue crack growth in friction stir welded AA 2195 joints[J]. International Journal of Fatigue, 2009, 31: 974-988.

[26] FABBRO R, FOURNIER J, BALLARD P. Physics study of laser-produced plasma in confined geometry[J]. Journal of Applied Physics, 1990, 68(2): 775-784.

[27] CORSI M, CRISTOFORETTI G, GIUFFRIDA M, et al. Three-dimensional analysis of laser induced plasmas in single and double pulse configuration[J]. Spectrochimica Acta B, 2004, 59: 723-735.

[28] SANO Y, OBATA M, KUBO T, et al. Retardation of crack initiation and growth in austenitic stainless steels by laser peening without protective coating[J]. Materials Science & Engineering A, 2006, 417: 334-340.

[29] ALTENBERGER I, STACH E A, LIU G. An in situ transmission electron microscope study of the thermal stability of near-surface microstructures induced by deep rolling and laser-shock peening[J]. Scripta Materialia, 2003, 48: 1593-1598.

[30] SPANRAD S. Fatigue crack growth in laser shock peened aerofoils subjected to foreign object damage[D]. Portsmouth: Portsmouth University, 2011.

[31] FAN Y, WANG Y, VUKELIC S, et al. Wave-solid interactions laser-shock-induced deformation process[J]. Journal of Applied Physics, 2005, 98: 1049.

[32] CELLARD C, RETRAINT D, FRANCOIS M, et al. Laser shock peening of Ti-17 titanium alloy: Influence of process parameters[J]. Materials Science & Engineering A, 2012, 532: 362-372.

[33] NISHCHENKO M M, KOVALYUK B P. Influence of the shock waves, generated at impact of nanosecond laser pulses, on phase transformations in steel X18H10T[J]. Metallurgy Technology, 2004, 26(9): 1227-1240.

[34] GANESH P, SUNDAR R, KUMAR H, et al. Studies on laser peening of spring steel for automotive applications[J]. Optics and Lasers in Engineering, 2012, 50: 678-686.

[35] TRDAN U, GRUM J, MORALES M, et al. Modification of thin surface layer of AlMgSiPb and AlSi1MgMn alloys with laser shock processing method with Q-switched Nd: YAG laser[C]. The First International Conference on Laser Peening, Houston, Texas, 2008: 1-10.

[36] 廖培育. 实验研究激光冲击波在钛合金中的传播规律[D]. 合肥: 中国科学技术大学, 2007.

[37] 张宏, 唐亚新, 余承业, 等. 激光冲击处理对 2024 铝合金疲劳性能的影响[J]. 金属热处理学报, 1999, 2: 59-64.

[38] 葛茂忠, 项建云, 张永康. 激光冲击处理对 AZ31B 镁合金力学性能的影响[J]. 材料工程, 2013, 9: 54-59.

[39] LU J Z, LUO K Y, ZHANG Y K, et al. Grain refinement mechanism of multiple laser shock processing impacts on ANSI 304 stainless steel[J]. Acta Materialia, 2010, 16: 5354-5362.

[40] LU J Z, LUO K Y, ZHANG Y K, et al. Grain refinement of LY2 aluminum alloy induced by ultra-high plastic strain during multiple laser shock processing impacts[J]. Acta Materialia, 2010, 11: 3984-3994.

[41] 张永康, 周立春, 任旭东, 等. 激光冲击 TC4 残余应力场的试验及有限元分析[J]. 江苏大学学报(自然科学版), 2009, 1: 10-13.

[42] 邹世坤, 王健, 赵勇, 等. 激光冲击处理对铆接结构疲劳性能的影响(Ⅰ)[J]. 应用激光, 2000, 6: 255-256.

[43] 曹子文, 车志刚, 邹世坤, 等. 激光冲击强化对 7050 铝合金紧固孔疲劳性能的影响[J]. 应用激光, 2013, 3: 259-262.

[44] NIE X F, HE W F, LI Q P, et al. Experiment investigation on microstructure and mechanical properties of TC17 titanium alloy treated by laser shock peening with different laser fluence[J]. Journal of Laser Application, 2013, 25(4): 042001.

[45] NIE X F, HE W F, ZHOU L C, et al. Experiment investigation of laser shock peening on TC6 titanium alloy to improve high cycle fatigue performance[J]. Materials Science & Engineering A, 2014, 594: 161-167.

[46] NIE X F, HE W F, ZANG S L, et al. Effects and application to improve high cycle fatigue resistance of TC11 titanium alloy by laser shock peening with multiple impacts[J]. Surface & Coating Technology, 2014, 253: 68-75.

[47] NIE X F, HE W F, CAO A Y, et al. Experimental study and fatigue life prediction on high cycle fatigue performance of laser-peened TC4 titanium alloy[J]. Materials Science & Engineering A, 2021, 822: 141658.

[48] LUO S H, NIE X F, ZHOU L C, et al. Thermal stability of surface nanostructure produced by laser shock peening in a Ni-based superalloy[J]. Surface & Coating Technology, 2017, 311: 337-343.

[49] LUO S H, NIE X F, WANG X D, et al. Experiment study on improving fatigue strength of K24 nickel based alloy by laser shock processing without coating[J]. Rare Metal Materials and Engineering, 2017, 46(12): 3682-3687.

[50] 李玉琴, 何卫锋, 聂祥樊, 等. GH4133 镍基高温合金激光冲击强化研究[J]. 稀有金属材料与工程, 2015, 44(6): 1517-1521.

[51] HU X A, ZHAO J, TENG X F, et al. Fatigue resistance improvement on double-sided welded joints of a titanium alloy treated by laser shock peening[J]. Journal of Materials Engineering and Performance, 2022, 53: 1-9.

[52] WANG X D, LI Y H, LI Q P, et al. Property and thermostablity study on TC6 titanium alloy nanostructure processed by LSP[J]. Transactions of Nanjing University of Aeronautics & Astronautics, 2012, 29(1): 69-76.

[53] NIE X F, LI Y H, TU S D, et al. Feasibility study of microscale laser shock processing without absorbing coating to improve high-cycle fatigue performance of DZ17G directionally solidified superalloy[J]. Journal of Laser Application, 2019, 31(4): 042007.

[54] ZHOU L C, HE W F, LUO S H, et al. Laser shock peening induced surface nanocrystallization and martensite transformation in austenitic stainless steel[J]. Journal of Alloys and Compounds, 2015, 655: 66-70.

[55] NIE X F, ZHAO F F, TIAN L, et al. Tribology performance of laser-peened MB8 magnesium alloy under different working conditions[J]. International Journal of Advanced Manufacturing Technology, 2021, 112(5-6): 1661-1673.

[56] LI Y H, ZHOU L C, HE W F, et al. The strengthening mechanism of a nickle-based alloy after laser shock processing at high temperatures[J]. Science and Technology of Advanced Materials, 2013, 14(10): 0550010.

[57] LUO S H, ZHOU L C, WANG X D, et al. Surface nanocrystallization and amorphization of dual phase TC11 titanium alloys under laser induced ultrahigh strain-rate plastic deformation[J]. Materials, 2018, 563(11): 1-12.

[58] 聂祥樊, 李应红, 何卫锋, 等. DZ17G 定向凝固高温合金微激光冲击强化方法与疲劳试验研究[J]. 稀有金属材料与工程, 2018, 47(10): 3141-3147.

[59] LUO S H, NIE X F, ZHOU L C, et al. Aluminizing mechanism on a nickel-based alloy with surface nanostructure produced by laser shock peening and its effect on fatigue strength[J]. Surface and Coatings Technology, 2018, 342: 29-36.

[60] LUO S H, HE W F, CHEN K, et al. Regain the fatigue strength of laser additive manufactured Ti alloy via laser shock peening[J]. Journal of Alloys and Compounds, 2018, 750: 626-635.

[61] LUO S H, ZHOU L C, NIE X F, et al. The compound process of laser shock peening and vibratory finishing and its effect on fatigue strength of Ti-3.5Mo-6.5Al-1.5Zr-0.25Si titanium alloy[J]. Journal of Alloys and Compounds, 2019, 783: 828-835.

[62] 何卫锋, 李应红, 聂祥樊, 等. 激光冲击叶片榫头变形控制与疲劳试验[J]. 航空学报, 2013, 34(7): 2041-2048.

[63] 李靖, 李军, 何卫锋, 等. 激光冲击与渗碳复合工艺改善 12CrNi3A 钢磨损性能[J]. 强激光与粒子束, 2014, 26(5): 059005.

[64] 焦阳, 何卫锋, 孙岭, 等. 激光喷丸与渗铝复合工艺提高 K417 合金力学性能研究[J]. 红外与激光工程, 2015, 44(8): 2274-2279.

[65] 王学德, 罗思海, 何卫锋, 等. 无保护层激光冲击对 K24 镍基合金力学性能的影响[J]. 红外与激光工程, 2017, 46(1): 0106005.

[66] 李伟. 钢制叶片激光冲击强化原理与关键技术研究[D]. 西安: 空军工程大学, 2010.

[67] 李启鹏. 钛合金压气机叶片激光冲击强化原理与关键技术研究[D]. 西安: 空军工程大学, 2012.

[68] 何卫锋, 李应红, 李启鹏, 等. LSP 提高 TC6 钛合金振动疲劳性能及强化机理研究[J]. 稀有金属材料与工程, 2013, 42(8): 1643-1648.

[69] 李应红. 激光冲击强化理论与技术[M]. 北京: 科学出版社, 2013.

[70] 聂祥樊, 李应红, 何卫锋, 等. 航空发动机部件激光冲击强化研究进展与展望[J]. 机械工程学报, 2021, 57(16): 293-305.

[71] 李伟, 李应红, 何卫锋, 等. 激光冲击强化技术的发展和应用[J]. 激光与光电子学进展, 2008, 45(12): 15-19.

[72] COWLES B, MORRIS B, NAIK R, et al. Applications, benefits, and challenges of advanced surface treatments surface treatments-An industry perspective[R]. The First International Conference on Laser Peening, Houston-texas, 2008.

[73] LEAP M J, RANKIN J, HARRISON J, et al. Effect of laser peening on fatigue life in an arrestment hook shank application for naval aircraft[C]. The Second International Conference on Laser Peening, San Francisco, 2010: 6-7.

[74] JENSEN D. Adaptation of LSP capability for use on F-22 raptor primary structure at an aircraft modification depot[R]. The Second International Conference on Laser Peening, San Francisco, 2010.

[75] 杜祥琬. 创新工程技术, 支撑科学发展[J]. 中国工程科学, 2009, 11(4): 4-8.

[76] MA Z, LI Y H, WANG C. Investigation of laser shock peening on aero-engine compressor rotor blade[J]. Key Engineering Materials, 2008, 373-374: 404-407.

[77] 李东霖, 何卫锋, 游熙, 等. 激光冲击强化提高外物打伤 TC4 钛合金疲劳强度的试验研究[J]. 中国激光, 2016, 43(7): 0702006.

[78] LUO S H, NIE X F, ZHOU L C, et al. High cycle fatigue performance in laser shock peened TC4 titanium alloys subjected to foreign object damage[J]. Journal of Materials Engineering and Performance, 2018, 27(3): 1466-1474.

[79] 聂祥樊, 魏晨, 侯志伟, 等. 激光冲击强化提高外物打伤钛合金模拟叶片高周疲劳性能[J]. 航空动力学报, 2021, 36(1): 137-147.

[80] 周留成. 激光冲击复合强化机理及在航空发动机涡轮叶片上的应用研究[D]. 西安: 空军工程大学, 2014.

[81] 周磊, 汪诚, 周留成, 等. 激光冲击表面强化对焊接接头力学性能的影响[J]. 中国表面工程, 2010, 23(5): 41-44.

[82] 任旭东, 张永康, 周建忠, 等. 发动机曲轴的激光冲击复合处理工艺研究[J]. 内燃机工程, 2007, 2: 56-59.

[83] 曹子文, 邹世坤, 车志刚. 航空发动机叶片激光冲击处理过程控制研究[J]. 航空发动机, 2011, 1: 60-62.

[84] 巩水利, 张永康, 戴峰泽, 等. 一种激光冲击处理发动机叶片的组合方法及装置: CN103205545A [P].

2013-10-04.

[85] VOSSEN J L. Adhesion measurement of thin films, thick film, and bulk coatings[J]. ASTM Special Technical Publication, 1978, 640: 122-131.

[86] GUPTA V. System and method for measuring the interface tensile strength of planar interfaces: US5438402[P]. 1995-07-05.

[87] MIYAKE T, MUKAE K, FUTAMURA M. Evaluation of machining damage around drilled holes in a CFRP by fiber residual stresses measured using micro-raman spectroscopy[J]. Mechanical Engineering Journal, 2016, 3(6): 16-00301.

[88] ECAULT R, TOUCHARD F, BOUSTIE M, et al. Numerical modeling of laser-induced shock experiments for the development of the adhesion test for bonded composite materials[J]. Composite Structures, 2016, 152: 382-394.

第 2 章　激光诱导冲击波的压力特性

由高功率激光与物质的相互作用过程可知，激光辐照靶材表面诱导形成的等离子体冲击波成为与靶材作用的媒介，其冲击波压力是迫使材料发生响应的初始条件，更是决定相应应用技术影响效果的关键因素。本章主要介绍激光诱导冲击波的压力模型、测试方法，分析激光参数对冲击波压力的影响。

2.1　激光诱导冲击波的压力模型

2.1.1　一维爆轰波模型

1. C-J 模型

1965 年，Райзер 提出了 LSD 的气体动力学模型，把 LSD 看作以超声速传播、没有厚度的强间断面，即冲击波，这种冲击波依靠吸收激光能量而自持传播，是一种物理性质的爆轰波。20 世纪初 Chapman 和 Jouguet 对爆轰波提出了简化模型，即爆轰波 C-J 模型，认为燃气中高速传播的爆轰过程可以看作一个带化学反应区的强间断面的传播过程，可当作一维数学平面处理，该模型很好地反映了爆轰波的基本特性。

假设靶蒸汽是理想气体，满足理想气体等熵过程(等熵指数为 γ)，则冲击波的波前、波后关系满足质量守恒、动量守恒和能量守恒三大方程。当然，能量守恒关系中应加入所吸收的激光能量，并且假定激光被爆轰波的波阵面完全吸收。冲击波的波阵面将空间分成波前和波后两个部分，假设冲击波前物质相对于实验室坐标系的运动速度为 D，波前物质的压力、密度(比容或比体积)、内能和速度分别用 P_0、ρ_0(或 $V_0 = 1/\rho_0$)、e_0 和 u_0 表示。冲击波后物质的相应状态用 P、ρ(或 $V = 1/\rho$)、e 和 u 表示，在 t 时刻冲击波阵面介质及状态如图 2.1 所示。冲击波阵面上单位面积、单位时间内受到冲击波压缩的波前物质的质量为 $\rho_0(D-u_0)\mathrm{d}t$，冲击波作用后物质将以速度 u 运动，冲击波后被压缩物质的质量为 $\rho(D-u)\mathrm{d}t$。

1) 质量守恒

流入和流出爆轰波间断面的质量相等：

$$\rho(D-u)A\mathrm{d}t = \rho_0(D-u_0)A\mathrm{d}t \tag{2.1}$$

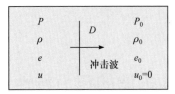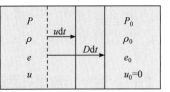

图 2.1　冲击波阵面介质及状态

认为波前蒸汽静止不动，即 $u_0 = 0$，整理得

$$\rho(D-u) = \rho D \tag{2.2}$$

2）动量守恒

爆轰波两边动量变化量：

$$PA\mathrm{d}t + \rho A(D-u)\mathrm{d}t(D-u) = P_0 A\mathrm{d}t + \rho_0 A(D-u_0)\mathrm{d}t(D-u_0) \tag{2.3}$$

整理可得

$$P + \rho(D-u)^2 = P_0 + \rho_0 D^2 \tag{2.4}$$

3）能量守恒

爆轰波产生后的总能为爆轰波产生前的能量加上吸收的激光能量：

$$h + \frac{(D-u)^2}{2} = h_0 + \frac{D^2}{2} + \frac{\alpha I_0}{\rho_0 D} \tag{2.5}$$

式中，I_0 为激光功率密度；α 为激光吸收率(约为 0.8)。理想气体的焓 $h = \gamma P / (\gamma - 1)\rho$，$\gamma \approx 1.4$ 为理想气体的等熵指数。整理公式(2.4)可得

$$P - P_0 = \rho_0^2 D^2 \left(\frac{1}{\rho_0} - \frac{1}{\rho} \right) \tag{2.6}$$

为了方便研究，引入比容 $v_0 = 1/\rho_0$，$v = 1/\rho$，公式(2.6)变为

$$P - P_0 = \rho_0^2 D^2 (v_0 - v) \tag{2.7}$$

公式(2.7)表示的关系即为爆轰波的 Rayleigh 直线。将公式(2.7)和公式(2.8)代入能量守恒方程可得

$$\frac{\gamma}{\gamma - 1}(Pv - P_0 v)_0 - v_0 \sqrt{\frac{P - P_0}{v_0 - v}} + \frac{\sqrt{(P - P_0)(v_0 - v)}}{2} - \alpha I_0 \sqrt{\frac{v_0 - v}{P - P_0}} = 0 \tag{2.8}$$

公式(2.8)就是爆轰产物的 Hugoniot 关系式。爆轰波的 Rayleigh 直线和 Hugoniot 曲线是爆轰波的两个重要关系，如图 2.2 所示，在 (P,v) 平面上，H 代表爆轰产物的 Hugoniot 曲线，H_0 代表冲击波的 Hugoniot 曲线，R_1、R_2 代表不同斜率的 Rayleigh 直线。Rayleigh 直线因为斜率不同，与 Hugoniot 曲线的交点可能是 S、W、J，这些都是爆轰的解。点 S 对应的是强爆轰的解，点 W 对应的是弱爆轰的解，切点 J

对应的是 C-J 爆轰的解，也称为正常爆轰解。

由于 $P \gg P_0$，为方便计算，可以忽略 P_0，求解可得

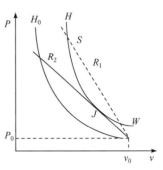

图 2.2　爆轰波的 Rayleigh 直线和 Hugoniot 曲线示意图

$$P = \frac{\left[2\left(\gamma^2 - 1\right)\right]^{2/3}}{\gamma + 1} \times \rho_0^{1/3} \times \left(\alpha I_0\right)^{2/3} \qquad (2.9)$$

$$D = \left[\frac{2\left(\gamma^2 - 1\right)\alpha I_0}{\rho_0}\right]^{1/3} \qquad (2.10)$$

$$u = \frac{\left[2\left(\gamma^2 - 1\right)\alpha I_0 / \rho_0\right]^{1/3}}{\gamma + 1} \qquad (2.11)$$

以激光功率密度为 $10^9 \mathrm{W/cm^2}$，金属蒸汽(铝)密度为 $2.7 \times 10^3 \mathrm{kg/cm^3}$，光斑直径为 8mm 计算，爆轰波的初始压力为 3.62GPa，初始速度为 1770m/s。

2. Fabbro 模型

前文对激光诱导等离子体爆轰波的产生机理和爆轰波初始参数计算进行了介绍，但需要注意的是，通过 C-J 模型计算出来的爆轰波初始参数并不是靶材表面受到的压力。图 2.3 是靶材与约束层之间的爆轰波示意图，由图 2.3 可知，爆轰波并非在靶材表面产生，而且激光能量关闭后，爆轰波通过膨胀和辐射传热继续运动，在约束层的约束作用下，爆轰波的压力还会增大。因此，Fabbro 等[1-3]进一步对约束条件下激光诱导一维等离子体爆轰波模型进行研究。

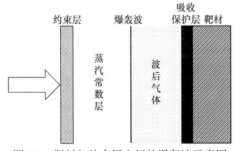

图 2.3　靶材与约束层之间的爆轰波示意图

Fabbro 等[1-3]对约束层下的激光诱导等离子体膨胀过程做了如下假设：

(1) 激光能量均匀分布，整个光斑范围内材料表面受热均匀。

(2) 约束层和靶材均为各向同性的均匀物质，热物理特性为常数。

(3) 把等离子体看作理想气体。

(4) 等离子体只在轴向膨胀。

将受约束下的激光诱导冲击波过程分为三个阶段：第一阶段，在激光脉冲持

续时间内，等离子体产生的冲击波向靶材和约束材料中传播。第二阶段，激光切断后，等离子体压力继续维持，并由于等离子体的绝热冷却而减小。在这两个步骤中，靶材获得一个由诱导的冲击波产生的冲击力。第三阶段，在较长时间内，所有等离子体调制后，交界处被加热的蒸汽将产生加农炮式的爆炸，给予靶材更大的冲击力。约束模式下等离子体冲击波行为可表达为宏观方程式：

$$\frac{dl(t)}{dt} = \frac{2}{z}p(t) \tag{2.12}$$

$$\frac{2}{z} = \frac{1}{z_1} + \frac{1}{z_2} \tag{2.13}$$

$$I(t) = p(t)\frac{dl(t)}{dt} + \frac{3}{2\xi}\frac{d}{dt}\big[p(t)l(t)\big] \tag{2.14}$$

式中，$p(t)$ 为等离子体压强；$I(t)$ 为轴向宏观线度。假设靶材及约束层声阻抗 $Z_i = \rho_i D_i (i = 1, 2$ 分别代表靶材和约束层，ρ_i 和 D_i 分别代表密度、爆轰波传播速率)为常数；内能 E_i 的 ξ 部分为热能 E_r，$1-\xi$ 部分用来电离气体，其中 $\xi(0 < \xi < 1)$ 取为常数 0.1。把等离子体当作理想气体处理，等离子体只在轴向膨胀。由此得到激光脉冲束结束时将有最大冲击压力：

$$p_{max}(GPa) = 0.01\left(\frac{\xi}{2\xi+3}\right)^{0.5} z^{0.5}[g/(cm^2 \cdot s)]I^{0.5}(GW/cm^2) \tag{2.15}$$

该峰值压力计算模型能较好地反映爆轰波的峰压随能量的变化规律，但也存在以下缺点[4]：系数 ξ 与吸收层的性质和约束层状态有关，还与激光脉冲性质，如脉冲形状、脉冲宽度有关[5]；处于吉帕量级高压的等离子体，理想气体将不再是很好的近似，其效果相当于 ξ 减小，计算值也将减小；既没有考虑等离子体的横向膨胀效应，也没有考虑冲击波的衰减。

2.1.2 二维爆轰波模型

在爆轰波性质和传播规律的基础上，同时考虑爆轰区域具有中心对称的特性，进行了脉冲激光束关闭后爆轰波及波后稀疏部分在靶材和约束层之间二维辐射膨胀模型研究。在一个脉宽内，激光束辐照靶材表面后使材料气化、电离，进而产生爆轰波，爆轰波逆光方向传播，在激光束持续作用下，爆轰波波面离靶材表面具有一定的高度，而波后也是具有较大压力的区域。结合爆轰波产生机制，对模型进行了如下假设：脉冲激光束关闭后爆轰波前和波后区域是具有一定厚度和初速度的高温、高压区，而爆轰波周围的气体为靶材电离的等离子体与金属蒸汽、空气的混合体；认为高压区之外的混合气体为初始温度，压力远低于波影响区，大小为常温、常压的区域；靶材和约束层均为刚性壁面。

爆轰波的高温、高压特性，决定了其传播过程具有明显热传导的湍流。根据爆轰波传播过程的物理特性，采用了标准 k-ε 湍流模型对脉冲激光束关闭后爆轰波传播过程进行模拟。主要模型和控制方程如下。

1. 质量守恒方程和 N-S 方程

质量守恒方程又称连续性方程：

$$\frac{\partial \rho}{\partial t} + \frac{\partial}{\partial x_i}(\rho u_i) = S_m \tag{2.16}$$

方程(2.16)是质量守恒方程的一般形式，S_m 是从分散的二级相中加入到连续相的质量，其也可以是任何的自定义源项。由于不存在质量的加入，故 $S_m = 0$。

采用的控制方程是多维可压缩黏性流体的 Navier-Stokes(N-S)方程。1822 年 Navier 提出了黏性流体的运动方程，1831 年 Poisson 提出了可压缩流体的运动方程。随后，Saint-Venant 在 1843 年和 Stokes 在 1845 年又分别独立地提出了黏性系数为一常数的运动方程[5]，即动量守恒方程，现在都统称为 N-S 方程。N-S 方程比较准确地描述了实际的流动，黏性流体的流动分析均可归结为对 N-S 方程的研究，多维控制方程如公式(2.17)：

$$\begin{cases} \rho \dfrac{\mathrm{d}u}{\mathrm{d}t} = \rho f_x - \dfrac{\partial p}{\partial x} + \dfrac{\partial}{\partial x}\left\{\mu\left[2\dfrac{\partial u}{\partial x} - \dfrac{2}{3}\left(\dfrac{\partial u}{\partial x} + \dfrac{\partial v}{\partial y} + \dfrac{\partial w}{\partial z}\right)\right]\right\} \\[2mm] \qquad + \dfrac{\partial}{\partial y}\left[\mu\left(\dfrac{\partial u}{\partial y} + \dfrac{\partial v}{\partial x}\right)\right] + \dfrac{\partial}{\partial z}\left[\mu\left(\dfrac{\partial w}{\partial x} + \dfrac{\partial u}{\partial z}\right)\right] \\[3mm] \rho \dfrac{\mathrm{d}v}{\mathrm{d}t} = \rho f_y - \dfrac{\partial p}{\partial y} + \dfrac{\partial}{\partial y}\left\{\mu\left[2\dfrac{\partial u}{\partial y} - \dfrac{2}{3}\left(\dfrac{\partial u}{\partial x} + \dfrac{\partial v}{\partial y} + \dfrac{\partial w}{\partial z}\right)\right]\right\} \\[2mm] \qquad + \dfrac{\partial}{\partial z}\left[\mu\left(\dfrac{\partial v}{\partial z} + \dfrac{\partial w}{\partial y}\right)\right] + \dfrac{\partial}{\partial x}\left[\mu\left(\dfrac{\partial u}{\partial x} + \dfrac{\partial v}{\partial z}\right)\right] \\[3mm] \rho \dfrac{\mathrm{d}w}{\mathrm{d}t} = \rho f_z - \dfrac{\partial p}{\partial z} + \dfrac{\partial}{\partial z}\left\{\mu\left[2\dfrac{\partial u}{\partial z} - \dfrac{2}{3}\left(\dfrac{\partial u}{\partial x} + \dfrac{\partial v}{\partial y} + \dfrac{\partial w}{\partial z}\right)\right]\right\} \\[2mm] \qquad + \dfrac{\partial}{\partial x}\left[\mu\left(\dfrac{\partial w}{\partial x} + \dfrac{\partial u}{\partial z}\right)\right] + \dfrac{\partial}{\partial y}\left[\mu\left(\dfrac{\partial v}{\partial x} + \dfrac{\partial w}{\partial z}\right)\right] \end{cases} \tag{2.17}$$

2. 标准 k-ε 湍流模型

实际流体的运动大多是湍流。目前，湍流数值模拟方法可以分为直接数值模拟(direct numerical simulation，DNS)方法和非直接数值模拟方法。直接数值模拟方法是直接求解湍流运动的 N-S 方程，得到湍流的瞬时流场，即各种尺度的随机运动，可以获得湍流的全部信息。但由于计算机条件的约束，目前只能限于一些低雷诺数的简单流动，还无法应用于真正意义上的工程计算。非直接数值模拟方法中的 Reynolds 平均法是目前使用最为广泛的湍流数值模拟方法之一，它依据湍流的理论知识、实验数据或直接数值模拟结果，对 Reynolds 应力做出各种假设，从而使湍流的平均 Reynolds 方程封闭。该方法可以避免直接数值模拟方法计算量大的问题，工程实际应用可以取得很好的效果。

爆轰波在靶材和约束层之间流动属于可压流，雷诺数很高。因此，采用 Reynolds 平均法较为合适，湍流模型选择涡黏模型中的标准 k-ε 模型。

涡黏模型由 Boussinesq 仿照分子黏性的思路提出，即设 Reynolds 应力相对于平均速度梯度的关系为

$$-\rho \overline{u_i' u_j'} = \mu_t \left(\frac{\partial u_i}{\partial x_j} + \frac{\partial u_j}{\partial x_i} \right) - \frac{2}{3} \left(\rho k + \mu_t \frac{\partial u_i}{\partial x_j} \right) \delta_{ij} \tag{2.18}$$

式中，μ_t 为涡黏系数；u_i 为时均速度；δ_{ij} 为克罗内克算子，其表达式为

$$\delta_{ij} = \begin{cases} 1, & i = j \\ 0, & i \neq j \end{cases} \tag{2.19}$$

k 为湍动能：

$$k = \frac{1}{2} \overline{u_i' u_j'} \tag{2.20}$$

依据确定 μ_t 的微分方程数目的多少，涡黏模型包括零方程模型、一方程模型和两方程模型。最基本的两方程模型是标准 k-ε 模型，要解速度和长度尺度两个变量，即在湍动能 k 的方程基础上，再引入一个关于耗散率 ε 的方程。湍流耗散率 ε 被定义为

$$\varepsilon = \frac{\mu}{\rho} \overline{\left(\frac{\partial u_i'}{\partial x_k} \right) \left(\frac{\partial u_j'}{\partial x_k} \right)} \tag{2.21}$$

涡黏系数 μ_t 可表示成 k 和 ε 的函数，即

$$\mu_t = \rho C_\mu \frac{k^2}{\varepsilon} \tag{2.22}$$

式中，C_μ 为经验常数。可压缩流体标准 k-ε 模型中，k 方程和 ε 方程分别表示为

$$\begin{cases} \dfrac{\partial}{\partial t}(\rho k) + \dfrac{\partial}{\partial x_i}(\rho u_i k) = \dfrac{\partial}{\partial x_j} \left[\left(\mu + \dfrac{\mu_t}{\sigma_k} \right) \dfrac{\partial k}{\partial x_j} \right] + G_k + G_b - \rho \varepsilon - Y_M + S_k \\ \dfrac{\partial}{\partial t}(\rho \varepsilon) + \dfrac{\partial}{\partial x_i}(\rho u_i \varepsilon) = \dfrac{\partial}{\partial x_j} \left[\left(\mu + \dfrac{\mu_t}{\sigma_\varepsilon} \right) \dfrac{\partial \varepsilon}{\partial x_j} \right] + C_{1\varepsilon} \dfrac{\varepsilon}{k}(G_k + C_{3\varepsilon} G_b) - C_{2\varepsilon} \rho \dfrac{\varepsilon}{k} + S_\varepsilon \end{cases} \tag{2.23}$$

式中，G_k 为平均速度梯度引起的湍动能 k 的产生项；G_b 为浮力引起的湍动能 k 的产生项；Y_M 为可压湍流中脉动扩张的贡献；$C_{1\varepsilon}$、$C_{2\varepsilon}$ 和 $C_{3\varepsilon}$ 为经验常数；σ_k 为湍动能 k 对应的 Prandtl 数；σ_ε 为耗散率 ε 对应的 Prandtl 数。k 方程是精确方程，ε 方程是由经验公式导出的方程。

2.2　激光诱导冲击波压力的测试原理及方法

2.2.1　压电薄膜测试原理及方法

聚偏氟乙烯(polyvinylidene fluoride，PVDF)压电薄膜具有很强的压电效应和热释电效应，也是目前在压电高分子材料中研究较为系统的高聚物，以其独特的压电性能(高灵敏、高频响)、良好的机械柔韧性、较低的成本、声阻抗易于匹配、机械强度大、质量轻和耐冲击等优点，同时厚度远比其他诸如石英、锂压电传感器要小很多，而广泛地应用于压力、速度、加速度等方面的测试[6]。图 2.4 为实验中使用的 PVDF 压电薄膜。

图 2.4　实验中使用的 PVDF 压电薄膜

图 2.5 是 PVDF 压电薄膜原理示意图，PVDF 压电薄膜产生的电荷正比于两个电极间不同的应力水平。在 t_0 时刻，假定作用于 PVDF 压电薄膜两端的应力分别为 σ_1 和 σ_2，当脉冲在 t_0 时刻通过 PVDF 压电薄膜时，对于薄膜两端的压力梯度 $\sigma_1-\sigma_2 > 0$，则 PVDF 压电薄膜两级之间输出净电荷；当脉冲在 t_1 时刻通过 PVDF 压电薄膜时，有 $\sigma_1-\sigma_2 = 0$，则 PVDF 压电薄膜两级之间输出零电荷；当脉冲在 t_2 时刻通过 PVDF 压电薄膜时，有 $\sigma_1-\sigma_2 < 0$，则 PVDF 压电薄膜两级之间输出反向净电荷，相应的电荷-时间曲线如图 2.5 所示。

PVDF 压电薄膜的压电方程为

$$D = dT + \varepsilon E \tag{2.24}$$

式中，D 为 PVDF 压电薄膜的电荷密度矩阵，$D = (D_X, D_Y, D_Z)^{\mathrm{T}}$；$d$ 为压电常数矩阵；T 为应力矩阵；ε 为介电常数矩阵；E 为电场强度。在无外加电场或恒电场条

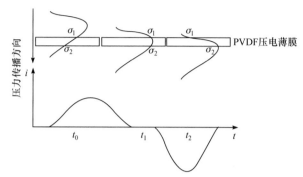

图 2.5 PVDF 压电薄膜原理示意图

件下，因为电场强度 $E = 0$，所以公式(2.24)可简化为

$$D = dT \tag{2.25}$$

用矩阵形式来表示就是

$$\begin{bmatrix} D_X \\ D_Y \\ D_Z \end{bmatrix} = \begin{pmatrix} d_{11} & d_{12} & d_{13} & d_{14} & d_{15} & d_{16} \\ d_{21} & d_{22} & d_{23} & d_{24} & d_{25} & d_{26} \\ d_{31} & d_{32} & d_{33} & d_{34} & d_{35} & d_{36} \end{pmatrix} \begin{pmatrix} \sigma_{XX} \\ \sigma_{YY} \\ \sigma_{ZZ} \\ \sigma_{YX} \\ \sigma_{ZX} \\ \sigma_{XY} \end{pmatrix} \tag{2.26}$$

考虑到 PVDF 压电薄膜在厚度方向上的尺寸远小于另外两个方向的尺寸，在实际运用中，一般 PVDF 压电薄膜处于简单的受力状态，这样就可以使 PVDF 压电薄膜的压电方程大大简化。当在厚度方向(X 轴)受到外力作用而其他方向的作用力为零时，有 d_{21}、d_{31} 为 0，σ_{YY}、σ_{ZZ}、σ_{YZ}、σ_{ZX}、σ_{XY} 为 0，则在垂直于 X 轴的两平面上产生的电荷密度为

$$D_X = d_{11}\sigma_{XX} \tag{2.27}$$

PVDF 压电薄膜产生的电荷为

$$Q = D_X A = d_{11} A \sigma_{XX} \tag{2.28}$$

式中，A 为 PVDF 压电薄膜的有效面积。

PVDF 压电薄膜在外力作用下产生的电荷可以用两种电路采集，即电荷模式和电流模式。电荷模式是在外回路中加一个电容，PVDF 压电薄膜释放的电荷可直接由该电容读出，但该模式下 $Q(t)$ 反映的是传感器所受应力的平均值，因此时间分辨率较低，而电流模式可以反映更多的瞬态信息。因为激光诱导冲击波的产生和传播都在纳秒量级，所以采用 PVDF 压电薄膜的电流模式对冲击波进行测试。

将 PVDF 压电薄膜的两个电极用 -50Ω 电阻连接，当其感受到冲击波的压力信

号 P 时，它产生的电荷量 $Q(t)$ 经电阻 R 放电形成电流回路 $i(t)$，用示波器采集整个过程中电阻 R 上的电压信号 $U(t)$，则可求得 PVDF 压电薄膜在此过程中释放的总电荷为

$$Q(t) = \int_0^t \frac{V(t)}{R} \mathrm{d}t \tag{2.29}$$

则 PVDF 压电薄膜测得的瞬态应力为

$$\sigma = \frac{K}{A} Q(t) \tag{2.30}$$

式中，K 为 PVDF 压电薄膜的动态标定系数，为 $4.5 \times 10^8 \mathrm{Pa} \cdot \mathrm{cm}^2/\mu\mathrm{c}$；$A$ 为 PVDF 压电薄膜传感器的工作面积，在实验中可近似取激光束的光斑大小。

PVDF 压电薄膜实际测得的是冲击波在铝箔与 PVDF 界面透射后的压力，因为铝箔和 PVDF 之间的阻抗不匹配，同时忽略冲击波在铝箔中的衰减，所以在铝箔表面产生的压力 P_{Al} 与 PVDF 压电薄膜测得的压力 P_{PVDF} 之间的关系如公式(2.31)所示：

$$P_{\mathrm{Al}} = \frac{P_{\mathrm{PVDF}}}{2} \left(1 + \frac{Z_{\mathrm{Al}}}{Z_{\mathrm{PVDF}}} \right) \tag{2.31}$$

式中，Z_{Al} 为铝箔的声阻抗；Z_{PVDF} 为 PVDF 压电薄膜的声阻抗。其值分别为 $Z_{\mathrm{Al}} = 1.35 \times 10^6 \mathrm{g}/(\mathrm{cm}^2 \cdot \mathrm{s})$，$Z_{\mathrm{PVDF}} = 2.5 \times 10^5 \mathrm{g}/(\mathrm{cm}^2 \cdot \mathrm{s})$，所以有

$$P_{\mathrm{Al}} = 3.2 P_{\mathrm{PVDF}} \tag{2.32}$$

在 PVDF 压电薄膜后采用一个与 PVDF 压电薄膜声阻抗近似的有机玻璃垫具，可以将传至 PVDF 压电薄膜中的大部分冲击波透射进有机玻璃中，尽量避免冲击波的反射对测试结果以及 PVDF 压电薄膜造成影响。图 2.6 是基于 PVDF 压电薄膜的冲击波压力测试示意图，约束层为水，吸收保护层为铝箔，实验时保证吸收保护层、PVDF 压电薄膜和垫具之间紧密贴合，示波器采用 Tektronix DPO4014，其带宽为 1GHz，采样速率为 5G 次/s，记录长度为 10M，完全满足实验需要。

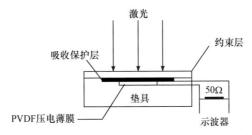

图 2.6　基于 PVDF 压电薄膜的冲击波压力测试示意图

利用上述装置对不同激光参数下冲击波压力进行了测试，图 2.7 是积分后的

压力信号，是在波长为 1064nm、功率密度为 4.8GW/cm² 的脉冲激光条件下，PVDF 压电薄膜测试电压积分后的压力信号。冲击波会在铝箔的两个表面不断地发生反射和透射，导致电压信号形成若干个峰值，但对激光诱导冲击波初始压力特性进行描述一般只用第一个峰值。因此，PVDF 压电薄膜测试后只选取每次冲击后的第一个峰值进行分析。

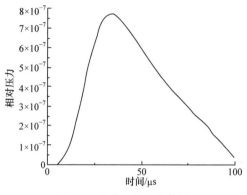

图 2.7　积分后的压力信号

图 2.8 为激光脉冲波形，是实际检测到的激光脉冲波形[7]。冲击波的加载部分与激光脉冲的上升沿形状符合较好，但卸载部分与激光脉冲的下降沿相比衰减得更慢，这个阶段对应的是等离子体的绝热膨胀过程。约束层作用使等离子体被限制在这个区域中，延长了等离子体的绝热膨胀过程，增加了能量由激光辐照区

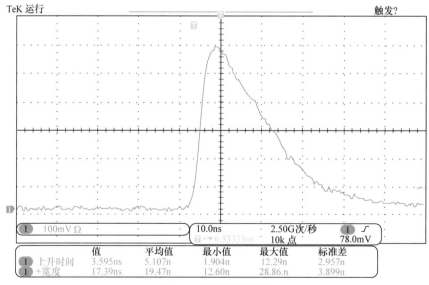

图 2.8　激光脉冲波形

域扩散至周围区域的时间，因而使冲击波的持续时间比激光脉冲的时间长。由图 2.7 可以看出，激光诱导冲击波的脉宽在 40ns 左右，是激光脉宽的 4 倍。将测得的冲击波的相对峰值压力代入公式(2.30)和公式(2.31)中，可利用 PVDF 压电薄膜对激光诱导冲击波进行动态测试[8]。

2.2.2　激光干涉仪测试原理及方法

激光干涉测速是一种较为先进的测速技术。任意反射面位移干涉系统(displacement interferometer system for any reflector，DISAR)是最早使用激光干涉原理进行测速的系统，其通过对运动物体引起的多普勒频移进行时频分析来获得位移。由于 DISAR 的测速范围有限，当运动速度过高时，很容易超出测量范围[9]。VISAR 是 20 世纪 70 年代由美国洛斯·阿拉莫斯国家实验室(Los Alamos National Laboratory，LANL)的 Barker 和 Hollenboh 提出的，解决了无法测量超高速运动物体的问题。理论上，VISAR 的速度测试能力是无限的，然而 VISAR 对样品表面有很高的要求，表面不能有镜面反射，对于低速且速率剧烈变化的速度历程，VISAR 往往难以准确地捕获光纤激光干涉测量激光冲击强化自由表面速度[10]。PDV[11]是 2004 年开发的一种测速仪，它在测速方法和原理上与 VIASR 等激光干涉测速仪相似，具有非接触、空间分辨率高、动态响应快、测量范围宽、方向灵敏度高等优点，可以测试低速运动及加减速特性。考虑 PDV 测试方法的优越性，本书相关研究主要采用 PDV 设备进行激光诱导冲击波压力特性测试。

图 2.9 是 PDV 测速原理示意图，由激光器发射出足够光强的信号光，其频率为 f_0，波长为 λ_0，信号光经过环形器后，由环形器将光束分为两路，一路通过环形器进入光纤探头，由光纤探头发射出频率为 f_0 的光束，该光束照射在物体表面会发生反射，反射光频率取决于物体表面运动速度，假定物体表面运动速度为 U_f，对应其表面反射后的光频率为 f_s，反射光 f_s 与信号光 f_0 的频率之差为多普勒频移，记为 f_d。物体自由表面运动速度与多普勒频移关系为公式(2.33)：

$$f_d = f_s - f_0 = \frac{2U_f}{\lambda_0} = \frac{2f_0 U_f}{c} \tag{2.33}$$

部分反射光会进入光纤探头沿原路返回至环形器，再到达检测器，此时的反射光称为探测光，另一路光线直接通过环形器进入检测器，此时该光线称为参考光，与入射光频率保持一致。探测光与参考光在探测器内发生干涉，干涉光被转化为电压信号，通过示波器对输出的电压信号进行数据采集[12-14]。

图 2.10 是 PDV 测试数据的处理过程。在测试过程中，采集到的原始信号如图 2.10(a)所示，由于光纤探头在采集信号时的外部振动以及仪器自身产生的电噪声等因素会产生一定的干扰信号，该频率通常在 0～100MHz，与有用的信号频率十分接近。因此，需要对 PDV 测得的干涉信号进行短时傅里叶变换，将非平稳

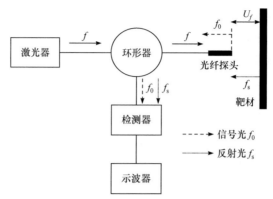

图 2.9　PDV 测速原理示意图

信号逐段截取为近似平稳的信号，然后分别对截取的信号进行傅里叶变换，获得每段中的频谱后对数据进行计算得到背面粒子速度，并通过编写的 Matlab 程序提取得到脊线，如图 2.10(b)。

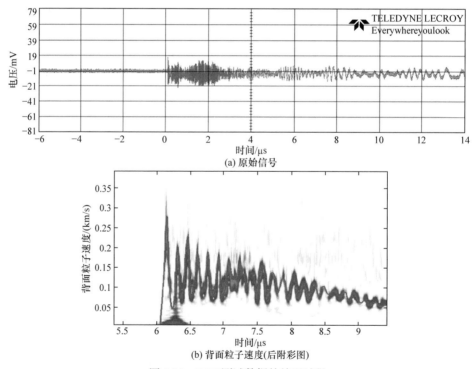

(a) 原始信号

(b) 背面粒子速度(后附彩图)

图 2.10　PDV 测试数据的处理过程

高功率纳秒激光辐照靶材表面形成的冲击波压力 P_{plasma}，在施加约束层的条件下，作用于靶材表面的冲击波压力 $\sum_{target}$ 与等离子体产生的冲击波压力相同[15]，即

$\sum_{\text{target}} = P_{\text{plasma}}$。假设 Hugoniot 曲线的冲击和释放部分对称，则测得的自由表面速度 U_f 是粒子速度 U 的两倍$(U_f = 2U)$，根据 Rankine-Hugoiniot 关系式，可对 $\sum_{\text{target}}$ 推算：

当 $\sum_{\text{target}} < \sigma_{\text{HEL}}$，

$$\sum_{\text{target}} = \rho_0 C_{el} U \tag{2.34}$$

当 $\sum_{\text{target}} \geqslant \sigma_{\text{HEL}}$，

$$\sum_{\text{target}} = \rho_0 D U + \frac{2}{3}\sigma_Y = \rho_0 (C_0 + SU) U + \frac{2}{3}\sigma_Y \tag{2.35}$$

式中，$\sum_{\text{target}}$ 为激光诱导冲击波产生的峰值压力；σ_Y 为动态屈服强度；$2/(3\sigma_Y)$ 为冲击波产生过程中偏离部分的弹性贡献；ρ_0 为靶材密度；C_0 为靶材纵向弹性波速；U 为冲击区域的粒子速度；S 为材料拟合系数。

2.3　激光诱导冲击波压力的参数影响

2.3.1　功率密度对激光诱导冲击波压力的影响

1. 吸收保护层为黑色胶带时激光功率密度的影响

在激光诱导冲击波测试过程中，吸收保护层采用黑色胶带(约 0.1mm 厚)，水流作为约束层(去离子水，约 2mm 厚)，靶材为 500μm 厚的 TC4 钛合金，在不同激光功率密度条件下(依次为 1.88GW/cm²、2.82GW/cm²、3.77GW/cm²、4.71GW/cm²、5.46GW/cm²)测试得到的背面粒子速度如图 2.11 所示。当激光功率密度为 4.71GW/cm²

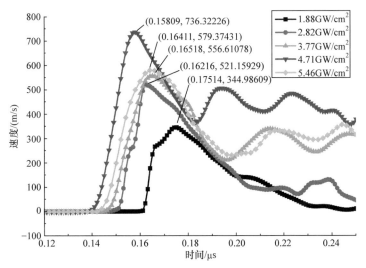

图 2.11　不同激光功率密度条件下背面粒子速度的变化规律(黑色胶带)

时，背面粒子速度达到最大值 736.32226m/s；当激光功率密度小于 4.71GW/cm²时，激光功率密度越大，背面粒子速度越快；当激光功率密度大于 4.71GW/cm²时，激光功率密度大，背面粒子速度反而降低。

根据 2.2.2 小节中激光诱导冲击波峰值压力的计算公式，在测试获得的背面粒子速度基础上，对不同激光功率密度下冲击波峰值压力进行计算，计算结果见表 2.1。

表 2.1　不同激光功率密度下冲击波峰值压力计算结果(黑色胶带)

激光功率密度 /(GW/cm²)	约束层	试件厚度 /μm	背面粒子最大速度 /(m/s)	冲击波峰值压力 /GPa
1.88	水流	500	344.99	4.76
2.82	水流	500	521.16	6.93
3.77	水流	500	556.61	7.38
4.71	水流	500	736.32	9.71
5.46	水流	500	579.37	7.67

图 2.12 为冲击波峰值压力与激光功率密度的关系(黑色胶带)，冲击波峰值压力随着激光功率密度的升高而逐渐上升，在 4.71GW/cm² 时达到最大值 9.71GPa，继续增大功率密度，峰值压力减小。这是因为功率密度超过 4.71GW/cm² 后，水约束层击穿，激光能量损失，峰值压力降低。

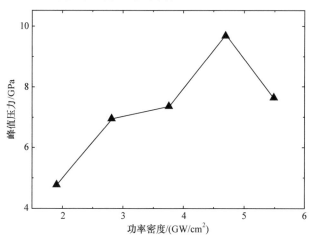

图 2.12　冲击波峰值压力与激光功率密度的关系(黑色胶带)

2. 吸收保护层为铝箔时激光功率密度的影响

吸收保护层采用铝箔(约 0.1mm 厚)，水流作为约束层(去离子水，约 2mm 厚)，靶材为500μm厚的TC4钛合金,在不同激光功率密度条件下(依次为1.88GW/cm²、2.82GW/cm²、3.77GW/cm²、4.71GW/cm²、5.46GW/cm²)测试得到的背面粒子速度如图 2.13 所示。当激光功率密度为 4.71GW/cm² 时,背面粒子速度达到最大值667.20778m/s;当激光功率密度小于4.71GW/cm² 时,激光功率密度越大,背面粒子速度越快;当激光功率密度大于 4.71GW/cm² 时,激光功率密度大,背面粒子速度同样降低。

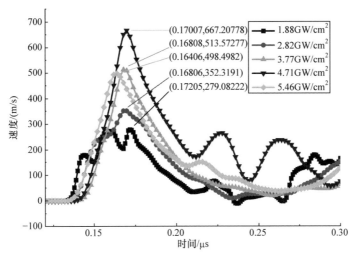

图 2.13　在不同激光功率密度条件下背面粒子速度的变化规律(铝箔)

根据 2.2.2 小节中激光诱导冲击波峰值压力的计算公式,同样可获得吸收保护层为铝箔时,不同激光功率密度下冲击波峰值压力计算结果,如表 2.2 所示。

表 2.2　不同激光功率密度下冲击波峰值压力计算结果(铝箔)

激光功率密度 /(GW/cm²)	约束层	试件厚度 /μm	背面粒子最大速度 /(m/s)	冲击波峰值压力 /GPa
1.88	水流	500	279.08	3.96
2.82	水流	500	352.32	4.84
3.77	水流	500	513.57	6.84
4.71	水流	500	667.21	8.80
5.46	水流	500	498.50	6.65

图 2.14 为冲击波峰值压力与激光功率密度的关系(铝箔),冲击波峰值压力随着激光功率密度的升高而逐渐上升,在 4.71GW/cm² 时达到最大值 8.80GPa,继续增大激光功率密度,冲击波峰值压力减小,与吸收保护层为黑色胶带时规律相同。

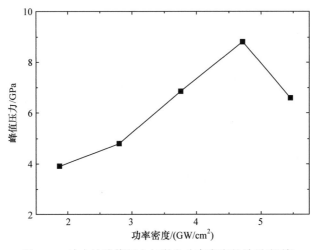

图 2.14　冲击波峰值压力与激光功率密度的关系(铝箔)

3. 无吸收保护层时激光功率密度的影响

无吸收保护层时，靶材为 500μm 厚的 TC4 钛合金，在不同激光功率密度条件下(依次为 2.82GW/cm², 3.77GW/cm², 4.71GW/cm²)测试得到的背面粒子速度如图 2.15 所示，随着激光功率密度的增大，背面粒子速度逐渐升高。

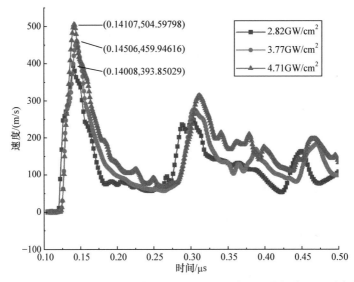

图 2.15　不同激光密度功率密度条件下背面粒子速度的变化规律(无吸收保护层)

无吸收保护层状态下，不同激光功率密度下冲击波峰值压力计算结果见表 2.3。冲击波峰值压力与激光功率密度的关系如图 2.16 所示，随着激光功率密度增大，在 4.71GW/cm² 时达到最大值 6.73GPa。

表 2.3　不同激光功率密度下冲击波峰值压力计算结果(无吸收保护层)

激光功率密度/(GW/cm^2)	约束层	试件厚度/μm	背面粒子最大速度/(m/s)	冲击波峰值压力/GPa
2.82	水流	500	393.85	5.35
3.77	水流	500	459.95	6.17
4.71	水流	500	504.60	6.73

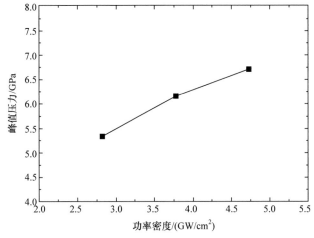

图 2.16　冲击波峰值压力与激光功率密度的关系(无吸收保护层)

　　图 2.17 为不同吸收保护层下冲击波峰值压力与激光功率密度的对应关系。可以看出，在不同吸收保护层状态下，激光功率密度较低时，冲击波的峰值压力随着激光功率密度的增加而增加，并且冲击波的峰值压力有饱和的趋势[16]。当激光功率密度达到 4.71GW/cm^2 时，其诱导产生的冲击波峰值压力会达到最大；当激光功率密度继续增加时，冲击波峰值压力不会增加，反而下降。此时，激光功率密度已经达到了激光对水的击穿阈值，在水约束层中发生了光学击穿，使冲击波的峰值压力饱和。

　　当激光功率密度达到一定值时，光学击穿现象在气体和固体介质中均会发生。在光激励中，电子不断吸收激光能量，数量上也成倍增加达到 10^{15} 以上，介质的透光率降低。随着介质的透光率降低，会产生微等离子区，此时使用高功率密度激光照射会导致材料损伤，这就是光学击穿[17]。

　　激光功率密度较小时，不会对水产生击穿效应。电子分布较为稀疏，对激光的吸收和反射较小。激光能量可以顺利地穿过约束层照射在吸收保护层表面。当激光功率密度高于水的击穿阈值时，会在约束层上形成高压等离子体，称为寄生

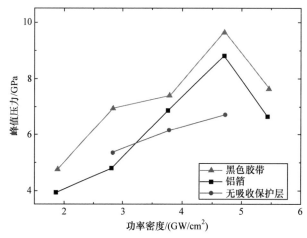

图 2.17　不同吸收保护层下冲击波峰值压力与激光功率密度的对应关系

等离子体。寄生等离子体会不断吸收激光的能量，从而使通过约束层的激光能量减少，降低了激光与物质的耦合效率。此时会出现激光冲击波压力饱和的现象，所以激光参数需要控制激光功率密度在水击穿阈值以下，以保证激光诱导冲击波压力水平和冲击波顺利作用于靶材上[18]。

2.3.2　空间能量分布对激光诱导冲击波压力的影响

激光能量在时间和空间上都具有特定的分布特征，一般根据能量空间分布特征，可以将激光划分为平顶激光和高斯激光。目前相关研究表明，在相同激光功率密度条件下，高斯激光冲击金属材料产生的残余应力分布与平顶激光具有显著差异，如图 2.18 所示[19-20]。这反向说明激光空间能量分布的不同会直接影响激光诱导冲击波的状态，导致材料响应特征的差异。

图 2.19 为相同功率密度条件下高斯激光与平顶激光的背面粒子速度对比图，分别在相同功率密度 1.41GW/cm² 和 2.83GW/cm²，高斯分布与平顶分布激光条件下得到的背面粒子速度曲线。可以看出不论在何种功率密度条件下，高斯激光对

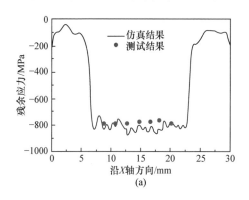

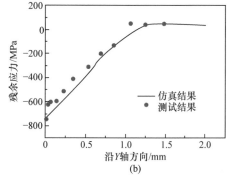

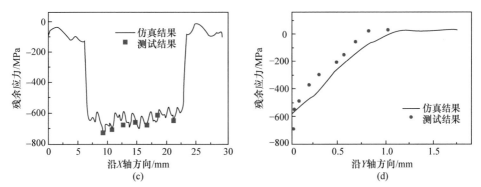

图 2.18　相同功率密度下激光冲击处理后 TC4 钛合金的残余应力分布[19-20]
(a)和(b)为高斯激光下表面和深度残余应力，(c)和(d)为平顶激光下表面和深度残余应力

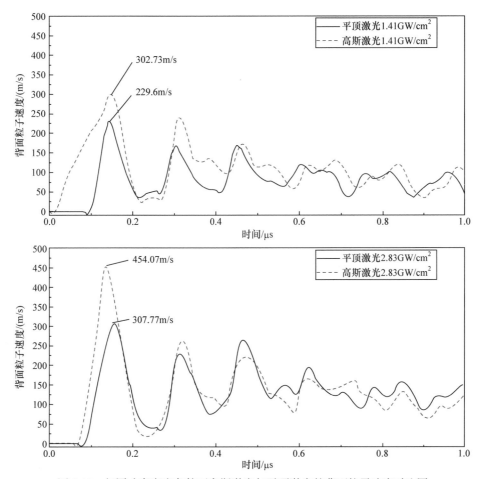

图 2.19　相同功率密度条件下高斯激光与平顶激光的背面粒子速度对比图

应的速度曲线的第一个峰的峰值速度均大于平顶激光,而且随着功率密度的增加,

这一差异愈加明显。两种激光条件下具体结果如下：功率密度为 1.41GW/cm² 时，高斯激光为 302.73m/s，平顶激光为 229.6m/s，速度差为 73.13m/s；功率密度为 2.83GW/cm² 时，高斯激光为 454.07m/s，平顶激光为 307.77m/s，速度差为 146.3m/s。

如果定义背面粒子速度曲线第一个峰值速度和第二个峰值速度之差与第一个峰值速度之比为峰值速度衰减率，可得

$$V_{A.} = \frac{\Delta V}{V_{p1}} = \frac{V_{p1} - V_{p2}}{V_{p1}} \tag{2.36}$$

背面粒子速度第一个峰为冲击波前波阵面到达试样背面形成的，第二个峰为该波阵面经反射再次到达试样背面形成的。两个峰值速度的差异在一定程度上反映了冲击波在材料中传播时的衰减程度。图 2.20 是高斯激光与平顶激光条件下的峰值速度衰减率对比图，展示了不同激光能量下，高斯激光与平顶激光在峰值速度衰减率上的变化。高斯激光的峰值速度衰减率平均值为 37.3%，平顶激光的峰值速度衰减率平均值为 20.3%，虽然对应的功率密度相同，但不同的空间能量分布显示出了不同的衰减程度。

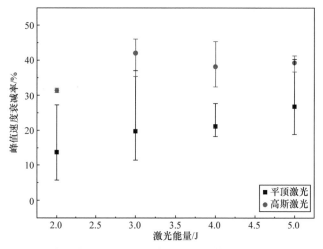

图 2.20 高斯激光与平顶激光条件下的峰值速度衰减率对比图

这一现象主要是激光空间能量分布不同造成的，高斯激光光斑中心能量相较于周边径向区域更大，而平顶激光在整个光斑范围内偏向于均匀分布。高斯激光诱导产生的冲击波在材料中传播时，波阵面更趋向于球面波，平顶激光诱导产生的冲击波趋向于平面波，而球面波在材料中传播时衰减程度会更加剧烈[21]。

图 2.21 为高斯激光和平顶激光冲击波峰值压力与功率密度的关系。高斯激光和平顶激光诱导产生的冲击波峰值压力与功率密度均呈小于 1 次幂的指数函数关系，但相同功率密度下，高斯激光诱导产生的冲击波峰值压力强于平顶激光，且

随着功率密度的增加，峰值压力的差异逐渐增大。

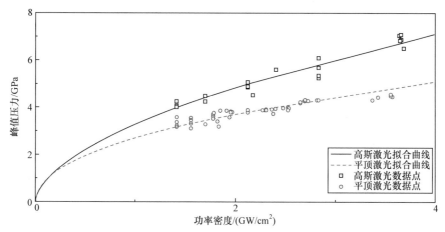

图 2.21　高斯激光和平顶激光冲击波峰值压力与功率密度的关系

对于纳秒脉冲激光器，激光能量在时间和空间两个维度上都具有一定的分布特征，激光诱导冲击波是由纳秒脉冲激光在时间和空间上对应产生的。因此，冲击波压力载荷在时间和空间上也都具有分布特征，称为激光诱导冲击波的时空载荷。

假设平顶激光和高斯激光的能量在时间上分布相同，激光辐射过程中的能量吸收率相同。图 2.22 为不同能量分布形式下的微元激光功率密度，与激光功率密度 $I = E/S \cdot \tau$ 相似，将某时刻激光能量与微元面积的比值定义为微元激光功率密度 I_0，即 $I_0 = E_0/S_0$。假设每个微元的面积相同，则微元激光功率密度在激光光斑上的空间分布与激光能量空间分布相同。

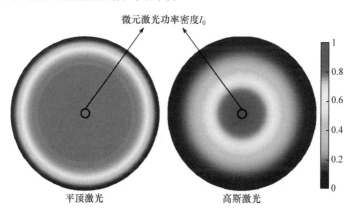

图 2.22　不同能量分布形式下的微元激光功率密度

图 2.23 为平顶激光和高斯激光的微元激光功率密度在空间中的旋转体积分。图 2.23 中，r 为积分微元到光斑中心的距离，I_{Flattop} 或 I_{Gaussian} 为激光光斑中心的微

元激光功率密度，R 为激光光斑半径，R_S 为高斯曲线的上升速率。激光诱导冲击波的峰值压力对应于激光能量时间曲线的峰值时间和空间能量分布的中心位置。

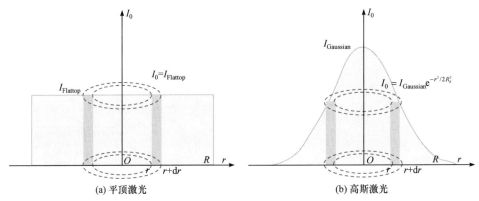

图 2.23　平顶激光和高斯激光的微元激光功率密度在空间中的旋转体积分

对于平顶激光有

$$I = 2\pi\int_0^R I_0 r\mathrm{d}r, \quad I_0 = I_{\text{Flattop}} \tag{2.37}$$

对于高斯激光有

$$I = 2\pi\int_0^R I_0 r\mathrm{d}r, \quad I_0 = I_{\text{Gaussian}}\mathrm{e}^{-\dfrac{r^2}{2R_S^2}} \tag{2.38}$$

当两者功率密度相同，可推导得出：

$$I = 2\pi I_{\text{Flattop}}\int_0^R r\mathrm{d}r = 2\pi I_{\text{Gaussian}}\int_0^R r\mathrm{e}^{-\dfrac{r^2}{2R_S^2}}\mathrm{d}r \tag{2.39}$$

$$\frac{I_{\text{Gaussian}}}{I_{\text{Flattop}}} = \frac{R^2}{2R_S^2\left[1-\exp\left(-\dfrac{R^2}{2R_S^2}\right)\right]} \tag{2.40}$$

在本节中，取 $R = 1.5\text{mm}$，$R_S = 0.5$，由公式(2.40)可得

$$I_{\text{Gaussian}} = 4.56 I_{\text{Flattop}} \tag{2.41}$$

公式(2.41)说明在功率密度相同的情况下，由于空间能量分布的不同，高斯激光光斑中心的微元激光功率密度大于平顶激光光斑中心的微元激光功率密度。激光功率密度是能量在时间和空间上的平均值，峰值压力却是压力在时间和空间上的最大值[22]。对于平顶激光，功率密度可以近似等于光斑中心的微元激光功率密度；对于高斯激光，空间均匀化的功率密度并不等同于光斑中心的微元激光功率密度。高斯激光中心功率密度的显著增加进一步影响了吸收保护层和等离子体对

激光能量吸收和转换效率的非线性增加，这些因素的综合作用使高斯激光能够产生更大的冲击波峰值压力。

2.3.3 激光脉宽对激光诱导冲击波压力的影响

在相同的激光能量分布、功率密度和光斑大小条件下，图 2.24 为不同脉宽条件下背面粒子速度曲线。背面粒子速度都经历了由激光诱导冲击波的加速和持续震荡衰减至速度为零的过程，但在 0~1μs 这一阶段的速度特征存在明显差异。

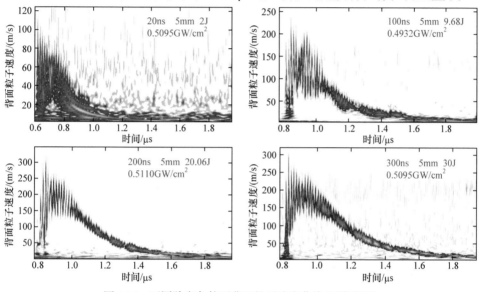

图 2.24 不同脉宽条件下背面粒子速度曲线(后附彩图)

将背面粒子速度图像提取背脊线并进行归一化处理，可以得到速度归一化曲线，图 2.25 为不同脉宽条件下背面粒子速度归一化曲线。由图 2.25 可知，在 20ns 脉宽和 50ns 脉宽的较短脉宽条件下，第一个峰的峰值速度即为整个背面粒子速度中的最大速度。但随着脉宽增大，第一个峰的速度不再是整个背面粒子速度中的最大速度，100ns 脉宽、200ns 脉宽和 300ns 脉宽下，最大速度开始出现在第二峰或第三峰。在 0.6μs 以后，背面粒子速度的震荡幅度随着激光脉宽的增加而明显减弱。

高功率、纳秒脉冲激光辐照作用下的等离子体产生主要是光电离过程，而当激光强度降低甚至无激光辐照下，光子所具有的能量不足以满足物质电离所需的外界能量，等离子内部自身电离度降低，直至不再具有等离子体性质(电离度$<10^{-4}$)而消失。输入激光能量的脉宽特性则直接决定了等离子体产生以及所能维持的时间，进而直接影响作用于靶材表面的冲击波特性。随着脉宽的增大，激光辐照靶材表面的时间也增加，等离子体点燃后形成的冲击波在材料内部传播的过程中始终有外界能量的持续输入,这使得背面粒子速度最大值不会出现在第一个峰值处,

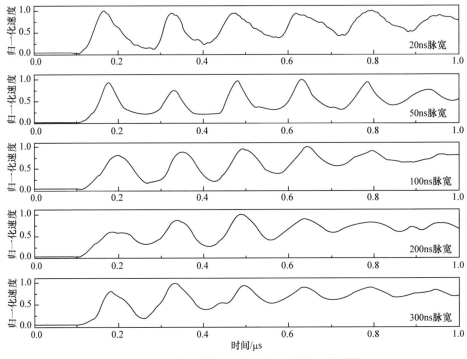

图 2.25　不同脉宽条件下背面粒子速度归一化曲线

而是有所后延。同时，冲击波在靶材表面的持续作用使得材料内部冲击波耦合过程更加复杂，冲击波主体部分被离散，使得背面粒子速度的震荡幅度减弱。图 2.26 为不同激光脉宽下冲击波峰值压力与激光功率密度的关系曲线。

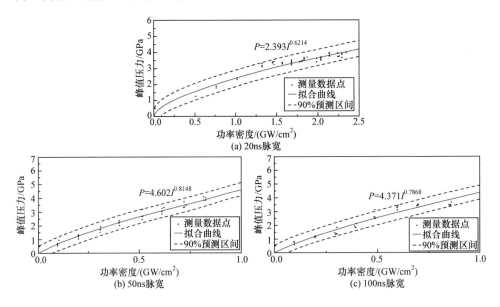

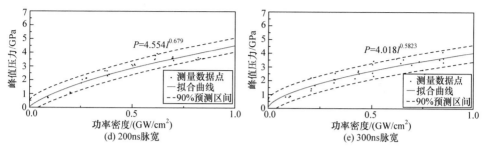

图 2.26　不同激光脉宽下冲击波峰值压力与激光功率密度的关系曲线

图 2.27 是不同激光脉宽条件下冲击波峰值压力拟合曲线对比图，由图可知，相同功率密度条件下，激光脉宽为 20ns 时，对应的冲击波峰值压力最低；50ns、100ns、200ns 和 300ns 激光脉宽下，冲击波压力无明显差异，与 Devaux 等[23]的研究结果相一致。

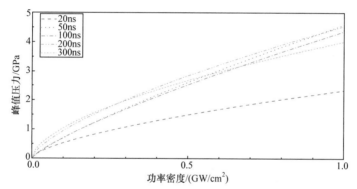

图 2.27　不同激光脉宽条件下冲击波峰值压力拟合曲线对比图

图 2.28 是不同激光脉宽对应的波形曲线，对比相应峰值压力结果可知，20ns脉宽与其他脉宽条件下峰值压力明显差异的主要原因是激光脉宽曲线特征不同，20ns 脉宽波形曲线呈高斯状，50ns、100ns、200ns、300ns 脉宽波形曲线呈方波状。高斯脉宽曲线上升沿平缓，而方波脉宽曲线上升沿陡峭，使得激光辐照靶材时初始能量输入过程有所差异，导致冲击波峰值压力的不同。

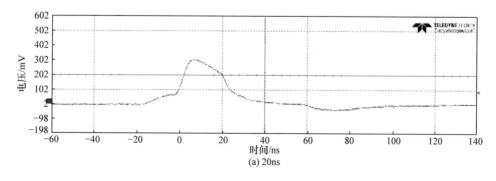

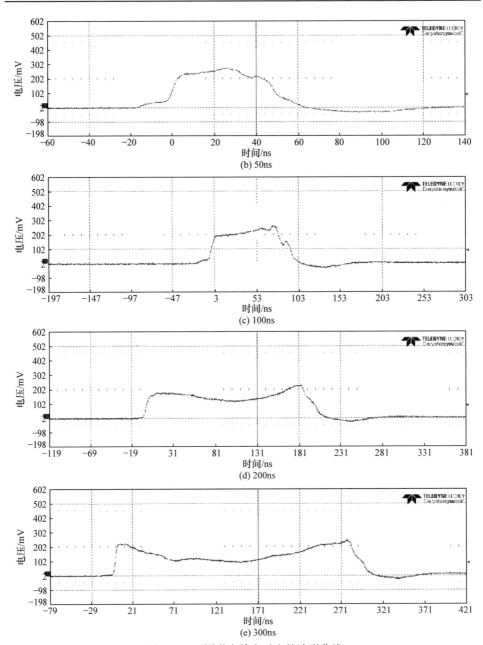

图 2.28　不同激光脉宽对应的波形曲线

2.3.4　光斑畸变对激光诱导冲击波压力的影响

1. 斜入射激光辐照

激光斜入射时，辐照在靶材表面的光斑会发生几何畸变，使得圆形光束在斜入射方向上被拉长成椭圆形，且光斑面积随之变大。但同时单次脉冲的激光能量是不变的，这导致实际激光功率密度降低，此时根据能量相等的关系可将功率密度计算公式表示为

$$E_{垂直} = E_{斜} = I \cdot S \cdot \tau \tag{2.42}$$

$$I_{斜} = \frac{I_{垂直} S_{圆}}{S_{椭圆}} = I_{垂直} \cos\theta \tag{2.43}$$

式中，S 为光斑面积；τ 为激光脉宽；$I_{垂直}$ 为垂直入射激光功率密度。

图 2.29 是不同激光功率密度和不同光斑大小条件下 PDV 测试结果，当激光功率密度为 2.15GW/cm^2，光斑直径为 3mm 时测量得到的背面粒子速度峰值的平均值为 252.9m/s，根据 2.2.2 小节中冲击波压力计算公式计算得到冲击波峰值压力平均值为 3.46GPa。同理可得，当功率密度增加到 2.70GW/cm^2 时，计算得到冲击波峰值压力平均值为 3.78GPa。当功率密度保持为 2.15GW/cm^2，光斑直径增加到 5mm 时，计算得到冲击波峰值压力平均值为 3.68GPa。由此可见，在该功率密度范围内，随着功率密度的增加，冲击波峰值压力随之增加；当功率密度保持不变，增加光斑尺寸也会使得冲击波压力有所增加，这可能是因为与小光斑相比，大光斑应力波衰减较慢，导致相同功率密度诱导产生的应力波在相同厚度的靶材中传播后，大光斑产生的应力波在背面产生更高的背面粒子速度，从而表现出更大的冲击波压力。

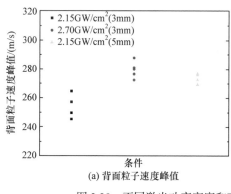

(a) 背面粒子速度峰值

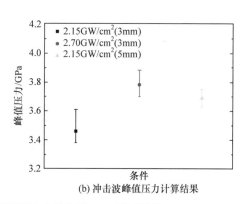

(b) 冲击波峰值压力计算结果

图 2.29　不同激光功率密度和不同光斑大小条件下 PDV 测试结果

图 2.30 是不同斜入射角度条件下 PDV 测试结果，计算得到的激光诱导表面冲击波峰值压力与斜入射角度的关系如图 2.30(a)，在不同的斜入射角度下，依然可以观察到较高的激光功率密度和较大的光斑尺寸能产生更高的冲击波峰值压力。在相同的激光参数条件下，测量得到的冲击波峰值压力随着激光斜入射角度

的增加而逐渐降低，而且其降低幅度在 30°～45°存在一个平缓下降的台阶，说明在 30°～45°斜入射激光冲击条件下可以保持较好的冲击波压力特性。

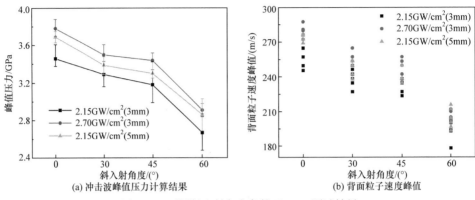

(a) 冲击波峰值压力计算结果　　　　(b) 背面粒子速度峰值

图 2.30　不同斜入射角度条件下 PDV 测试结果

同时，根据公式(2.43)计算可得，与激光垂直入射相比，当斜入射角度为 30°、45°和 60°时，实际激光功率密度分别为垂直入射时的 86.6%、70.7%和 50%。依据 Fabbro 等提出的约束模式下冲击波峰值压力的半经验模型，其冲击波峰值压力与激光功率密度开根号成正比。因此，根据模型计算可得激光斜入射诱导冲击波峰值压力在 30°、45°和 60°条件下，与垂直入射相比，应分别下降 6.9%、15.9%和 29.3%。但是，根据 PDV 试验结果计算得到的峰值压力如图 2.30(a)所示，在 2.15GW/cm² 激光功率密度、3mm 光斑直径条件下，垂直入射时的冲击波峰值压力为 3.46GPa，当斜入射角度为 30°时下降为 3.29GPa，下降了 4.9%；当斜入射角度为 45°时下降为 3.18GPa，下降了 8.1%；当斜入射角度为 60°时，下降为 2.67GPa，下降了 22.8%。在 2.70GW/cm² 激光功率密度、3mm 光斑直径条件下，不同斜入射角度测得的冲击波峰值压力下降幅度分别为 7.4%、9.0%和 23.0%；在 2.15GW/cm² 激光功率密度、5mm 光斑直径条件下，不同斜入射角度测得的冲击波峰值压力下降幅度分别为 8.1%、10.6%和 22.2%。

通过结果对比可知，除 30°斜入射外，实际测得的各斜入射角度下冲击波峰值压力下降幅度均小于几何畸变理论计算的结果。这是由于激光作用在靶材表面上形成等离子体的点燃时间仅为几纳秒，后续激光继续作用时无法到达靶材表面，而在形成的等离子体中被逆韧致吸收。图 2.31 为激光斜入射光斑畸变示意图，激光吸收的横截面积为折射光的横截面积，其面积小于激光斜入射到界面上发生几何畸变的面积，$A_0 > A_T$。因此，在激光冲击过程中因几何畸变面积增加导致的功率密度下降程度小于公式(2.43)的理论计算结果，使得冲击波峰值压力下降幅度小于几何畸变理论计算结果。

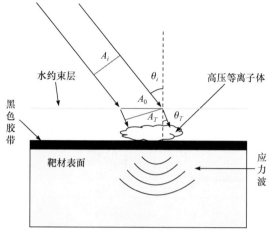

图 2.31 激光斜入射光斑畸变示意图

因此，激光斜入射时真实的几何畸变面积为折射光的横截面积 A_T，根据光斑折射光的横截面积 A_T 计算斜入射冲击波峰值压力与入射角度关系，计算如公式(2.44)～公式(2.48)所示：

$$E_{垂直} = E_{斜} = I \cdot A \tag{2.44}$$

$$I_{斜} = I_{垂直} \cdot \frac{A_i}{A_T} \tag{2.45}$$

$$A_T = A_i \cdot \frac{\cos\theta_T}{\cos\theta_i} \tag{2.46}$$

$$\frac{\sin\theta_i}{\sin\theta_T} = n, \quad \theta_T = \arcsin\frac{\sin\theta_i}{n} \tag{2.47}$$

$$P_{斜} = P_{垂直}\sqrt{\cos\theta_i - \cos\theta_T} \tag{2.48}$$

式中，A_i 为几何畸变前光斑面积；A_T 为折射光的横截面积；θ_i 为入射角；θ_T 为折射角；n 为激光由空气介质进入水的折射率，取 1.333。

根据公式(2.48)计算得到图 2.32 冲击波峰值压力衰减率与斜入射角度的关系曲线，其理论公式计算结果与测试结果拟合较好。此外，由于等离子体的形成需要数纳秒的等离子体点燃时间，故等离子体点燃前激光折射是直接作用在靶材表面发生几何畸变的，所以实验值要略大于理论值。

为了研究斜入射条件下光斑不同位置的冲击波峰值压力变化规律，在光斑直径为 5mm 激光斜入射时，对光斑内两点同时进行双通道 PDV 测试，双通道 PDV 测试点分布如图 2.33 所示。图 2.34 是不同斜入射角度条件下中心位置、60%长轴位置的 PDV 测试结果，图 2.34(a)是平面试样在激光功率密度为 2.15GW/cm²、光

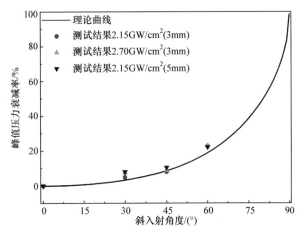

图 2.32　冲击波峰值压力衰减率与斜入射角度的关系曲线

斑直径为 5mm 时，不同斜入射角度条件下中心位置和 60%长轴位置处的背面粒子速度对比图。通过计算得到激光诱导表面冲击波峰值压力与斜入射角度的关系如图 2.34(b)所示，由图可知，中心位置和 60%长轴位置处测得的冲击波峰值压力均随着斜入射角度的增加而下降，且在各斜入射角度条件下，中心位置处的峰值压力均比 60%长轴位置处的大。

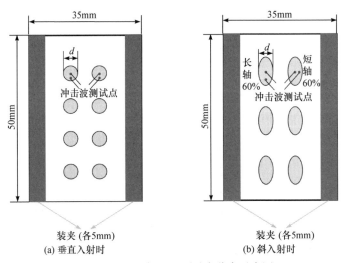

图 2.33　双通道 PDV 测试点分布示意图

为进一步研究激光斜入射时光斑几何畸变后冲击波压力分布的均匀性问题，研究对比了斜入射光斑被拉长后，60%短轴位置和 60%长轴位置处的冲击波压力，图 2.35 为不同斜入射角度条件下 60%短轴位置、60%长轴位置的 PDV 测试结果。图 2.35(a)是平面试样在激光功率密度为 2.15GW/cm²、光斑直径为 5mm 时，不同

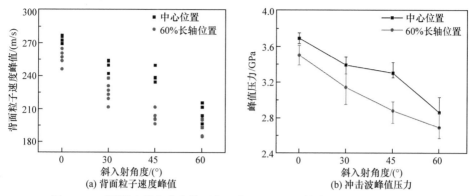

图 2.34　不同斜入射角度条件下中心位置、60%长轴位置的 PDV 测试结果

斜入射角度条件下，60%短轴位置和 60%长轴位置处背面粒子速度对比图。通过计算得到激光诱导表面冲击波峰值压力与斜入射角度的关系如图 2.35(b)所示，由图可知，激光斜入射时 60%短轴位置处的冲击波峰值压力要大于 60%长轴位置处的压力值，且随着斜入射角度的增加，这种差异越发显著。这说明激光斜入射时，光斑内不同位置的冲击波峰值压力降低的程度是不同的，在短轴方向上，光斑并未被拉长，冲击波峰值压力由于整体光斑面积的增加而有所下降；在长轴方向(激光斜入射倾斜方向)上，光斑沿此方向被明显拉伸，相应的冲击波峰值压力也因几何畸变下降得更为严重，而且激光斜入射角度越大，这种拉伸的程度越大，此方向上峰值压力下降得也就更明显。

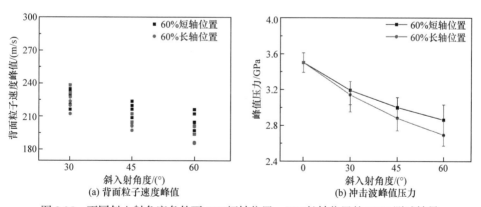

图 2.35　不同斜入射角度条件下 60%短轴位置、60%长轴位置的 PDV 测试结果

2. 曲面结构激光辐照

曲面结构激光辐照时，冲击波峰值压力特性发生变化的主要原因如下[24]：

(1) 曲面结构激光辐照会使靶材表面光斑发生几何畸变，使得在曲面方向上光斑面积增大，且曲率越大，这种影响越明显。

（2）激光诱导冲击波是在水约束层与保护层之间形成的，曲面形状可能会影响等离子体形成的状态，进而影响冲击波的压力特性。

图2.36是凹凸曲面结构激光冲击强化PDV测试结果，图2.36(a)是 $R = 19.1$mm 曲面结构试样在激光功率密度为 2.15GW/cm^2，光斑直径为 3mm 时，凹凸曲面结构的背面粒子速度峰值结果。通过计算得到的激光诱导冲击波峰值压力与曲面结构的关系如图2.36(b)所示。在 $R = 19.1$mm 的曲面结构条件下，凹面结构、平面结构和凸面结构冲击波峰值压力分别为 3.27GPa、3.46GPa 和 3.72GPa。激光诱导冲击波峰值压力呈现的规律为凸面>平面>凹面，其中凹面结构峰值压力比平面结构低 5.5%，凸面结构峰值压力比平面结构高 7.5%。这可能是曲面结构会影响应力波的传播，凸面结构激光冲击波在靶材表面上产生的应力波具有会聚作用，使得应力波在传播过程中相互耦合叠加；凹面结构使得产生的应力波在材料内传播过程中有所发散，而使得应力波强度有所减弱，如图2.37所示。

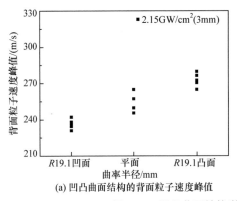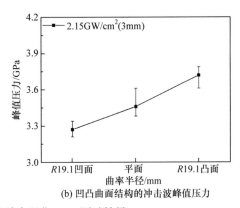

(a) 凹凸曲面结构的背面粒子速度峰值　　(b) 凹凸曲面结构的冲击波峰值压力

图2.36　凹凸曲面结构激光冲击强化 PDV 测试结果

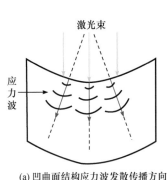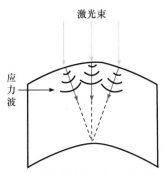

(a) 凹曲面结构应力波发散传播方向　　(b) 凸曲面结构应力波会聚传播方向

图2.37　曲面结构激光诱导冲击波传播示意图

参 考 文 献

[1] FABBRO R, FOURNIER J, BALLARD P. Physics study of laser-produced plasma in confined geometry[J]. Journal

of Applied Physics, 1990, 68(2): 775-784.

[2] BERTHE L, FABBRO R, PEYRE P, et al. Shock waves from a water-confined laser-generated plasma[J]. Journal of Applied Physics, 1997, 82(6): 2826-2832.

[3] FABBRO R, PEYRE P, BERTHE L, et al. Physics and applications of laser-shock processing[J]. Journal of Laser Applications, 1998, 10(6): 265-279.

[4] 邹世坤. 激光冲击强化技术[M]. 北京: 国防工业出版社, 2021.

[5] 韩占忠, 王敬, 兰小平. Fluent 流体工程仿真计算实例与应用[M]. 北京: 北京理工大学出版社, 2004.

[6] 刘瑞军. 基于激光冲击强化的冲击波和声波测试[D]. 西安: 空军工程大学, 2010.

[7] 张永康. 激光加工技术[M]. 北京: 化学工业出版社, 2004.

[8] NIE X F, TANG Y Y, LI Y, et al. Effects of confining layer and ablating layer on laser-induced shock wave characteristics during laser shock processing by PVDF gauge[J]. Journal of Physics: Conference Series, 2021, 1980: 012011.

[9] 翁继东, 李英雷, 陈宏, 等. 全光纤位移干涉技术在 SHPB 实验测量中的应用[J]. 高压物理学报, 2018, 32(1): 94-99.

[10] 宋宏伟, 吴先前, 王健, 等. 光纤激光干涉测量激光冲击强化自由表面速度[J]. 中国科学, 2012, 42(8): 861-868.

[11] 李建中, 王德田, 刘俊, 等. 多点光子多普勒测速仪及其在爆轰物理领域的应用[J]. 红外与激光工程, 2016, 45(4): 216-221.

[12] 李建中, 刘寿先, 刘俊, 等. 光子多普勒测速仪的单探头多目标测速能力研究[J]. 中国激光, 2014(11): 132-136.

[13] LEAR C R, JONES D R, PRIME M B, et al. Saver: A peak velocity extraction program for advanced photonic Doppler velocimetry analysis[J]. Journal of Dynamic Behavior of Materials, 2021(2): 510-517.

[14] WU H N, YAN L, TANG Y Y, et al. Method improving low signal-to-noise ratio of velocity test signals for laser-induced shock waves[J]. Optics & Laser Technology, 2022, 155: 108362.

[15] PEYRE P, BERTHE L, SCHERPEREEL X, et al. Laser-shock processing of aluminium-coated 55C1 steel in water-confinement regime, characterization and application to high-cycle fatigue behaviour[J]. Journal of Materials Science, 1998, 33(6): 1421-1429.

[16] 薛丁元. 空间高斯分布纳秒脉冲激光诱导冲击波试验研究[D]. 西安: 空军工程大学. 2016.

[17] LU K, LU J. Nanostructured surface layer on metallic induced by surface mechanical attrition treatment[J]. Materials Science and Engineering, 1999, 15(3): 193-197.

[18] LU K, LU J. Nanostructured surface layer on metallic materials induced by surface mechanical attrition treatment[J]. Materials Science and Engineering A, 2004, 375: 38-45.

[19] 李翔, 何卫锋, 聂祥樊, 等. 不同能量空间分布激光冲击钛合金残余应力的分布规律[J]. 激光与光电子学进展, 2018, 55(6): 061402.

[20] LI X, HE W F, LUO S H, et al. Simulation and experimental study on residual stress distribution in titanium alloy treated by laser shock peening with flat-top and Gaussian laser beams[J]. Materials, 2019, 12(8): 1343.

[21] 李应红. 激光冲击强化理论与技术[M]. 北京: 科学出版社, 2013.

[22] 汤毓源. 碳纤维复合材料层合板激光冲击层裂研究[D]. 西安: 空军工程大学, 2021.

[23] DEVAUX D, FABBRO R, TOLLIER L, et al. Generation of shock waves by laser-induced plasma in confined geometry[J]. Journal of Applied Physics, 1993, 74(4): 2268-2273.

[24] 赵飞樊. 光斑畸变条件下 7050-T7451 铝合金激光冲击强化试验研究[D]. 西安: 空军工程大学. 2021.

第3章 激光诱导冲击波作用下的材料动态本构模型

材料本构模型，即应力张量与应变张量的关系，是指材料在受力作用时反映出来的应力-应变关系。本构模型是材料力学响应的基本原则，是材料弹塑性变形的内在性质。材料在不同载荷条件下会表现出不同的力学响应特性，且在相同载荷作用下，不同材料的力学响应也会存在差异。例如，在吉帕量级冲击波作用下，金属材料会发生超高应变率的弹塑性变形。因此，为准确表征材料在激光诱导冲击波作用下的力学响应特性，需要根据冲击波作用下材料的应力-应变关系构建本构模型，并根据材料动态力学响应结果识别模型参数。

3.1 常用动态本构模型

在高应变率条件下，材料的动态力学行为通常采用应力与应变、应变率及温度等函数关系的本构方程来描述，可以表示为

$$\sigma = f(\varepsilon, \dot{\varepsilon}, T) \tag{3.1}$$

式中，ε 为应变；$\dot{\varepsilon}$ 为应变率；T 为温度。因为塑性变形是一个不可逆过程，且与塑性变形路径紧密相关，所以材料在某一变形状态 (σ, E) 的响应与材料变形亚结构有关。不同的变形亚结构对应各自的应变率、温度及应力状态，所以本构方程中还要加上变形历史项 t_i：

$$\sigma = f(\varepsilon, \dot{\varepsilon}, T, t_i) \tag{3.2}$$

经过多年的研究，人们已经根据实验结果提出了大量描述材料高应变率条件下的经验本构方程，如 Elastic-Perfectly-Plastic(E-P-P)模型[1]、Cowper-Symonds(C-S)模型[2]、Zerilli-Armstrong(Z-A)模型[3]、Steinberg-Cochran-Guinan(SCG)模型[4]和 Johnson-Cook(J-C)模型[5]等。

1) Elastic-Perfectly-Plastic 模型

Elastic-Perfectly-Plastic 模型认为，当材料中冲击波的峰值压力小于 Hugoniot弹性极限(Hugoniot elastic limit, HEL)时，不会发生塑性应变；当峰值压力大于HEL 时，将发生永久的塑性变形。当峰值压力大于 HEL 而发生永久的塑性变形时，材料的动态屈服强度定义如下：

$$\sigma_Y = \sigma_{\mathrm{HEL}} \frac{1 - 2v}{1 - v} \tag{3.3}$$

式中，v 为泊松比。E-P-P 模型讨论了材料在高应变率下的动态塑性变形准则，但

没有考虑应变硬化和应变率敏感性等因素。

2)Cowper-Symonds 模型

Cowper-Symonds 模型属于弹–线性强化应力模型，也称各向同性硬化、随动硬化或各向同性硬化和随动硬化的混合模型，与应变率相关，可考虑失效，通过在 0(仅随动硬化)和 1(仅各向同性硬化)间调整硬化参数 β 来选择各向同性硬化或随动硬化应变率。Cowper-Symonds 模型用与应变率有关的因数表示屈服应力，其表达式如下：

$$\sigma_Y = \left[1 + \left(\frac{\dot{\varepsilon}}{C}\right)^{\frac{1}{P}}\right]\left(\sigma_0 + \beta E_P \varepsilon_P^{\mathrm{eff}}\right) \tag{3.4}$$

式中，σ_0 为准静态屈服应力；σ_Y 为动态屈服应力；$\dot{\varepsilon}$ 为塑性应变率；$\varepsilon_P^{\mathrm{eff}}$ 为有效塑性应变；C、P 为模型参数；$E_P = E_t E/(E-E_t)$ 为塑性硬化模量。

3) Zerilli-Armstrong 模型

Zerilli-Armstrong 模型是建立于位错动力学和材料晶体结构的变形机理基础上的一种模型，因此，不同的晶体结构对应的本构关系方程也不相同，不同晶体结构下的流变应力表达式如下。

面心立方结构：

$$\sigma = C_1 + C_5 \varepsilon^n \exp\left(-C_3 T + C_4 T \ln \dot{\varepsilon}\right) \tag{3.5}$$

体心立方结构：

$$\sigma = C_1 + C_2 \exp\left(-C_3 T + C_4 T \ln \dot{\varepsilon}\right) + C_5 \varepsilon^n \tag{3.6}$$

式中，C_1、C_2、C_3、C_4、C_5 和 n 是需要确定的材料参数。另外，通过加入应变恢复系数可以将该模型拓展到密排六方结构：

$$\sigma = \sigma_\alpha + B e^{-(\beta_0 - \beta_1 \ln \dot{\varepsilon})T} + B_0 \sqrt{\varepsilon_r \left(1 - e^{-\varepsilon/\varepsilon_r}\right)} e^{-(\alpha_0 - \alpha_1 \ln \dot{\varepsilon})T} \tag{3.7}$$

式中，σ_α、B、β_0、β_1、B_0、ε_r、α_0 和 α_1 是需要确定的材料参数，平方根下的式子为应变恢复因子。Z-A 模型的优点是该模型考虑了应变率和温度的相互作用以及剪切应变的不稳定性；缺点是模型中有大量的参数需要通过试验来确定。

4) Steinberg-Cochran-Guinan 模型

Steinberg-Cochran-Guinan 模型用来描述材料在动高压下的弹-塑性响应特性及塑性流动规律，该模型建立了材料的屈服强度和剪切模量与冲击加载应力、应变、温度、应变率等力学量和热力学量之间的关系，在研究高应变率下材料动态响应方面有广泛的应用。其剪切模量表示为

$$G = G_0 \left[1 + \left(\frac{G_P}{G_0}\right)\frac{P}{\frac{1}{3}} + \left(\frac{G_T}{G_0}\right)(T - 300)\right] \tag{3.8}$$

式中，G_0 为材料在零压、300K 时的剪切模量；G_P、G_T 分别为剪切模量随压力和温度的变化率，为压缩比。该模型认为，剪切模量与温度、压力都满足线性关系；另外，考虑到 ThomasFermi 模型的高压极限关系而人为添加了一个 1/3 项。

5) Johnson-Cook 模型

Johnson-Cook 模型是最为常用的材料动态本构模型之一，国内外关于高速冲击、爆炸冲击等高应变率的仿真均广泛采用此模型。J-C 模型的公式是基于试验得到的，其流变应力表示为以下形式：

$$\sigma = \left(A + B\varepsilon^n\right)\left(1 + C \ln \dot{\varepsilon}^*\right)\left[1 - \left(T^*\right)^m\right] \tag{3.9}$$

式中，ε 为塑性应变；$\dot{\varepsilon}^* = \dot{\varepsilon} / \dot{\varepsilon}_0$ 为无量纲塑性应变率；$T^* = (T - T_0)/(T_m - T_0)$ 为无量纲温度，T_0 为室温，T_m 为材料熔点。其中，参数 A、B 和 n 反映材料的应变硬化效应；C 反映材料的应变率敏感效应；m 反映材料的温度软化效应。J-C 模型具有参数简单、多因素耦合和试验数据量大等优点。目前，大量研究采用 J-C 模型来研究激光诱导冲击波作用下材料动态响应分析，并对激光冲击残余应力应变场进行预测。

国内外一般采用脉宽为 10～20ns、波长为 1064nm 或 532nm、功率密度为 2～9GW/cm² 的激光诱导冲击波(吉帕量级)对金属材料进行激光冲击强化试验[6]。此时，金属材料的应变率超过 10^6/s(应变率主要由冲击波上升时间或冲击波阵面厚度、冲击区体积的缩减决定)。在这种超高应变率的条件下，材料在冲击波作用下表现出的力学行为明显不同于准静态或一般动态冲击(10^3～10^4/s)情况，其力学响应通常与应变、应变率、温度，甚至变形历史有关，其中最重要的因素是动态本构关系对变形速率非常敏感。

国内外学者大多使用 J-C 模型定义的金属材料本构关系进行激光冲击强化仿真。Peyre 等[7]采用 J-C 模型对激光冲击不锈钢进行研究。李小燕[8]采用 J-C 模型研究了激光冲击条件下 Al-Mg-Sc 合金的本构关系。Hu 等[9]采用 J-C 模型研究光斑形状、搭接率对残余应力的影响。王文兵等[10]在数值仿真中采用 J-C 模型研究了冲击载荷下 LY12CZ 合金残余应力场分布。对于小光斑仿真可采用考虑压力的 S-G 模型[11]，Ding 等[1]采用不考虑硬化的 E-P-P 模型。在对材料的激光冲击过程中，Zhang 等[12]提出了既包括应变率(甚至大于 10^6/s)效率，又考虑高压下材料屈服的本构关系。陈大年等[13]分析了 J-C 模型和 Z-A 模型在冲击波数值模拟中的不足，提出了基于 SCG 本构的四种改进模型，其假设是屈服强度正比于剪切模量，弥补了高压、高应变率本构描述只有流动应力表达或只有剪切模量表达的不完整性。

由于 J-C 模型可以较好地适用于高压、高速的动态冲击过程，目前大多采用 J-C 模型来研究激光诱导冲击波作用下材料超高应变率动态响应。但是，J-C 模型主要考虑的是应变率效应和温度效应，忽略了变形历史和冲击波压力的影响，一般适用于小于 10^4/s 应变率范围，且应变强化项采用的是简单的对数关系，不能准确描述变形的非线性特征。因此，针对激光诱导冲击波的数值仿真问题仍具有一定的局限性和不足，需要进行针对性修正完善，保证能够准确地描述冲击波在材料内部的传播特性和冲击波作用下材料的动态响应特性。

3.2　材料动态本构模型构建

J-C 模型虽可同时考虑应变、应变率和温度等因素影响，但该模型是通过现有实验获得的，一般适用于小于 10^4/s 应变率范围，并且未讨论在超高应变率下材料的动态力学行为特征。因此，针对激光诱导冲击波作用下材料的超高应变率塑性变形行为，以及 J-C 模型在表征超高应变率下力学行为上的局限和不足，对 J-C 模型进行针对性修正，从而保证 J-C 模型在表征激光诱导冲击波作用下材料动态力学响应的正确性。

由于激光诱导冲击波形成过程中，靶材表面一般有吸收保护层和水约束层，此时认为强化过程中无明显的材料温升现象，可以不考虑其温度效应，可将激光诱导冲击波对材料的作用过程视为冷塑性变形过程[14]。因此，可对 J-C 模型进行简化，如公式(3.10)，只考虑动态塑性变形过程中应变和应变率对流变应力的影响。

$$\sigma = \left(A + B\varepsilon^n \right)\left(1 + C\ln\frac{\dot{\varepsilon}}{\dot{\varepsilon}_0} \right) \tag{3.10}$$

由于 J-C 模型并未考虑应变率对材料硬化率的影响，认为硬化率是个常数，即不同应变率下的硬化率是相同的，致使材料在任何应变率下发生塑性变形时，其流变应力与应变永远呈线性关系，如图 3.1 所示。

然而，实际上随着材料塑性变形速率提高，尤其是在超高应变率下，材料会越来越容易发生屈服，即材料的应变硬化率会随着应变率的升高而降低[15-18]。

2004 年，Khan 等[15]考虑到材料在高应变率下硬化率下降的行为特征，对 J-C 模型进行了修正，定义了应变率对应变硬化的负效应，即当应变率增大时，应变硬化率减小，其具体形式如公式(3.11)所示(简写为 K-H-L 模型)：

$$\sigma = \left[A + B\left(1 - \frac{\ln\dot{\varepsilon}}{D_0^p} \right)^{n_1} \varepsilon^{n_0} \right]\left(\frac{\dot{\varepsilon}}{\dot{\varepsilon}_0} \right)^C \tag{3.11}$$

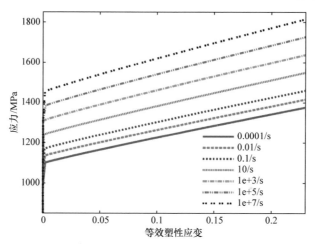

图 3.1　J-C 模型下不同应变率的应力-应变曲线

式中，D_0^p 为应变率上限(/s)，D_0^p 在激光诱导冲击波过程中一般取 10^6/s；$\dot{\varepsilon}_0$ 为参考应变率(/s)；A、B、n_1、n_0、C 均为需要确定的材料本构模型参数。$B(1-\ln\dot{\varepsilon}/D_0^p)^{n_1}$ 为 J-C 模型中 B 的修正参数，当应变率升高时，ε^{n_0} 的系数减小，从而降低因应变增大而导致的应力增量，即降低材料的硬化率，其应力-应变曲线如图 3.2 所示。但是，在该模型下材料随着应变率的增加，其流变应力被无限制地升高，这点不符合材料的动态力学行为特性。

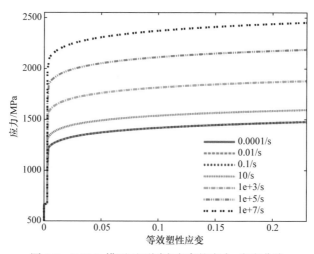

图 3.2　K-H-L 模型下不同应变率的应力-应变曲线

　　在综合高应变率下的硬化率降低效应和流变应力限制因素后，对 J-C 模型进行了进一步修正，提出了一种超高应变率本构模型，可以有效表征材料在超高应变率条件下的动态力学行为特性，其应力-应变关系公式如下所示：

$$\sigma = f(\varepsilon, \dot{\varepsilon}) \cdot g(\dot{\varepsilon}) \tag{3.12}$$

$$f(\varepsilon, \dot{\varepsilon}) = \sigma_Y + \alpha(\dot{\varepsilon}) \cdot f_H + [1 - \alpha(\dot{\varepsilon})] \cdot f_v \tag{3.13}$$

$$\sigma_Y = \sigma_0 \left(1 + C_2 \ln \frac{\dot{\varepsilon}}{\dot{\varepsilon}_0} \right) \tag{3.14}$$

$$\alpha(\dot{\varepsilon}) = \left[1 - C_2 \frac{\ln(\dot{\varepsilon} / \dot{\varepsilon}_0)}{\ln D_0^p} \right]^{n_1} \tag{3.15}$$

$$f_H = B\varepsilon^n \tag{3.16}$$

$$f_V = Q\left(1 - e^{-b\varepsilon} \right) \tag{3.17}$$

$$g(\dot{\varepsilon}) = 1 + C_1 \ln \frac{\dot{\varepsilon}}{\dot{\varepsilon}_1} \tag{3.18}$$

式中，$\dot{\varepsilon}_0$、$\dot{\varepsilon}_1$ 为参考应变率(/s)；σ_0 为参考应变率下的屈服应力(MPa)；D_0^p 为应变率上限(/s)；$\dot{\varepsilon}$ 为实际变形应变率(/s)；C_1、C_2、n_1、n、B、Q、b 为需要确定的模型参数。该模型很好地填补 J-C 模型、K-H-L 模型在应变率相关性方面的缺点。

在公式(3.14)中，当 $\dot{\varepsilon}_0$ 取值很小(低应变率)时，σ_Y 屈服应力增长明显，但随着应变率的不断升高，σ_Y 增长逐渐放缓，这与 $y = \ln x$ 函数自身性质有关。通过调节参数 C_2、$\dot{\varepsilon}_0$ 可以表征应变率硬化效应，即随着应变率升高，材料屈服应力增加的变化特性，以及在应变率达到一定程度后，屈服应力不再增加的特性。

在公式(3.15)中，调节参数 C_2、D_0^p、n_1 可以调节应变硬化率大小以及不同应变率下，同一应变对应屈服应力的差异幅度。

在公式(3.18)中，$\dot{\varepsilon}_1$ 取值很大，在低应变率条件下，$\ln(\dot{\varepsilon} / \dot{\varepsilon}_1)$ 趋近于 0，则 $g(\dot{\varepsilon})$ 趋于 1，此项对于屈服应力不产生影响，即低应变率下可以忽略应变率的影响。因此，通过改变参数 C_1、$\dot{\varepsilon}_1$ 可以对高应变率下的屈服应力作出贡献。

f_H、f_V 用于表征应变硬化效应，通过与含有 $\dot{\varepsilon}$ 的多项式相乘来表征应变硬化效应与应变率硬化效应的耦合作用，其中 $\alpha(\dot{\varepsilon})$ 会随着应变率的升高而减小，则 f_H 分量减小，此时因 f_H 中应变增大而导致流变应力增量降低，即应变硬化率降低。与此同时，$g(\dot{\varepsilon})$ 则体现出高应变率下流变应力不会随着应变率增大而无限制增大。本超高应变率本构模型下不同应变率的应力-应变曲线如图 3.3 所示。通过与上述两种模型相比可知，该模型能更好地反映材料在激光诱导冲击波作用下真实的应力-应变关系。

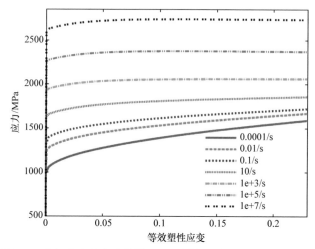

图 3.3　本超高应变率本构模型下不同应变率的应力-应变曲线

3.3　不同应变率下材料力学行为实验

在建立超高应变率本构模型时，通过理论分析发现材料在不同应变率下的塑性变形动态应力-应变关系会发生显著差异，即不同应变率下材料动态力学行为特性不同，呈现出十分明显的应变率相关性。因此，需要通过不同应变率下的材料力学行为实验(如准静态拉伸实验、霍普金森压杆动态冲击实验和激光冲击强化实验等)，分别获得材料的动态应力-应变响应曲线和最终力学响应特征，从而分析动态力学行为特征及其应变率相关性，为材料超高应变率本构模型的模型参数识别提供实验数据依据。

3.3.1　准静态拉伸实验

准静态拉伸实验通常是在室温和轴向加载条件下进行的，其特点是试验机加载轴线与试样轴线重合，载荷缓慢施加。在材料试验机上进行准静态拉伸实验，试样在负荷平稳增加下发生变形直至断裂，可得到一系列的强度数据(屈服强度和抗拉强度)和塑性数据(伸长率和断面收缩率)。准静态拉伸实验一般能获得材料在较低应变率下(10^{-2}/s 以下)的动态应力-应变曲线。

通过准静态拉伸实验获得材料在低应变率下的应力-应变响应曲线，分析低应变率下材料的动态力学行为特征，也为超高应变率本构模型的参数识别提供低应变率下的实验数据。实验前，对材料进行切割和精加工(磨、抛)制成标准试样，图 3.4 为 TC17 钛合金标准拉伸试样，其中引伸计的标距为 27.5mm。在准静态拉伸实验中，采用不同应变率进行单向加载，应变率分别取 0.0001/s、0.001/s 和 0.01/s。为保证数据的重复性和可靠性，每种应变率下各进行 3～4 次实验。

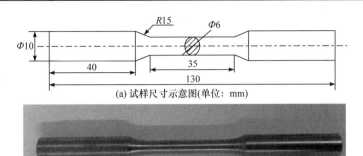

(a) 试样尺寸示意图(单位: mm)

(b) 试样实物图

图 3.4 TC17 钛合金标准拉伸试样

理想情况下，实验材料的应变率与拉伸机速率有如下关系：

$$\dot{\varepsilon} = \frac{\varepsilon}{t}, \quad \varepsilon = \frac{\Delta l}{l}, \quad v = \frac{\Delta l}{t} \tag{3.19}$$

式中，ε 为实验应变率(/s)；l 为试样标距(mm)；Δl 为试样变形量(mm)；v 为拉伸速率(mm/s)。由公式(3.19)推导可得

$$v = \dot{\varepsilon} \cdot l \tag{3.20}$$

式中，钛合金试样的标距为 30mm。通过上述公式计算可得三种不同材料应变率对应的准静态拉伸实验的拉伸速率分别为 0.003mm/s、0.03mm/s、0.3mm/s。通过准静态拉伸实验可获得 TC17 钛合金在拉伸过程中的载荷-应变曲线，其中载荷为拉伸机加载过程中的拉伸载荷，应变为引伸计测量的工程应变。拉伸载荷通常换算成材料的工程应力，从而建立材料工程应力与工程应变之间的关系，其中工程应变与工程应力的表达式分别为

$$\varepsilon_{\text{nom}} = \frac{l - l_0}{l_0} = \frac{l}{l_0} - 1 \tag{3.21}$$

$$\sigma_{\text{nom}} = \frac{F}{A_0} \tag{3.22}$$

式中，ε_{nom} 为工程应变；σ_{nom} 为工程应力；F 为拉伸载荷。因此，通过公式(3.21)和公式(3.22)换算可得到材料在拉伸实验中的工程应力-工程应变曲线，如图 3.5 所示。

材料的应力-应变曲线是指材料在拉伸过程中的真实应力与真实应变的关系，因此，需要将得到的工程应力-工程应变曲线转变为材料的真实应力-真实应变曲线，具体数据处理过程如公式(3.23)~公式(3.26)所示：

$$\varepsilon = \ln\left(1 + \varepsilon_{\text{nom}}\right) \tag{3.23}$$

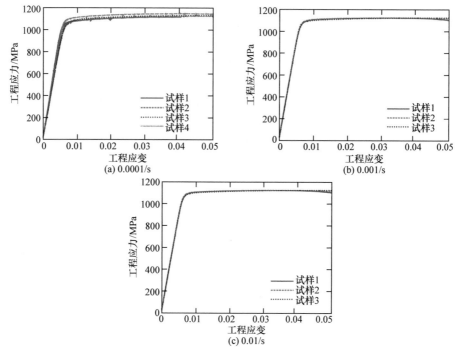

图 3.5　不同应变率下的工程应力-工程应变曲线

$$l_0 A_0 = lA \tag{3.24}$$

$$A = A_0 \frac{l_0}{l} \tag{3.25}$$

$$\sigma = \frac{F}{A} = \frac{F}{A_0} \frac{l}{l_0} = \sigma_{\text{nom}} \left(\frac{l}{l_0} \right) \tag{3.26}$$

式中，ε 为真实应变；σ 为实际应力；A_0、l_0 分别为初始测量段的截面积和长度；A、l 分别为测量段的实际截面积和长度。通过真实应力、真实应变的换算，得到材料在拉伸过程中不同应变率下的真实应力-真实应变曲线，如图 3.6 所示。

　　上述实验数据获得的应变(工程应变或真实应变)是材料在拉伸过程中的总应变，包括弹性应变和塑性应变两部分。但是，用于表征材料塑性变形的本构关系时，采用的是材料的塑性变形部分，所以表征材料塑性阶段应力-应变关系时，必须将总应变分解为弹性应变和塑性应变分量。从总应变中减去弹性应变，即可得到材料的塑性应变，其中弹性应变定义为真实应力与杨氏弹性模量的比值，则塑性应变即为

$$\varepsilon^{\text{pl}} = \varepsilon^{\text{t}} - \varepsilon^{\text{el}} = \varepsilon^{\text{t}} - \sigma / E \tag{3.27}$$

式中，ε^{pl} 为真实塑性变形；ε^{t} 为真实总应变；ε^{el} 为真实弹性应变；σ 为真实应力；E 为杨氏弹性模量。

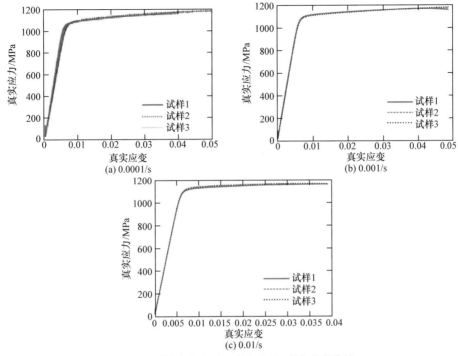

图 3.6　不同应变率下的真实应力-真实应变曲线

　　为了将实验测得的应力-应变曲线与本构模型的应力-应变曲线进行对比，需要进一步处理数据获得材料在塑性阶段的应力-应变曲线,不同应变率下的塑性应力-塑性应变曲线如图 3.7 所示。由图可知 TC17 钛合金的屈服应力在 1100MPa 左右，随着应变率的升高而逐渐增大，较好地体现出材料的应变率硬化效应；随着塑性应变量的增大，塑性应力也在逐渐增大，体现出材料的应变硬化效应，且应变硬化效应随着应变率升高变得平缓。图 3.7 中不同应变率下塑性应力-塑性应变曲线一致性很好，后期将各取 3 种应变率下的一条曲线作为代表性塑性应力-塑性应变曲线，即本构模型参数识别的 3 条数据曲线。

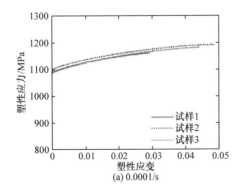

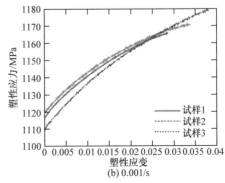

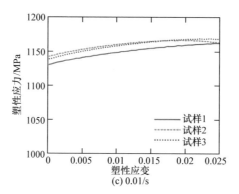

图 3.7 不同应变率下的塑性应力-塑性应变曲线

3.3.2 霍普金森压杆动态冲击实验

霍普金森压杆动态冲击实验的雏形是在 1914 年由 Hopkinson 提出来的，当初只能够用来测量冲击载荷下的脉冲波形。1949 年 Kolsky 对该装置进行了改进，将压杆分成两截，试样置于其中，从而使其可以用于测量材料在冲击荷载下的应力-应变关系。由于该装置采用了分离式结构，因而被称为分离式霍普金森压杆(split Hopkinson pressure bar，SHPB)。基于一维应力波理论的 SHPB 技术是测试材料在高应变率下冲击动力学行为的重要手段之一，是一种获得高应变率下的材料应力-应变关系曲线的重要方法，其测量的应变率范围一般为 $10^2 \sim 10^4/\text{s}$。

图 3.8 为分离式霍普金森压杆实验原理图，该实验装置由 5 部分组成，分别为空气炮、子弹、入射杆、透射杆和阻尼器。实验过程中，入射杆与透射杆只发生弹性变形，空气炮产生高压气体驱动子弹撞击入射杆；入射杆中产生一维轴向入射波并继续向前传播，当入射波传递到入射杆与试样交界面，试样被压缩的同时，一部分入射波透过试样传递到透射杆，作为透射波继续向前传播，另一部分则通过反射，作为反射波重新回到入射杆；高速数据采集系统将把入射波、反射波和透射波记录在数字示波器上，并根据公式(3.28)~公式(3.30)计算出相应的应力、应变和应变率等数据。

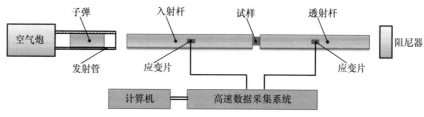

图 3.8 分离式霍普金森压杆实验原理图

$$\sigma_s(t) = \frac{EA_0}{2A_s}[\varepsilon_i(t) + \varepsilon_r(t) + \varepsilon_t(t)] \tag{3.28}$$

$$\varepsilon_s(t) = \frac{c}{l_s} \int_0^t [\varepsilon_i(t) - \varepsilon_r(t) - \varepsilon_t(t)] \mathrm{d}t \qquad (3.29)$$

$$\dot{\varepsilon}_s(t) = \frac{c}{l_s} [\varepsilon_i(t) - \varepsilon_r(t) - \varepsilon_t(t)] \qquad (3.30)$$

式中，l_s 为试样初始长度(mm)；A_s 为试样初始面积(mm)；E、A_0、c 分别为压杆的弹性模量、横截面积和弹性波速；$\varepsilon_i(t)$ 和 $\varepsilon_r(t)$ 分别为入射杆上应变片测量的入射和反射信号；$\varepsilon_t(t)$ 为透射杆上应变片测量的透射信号。

霍普金森压杆动态冲击技术是基于以下两种假设：①入射杆和透射杆的直径与其长度相比足够小，满足一维应力波的假设；②试件轴向尺寸足够小，满足轴向应力-应变在其内部均匀分布的假设，即可认为 $\varepsilon_i(t) + \varepsilon_r(t) = \varepsilon_t(t)$。图 3.9 为霍普金森压杆动态冲击实验的应力波传播关系，在实验过程中，试样的应力、应变、应变率计算公式可以简化为

$$\sigma_s(t) = \frac{EA_0}{A_s} \varepsilon_t(t) \qquad (3.31)$$

$$\varepsilon_s(t) = -\frac{2C}{l_s} \int_0^t \varepsilon_r(t) \mathrm{d}t \qquad (3.32)$$

$$\dot{\varepsilon}_s(t) = -\frac{2C}{l_s} \varepsilon_r(t) \qquad (3.33)$$

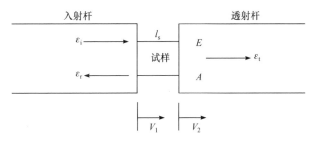

图 3.9　霍普金森压杆动态冲击实验的应力波传播关系

由公式(3.31)～公式(3.33)可以得到材料的工程应力和工程应变，而公式(3.34)、公式(3.35)分别为真实应力、真实应变与工程应力、工程应变的换算关系：

$$\sigma_T = (1 - \varepsilon_s) \sigma_s \qquad (3.34)$$

$$\varepsilon_T = -\ln(1 - \varepsilon_s) \qquad (3.35)$$

霍普金森压杆动态冲击实验中，入射杆和透射杆直径均为 12.7mm，入射杆的长度为 1210mm，透射杆的长度为 900mm。试样和压杆之间使用二硫化钼进行润滑，并且用试样袋套住试样，以防试样压缩后飞溅。实验前，先把入射杆与透射杆接触的一端调试平行，采用划线法进行试打，通过波形来判断是否平行。试打实验完毕后再进行正式实验，具体步骤如下：把试样夹在入射杆和透射杆之间，

接触面涂上润滑油；调节空气炮的气压到 0.1MPa，使试样的应变率达到 10^3 数量级左右，并记录实验数据；如果试样发生屈服，则采用同样的气压做其他几组实验，若不发生屈服，加大气压，重复上述步骤。

TC17 钛合金的霍普金森压杆动态冲击试样如图 3.10 所示，采用线切割加工方法将试样加工成 $\varPhi 5 \times 4.2(mm)$ 的小圆柱，然后在水砂纸上打磨两端面(最后打磨的砂纸粒度是 2000#)，以保证试样两端平面的平面度、平行度和垂直度。

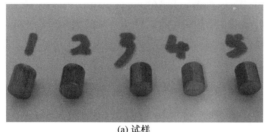 

(a) 试样　　　　　　　　　　　　　(b) 动态冲击实验前后对比

图 3.10　TC17 钛合金的霍普金森压杆动态冲击试样

实验共准备 5 个试样，测定 TC17 钛合金在同一应变率下的动态力学响应曲线，具体实验方案如表 3.1 所示。实验中空气炮的气压为 0.1MPa，实验后试样发生了屈服，以及较大的塑性应变，试样明显被压扁，如图 3.10(b)所示。

表 3.1　霍普金森压杆动态冲击实验方案

试样编号	试样直径 /mm	试样长度 /mm	加载应变率 /((/s)	压缩后试样 (是否破坏)	加载气压 /MPa
1	$\varPhi 5.071$	4.112	2637.5	否	0.1
2	$\varPhi 5.012$	4.160	2691.7	否	0.1
3	$\varPhi 5.014$	4.178	2656.0	否	0.1
4	$\varPhi 4.986$	4.109	2882.2	否	0.1
5	$\varPhi 4.947$	4.067	2739.1	否	0.1

图 3.11 是霍普金森压杆动态冲击实验的电压信号曲线，可以看出 5 次动态冲击实验的冲击波形图重合性较好，实验数据可靠，根据霍普金森压杆原理公式计算出 TC17 钛合金的应变率在 2700/s 左右。一般情况下，选定了子弹以后，通过调整空气炮的气压来改变应变率，但是即使在气压一定的情况下，同种材料的应变率也会有微小差异。

根据实验中应变片测得的动态信号数据，通过公式(3.31)～公式(3.33)对实验测量数据进行换算，即可得到 TC17 钛合金在动态冲击过程中的工程应力-工程应变曲线，如图 3.12(a)所示；然后根据公式(3.34)和公式(3.35)换算获得 TC17 钛合金的真实应力-真实应变曲线，如图 3.12(b)所示；再针对动态本构模型中的塑性

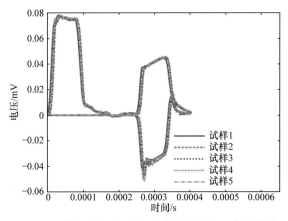

图 3.11　霍普金森压杆动态冲击实验的电压信号曲线

应力-塑性应变关系, 换算获得塑性应力-塑性应变曲线, 如图 3.12(c)所示。由图 3.12 可知, 在该高应变率下, 材料的屈服应力相比拉伸条件下有了明显的提高。同低应变率条件下一样, 在该实验数据中选取一条代表性的应力-应变曲线(试样 4, 其应变率达到 2882.2/s)作为高应变率下本构模型参数识别的实验数据曲线。

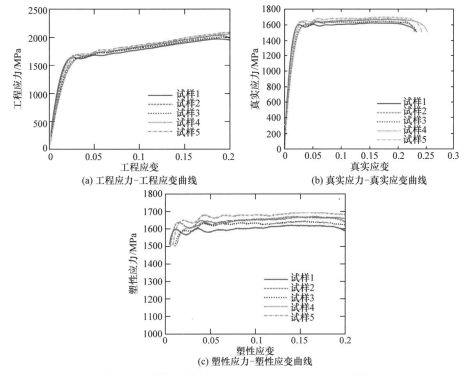

图 3.12　霍普金森压杆动态冲击实验的应力-应变曲线

3.3.3　激光冲击强化实验

由于目前尚没有能达到 $10^6/s$ 以上超高应变率条件的实验方法,研究通过激光冲击强化实验对材料进行处理[19-21],直接利用激光诱导冲击波对材料作用造成超高应变率塑性变形,然后通过测试手段获得材料的响应特征数据。

1. 激光冲击强化实验系统

激光冲击强化实验系统主要包括总控系统、激光器系统(含外光路装置)、运动控制系统、约束冲击系统、监控系统这五大子系统,图 3.13 为激光冲击强化实验系统总体控制架构图。

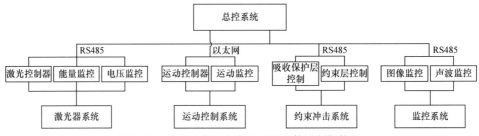

图 3.13　激光冲击强化实验系统总体控制架构图

(1) 总控系统由各种控制器件组成,采用了两级集成控制的自动化控制方式,用于协调、控制整个激光冲击强化系统的工作。整个激光冲击强化实验过程只需通过总控计算机进行远程控制实现即可。

(2) 激光器系统主要包括高能激光器和外光路装置,其中高能激光器采用的是 YLSS-M60U 型高能 Nd:YAG 激光器,如图 3.14 所示,用于激励、发射高能脉冲激光;外光路装置主要由光学反射镜、透射镜和导光管等结构组成,用于脉冲激光的传输和分光。YLSS-M60U 型高能 Nd:YAG 激光器由空军工程大学与西安天瑞达光电技术股份有限公司联合研制,与国外常用的 Nd:Glass 激光器相比,该激光器具有能量输出稳定、重复频率高、激光束质量好等优点,解决了 Nd:Glass 激光器重复频率低和长期工作不稳定等问题,其最高脉冲能量可达 25J,主要输出激光参数如表 3.2 所示。

图 3.14　YLSS-M60U 型高能 Nd:YAG 激光器

表 3.2　YLSS-M60U 型高能 Nd:YAG 激光器的主要输出激光参数

波长	能量	重复频率	脉宽	上升沿	稳定度	发散角	静态光能量
1064nm	2~12.5J/每路	1~5Hz	(20±2)ns	≤10ns	≤5%(激光能量均方根误差值)	≤2mrad	≤100mJ/每路

(3) 运动控制系统主要由多自由度机器人和机器人控制系统组成。多自由度机器人采用的是六自由度机器人系统,该系统由 S-轴、L-轴、U-轴三个基本轴和 R-轴、B-轴、T-轴三个腕部轴组成,可以实现任何姿态的调整。机器人控制系统采用的是 NX100 型控制柜,其主控制器由逻辑控制芯片和外部设备互连总线组成,并与总控计算机建立数据通信,通过插补程序运算发出相应运动指令,从而实现总控计算机对机器人姿态的控制。

(4) 约束冲击系统由两部分共同组成:在激光辐照之前,先在靶材表面贴覆一层非透明吸光材料,称为吸收保护层;然后在吸收保护层上施加一层透明材料,称为约束层。

吸收保护层用于贴覆靶材表面,一方面防止高功率脉冲激光直接辐照材料表面而发生烧蚀,甚至导致靶材表面形成残余拉应力[22];另一方面吸收激光能量形成高压等离子体。吸收保护层一般采用黑漆、黑色胶带、铝箔等吸光材料,吸收保护层厚度为 0.1mm 左右。

约束层主要用于约束等离子体向背离靶材表面方向的膨胀扩张,有利于形成高压冲击波向靶材内部传播,能有效提高冲击波的峰值压力,并可以延长冲击波作用时间(激光脉宽的 2~3 倍)[21],从而显著提高强化效果。约束层一般采用玻璃、水等材料,玻璃虽具有更好的约束效果[23],但对复杂型面构件的贴覆性不好,所以常用水作为约束层。另外,为防止水中离子或杂质元素对激光产生吸收作用而降低强化效果,对水进行去离子化,而且为保证实验过程中水约束层的施加质量,通过计算机对压力和流量等参数进行远程控制,根据不同构件及其姿态的变化进行相应调节,从而形成厚度(约 2mm)稳定、均匀的水约束层。

(5) 监控系统主要对激光器工作状态、强化过程和强化效果等进行实时监控,保证激光冲击强化质量。通过对激光脉冲激发和放大自发辐射能量等参数的监测实现脉冲激光质量的实时监控,保证激光器每一次激发的脉冲激光状态和质量。通过图像识别技术对强化构件的空间位置进行识别,并与原始工艺设计的位置进行对比,实现对构件实际运动轨迹的实时监控。激光诱导冲击波不仅会向靶材内部传播,还会穿过水约束层向四周传播,并衰减形成声波。因此,声波信号特征是强化过程的重要信号特征,一定程度上反映了激光诱导冲击波特性,可通过声波信号特征及一致性来监测每一次激发的强化效果。

图 3.15 是不同约束条件和激光冲击参数下声波信号时域图,不同约束条件和

激光冲击参数下冲击波衰减形成的声波特征也不相同。图 3.15(a)为铝箔破裂前后(激光波长为 1064nm、功率密度为 2.83GW/cm^2)，距冲击位置 50cm 处采集的声波信号时域图，发现吸收保护层破裂后声波最大幅值会明显降低，仅为正常情况下的三分之一左右。图 3.15(b)为有无水约束层条件下(激光波长为 1064nm、功率密度为 7.07GW/cm^2)，距冲击位置 30cm 处采集的声波信号时域图，发现约束层施加对声波形状并没有太大影响，但对声波传播速度产生影响，导致波形前移。此外，等离子体声波监控系统不仅可以监控吸收保护层和约束层的质量问题，还可以判断一定激光参数下的工艺稳定性。图 3.15(c)为不同激光功率密度下(波长为 1064nm)，距冲击位置 30cm 处采集的声波信号，发现随着功率密度上升，声波幅值和传播速度都会随之增大。如果相同激光参数下出现了声波幅值和波速的降低，说明激光能量发生了衰减或异常。

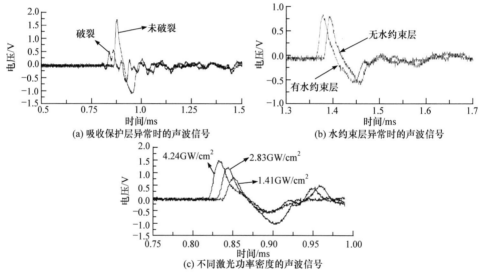

图 3.15　不同约束条件和激光冲击参数下声波信号时域图

2. 激光冲击强化参数设计

　　激光冲击强化实验是利用激光诱导冲击波的力学效应导致材料发生塑性变形，根据固体压缩冲击波理论可知，在一维应变条件下(光斑相对靶材而言很小，认为材料为无限大，即冲击波作用为一维应变状态)，冲击波在弹塑性材料内部传播时最大弹性应力为 Hugoniot 动态弹性极限，只有当激光诱导冲击波压力超过此弹性极限时，材料才会发生动态塑性变形。因此，在强化前需要确定能使材料发生塑性变形的激光冲击参数范围，具体思路：首先，根据冲击波一维应变理论，结合材料实际的基本力学性能参数，计算获得材料发生塑性变形所需的最低冲击波峰值压力；其次，根据激光强化过程中冲击波压力的半经验模型计算达到最低冲击波峰值压力的激光功率密度；最后，根据激光器实际工作状态和冲击波作用下的塑性变形理论，确定激光功率密度范围和激光参数设计。

在一维应变条件下，当冲击波压力达到 Hugoniot 动态弹性极限时，材料发生动态屈服，此时材料的动态弹性极限 HEL 为

$$\text{HEL} = \left(1 + \frac{\lambda}{2\mu}\right)\left(\sigma_Y^{\text{dyn}} - \sigma_0\right) = \frac{1-v}{1-2v}\left(\sigma_Y^{\text{dyn}} - \sigma_0\right) \tag{3.36}$$

式中，λ、μ 为 lame 弹性系数，$\lambda = Ev/[(1+v)(1-2v)]$，$\mu = G = E/[2(1+v)]$，其中 v 为泊松比，E 为弹性模量，G 为剪切模量；σ_0 为材料表面初始残余应力水平(MPa)。一般情况下材料初始表面应力为零时，材料动态弹性极限与动态屈服强度的关系即为

$$\text{HEL} = \frac{1-v}{1-2v}\sigma_Y^{\text{dyn}} \tag{3.37}$$

表 3.3 和表 3.4 分别是航空用 TC17 钛合金的物理参数、热处理机制与基本力学性能参数，通过公式(3.37)计算可得 TC17 钛合金的 Hugoniot 动态弹性极限为 2.90GPa，动态屈服强度为 1.47GPa。因此，在选择激光冲击强化实验参数时，必须保证此参数下的冲击波峰值压力大于 2.90GPa。

表 3.3　TC17 钛合金的物理参数

材料	密度 /(g/cm³)	泊松比	弹性模型 /GPa	剪切模量 /GPa	体积模量 /GPa
TC17	4.68	0.33	113	126	65

表 3.4　TC17 钛合金的热处理机制与基本力学性能参数

材料	技术标准	热处理机制	室温瞬时拉伸				室温冲击		硬度
			σ_b /MPa	$\sigma_{0.2}$ /MPa	δ_5 /%	ψ /%	α_{KV} /(kJ/m²)	α_{KU} /(kJ/m²)	HB /(kgf/mm²)
TC17	XJ/BS 5127—1995	840℃±10℃，1h，空冷；800℃±10℃，4h，水淬	1150	1070	7	15	300	532	373

Fabbro 等[24]在 1990 年通过实验测试和理论分析提出了激光诱导冲击波峰值压力的半经验计算模型，获得了冲击波峰值压力与激光功率密度之间的关系：

$$P = 0.01 \cdot \sqrt{\frac{\alpha}{2\alpha + 3}} \cdot \sqrt{Z \cdot I} \tag{3.38}$$

式中，P 为冲击波峰值压力(GPa)；α 为效率系数；I 为激光功率密度；Z 为约束层与靶材的折合声阻抗。随着后期测试技术的发展，江苏大学张永康等[25]和北京

航空制造工程研究所邹世坤[26]先后对 Fabbro 等的冲击波压力经验公式(3.38)进行改进，改进后公式(3.39)的计算值与实际测量结果更加吻合。

$$P = 0.01 \cdot \sqrt{\frac{2\alpha}{3(2\alpha+3)}} \cdot \sqrt{Z \cdot A \cdot I} \tag{3.39}$$

式中，Z 为折合声阻抗；α 为效率系数；A 为吸收保护层的激光吸收率。本示例采用的约束层为水、吸收层为铝箔时，α 和 A 分别取 0.25 和 0.9；Z 为水、铝箔和靶材的折合声阻抗，满足 $3/Z = 1/Z_{水} + 1/Z_{铝箔} + 1/Z_{靶材}$，计算可得 Z 为 $0.926 \times 10^6 g/(cm^2 \cdot s)$。因此，当冲击波压力达到 2.90GPa 时，激光功率密度需要 1.89GW/cm²。

1991 年 Ballard 等[27]通过建立激光诱导冲击波作用下材料塑性变形的理论模型，获得了弹塑性材料在冲击波作用后的表层塑性应变与冲击波峰值压力的关系，如图 3.16 所示。当冲击波压力低于 HEL 时，材料不发生塑性变形；当冲击波压力超过 HEL 时，材料发生塑性变形。塑性变形量与冲击波压力呈线性关系，且当冲击波压力增大到 2HEL 时，塑性变形量达到最大值；当冲击波压力超过 2 倍动态弹性极限后，塑性变形会随着冲击波压力继续增加而发生塑性卸载，从而导致残余压应力降低，因此，激光诱导冲击波压力的峰值压力在材料的 HEL～2HEL 为佳。针对 TC17 钛合金而言，最佳的冲击波峰值压力范围为 2.90～5.80GPa，同样通过公式(3.38)反推可知最佳的激光功率密度范围为 1.89～5.66GW/cm²。

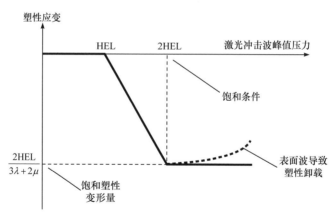

图 3.16　表层塑性应变与冲击波峰值压力的关系

激光功率密度是脉冲激光的一个综合参数，并非脉冲激光的性质参数。因此在实际强化过程中需要进一步确定相关脉冲激光的参数，从而设定激光器相关状态和输出参数，其中激光功率密度与脉冲激光参数的关系为

$$I_0 = \frac{E}{\tau \cdot S} = \frac{4E}{\tau \cdot \pi D^2} \tag{3.40}$$

式中，E 为脉冲激光能量(J)；τ 为脉冲激光脉宽(ns)；S 为光斑面积(cm²)；D 为光

斑直径。

因此,根据上述计算确定的最佳激光功率密度范围以及表 3.2 中 YLSS-M60U 型高能 Nd:YAG 激光器的输出参数范围,可以得到适合 TC17 钛合金的几组激光冲击强化实验参数,见表 3.5。

表 3.5　适合 TC17 钛合金的几组激光冲击强化实验参数

材料	波长 λ /nm	能量 E /J	脉宽 τ /ns	光斑直径 D /mm	功率密度 I /(GW/cm²)	冲击波峰值压力 /GPa
	1064	4	20	3	2.83	4.09
TC17	1064	6	20	3	4.24	5.02
	1064	8	20	3	5.66	5.81
	1064	20	20	6	3.54	4.59

3. TC17 钛合金激光冲击强化实验

激光冲击强化实验中,为降低其他影响因素,TC17 钛合金采用的是长方体试样,其尺寸为 30mm×30mm×10mm。另外,强化前对试样待处理表面进行了研磨(利用砂纸从粗 80#到细 2000#逐级打磨)和抛光,并用乙醇进行清洗,保证靶材待处理表面的平整性。

激光冲击强化实验中采用了两种实验方案:

(1) 实验方案一是简单的单个光斑冲击,用于表征单脉冲激光冲击强化后材料超高应变率塑性变形的响应特征,并作为超高应变率本构模型参数识别的实验数据。另外,由于 X 射线应力测试的光斑较大(1mm 左右),如果激光光斑太小,则无法测得光斑内残余应力分布细节。因此,该方案中激光光斑采用直径为 6mm 的大光斑,如图 3.17(a)所示,其激光参数为波长 1064nm,激光能量 20J,激光脉宽 20ns,光斑直径 6mm,对应的激光功率密度为 3.54GW/cm²。

(2) 实验方案二采用的是简单的"蛇形"工艺,如图 3.17(b)所示,也是工程应用中常用的强化工艺,用于对获得的超高应变率本构模型及模型参数进行实验验证。该实验方案共进行 3 个试样的强化处理,其激光参数为波长 1064nm,激光能量 6J,激光脉宽 20ns,光斑直径 3mm,对应的激光功率密度为 4.24GW/cm²,光斑搭接率(公式(3.41))为 50%。

$$P = \left(1 - \frac{L}{2R}\right) \times 100\% \tag{3.41}$$

式中,P 为光斑搭接率;L 为相邻光斑的圆心距离;R 为激光光斑的半径大小。

3.3.4　残余应力测试实验

激光冲击强化实验虽然可以直接利用激光诱导冲击波造成材料的超高应变率

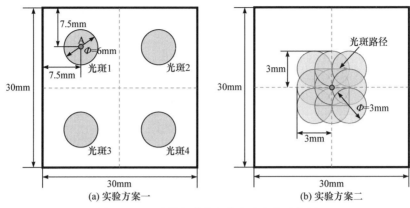

图 3.17　两种激光冲击强化实验方案示意图

塑性变形，但是受限于动态测试装置及方法，实验过程中无法直接通过测试获得
材料的动态力学响应曲线，更无法获得其应力-应变曲线。因此，研究提出将激光
冲击强化处理后材料表层残余应力场分布特征作为响应结果数据，虽不是动态响
应数据，但是动态响应的结果特征，同样具有较好的参考性。

　　材料残余应力的测试方法可分为机械测试法和物理测试法两大类。机械测试法
也称有损测试法，主要包括钻孔法、切取法和切槽法等，其测量原理是将局部材料
分离或分割，使残余应力局部释放，通过应变或位移释放量来反求原始残余应力。
物理测试法也称无损测试法，主要包括 X 射线衍射法、中子衍射法和超声波法等，
其测量原理是利用金属晶体的射线衍射现象及参量直接求解残余应力[28-29]。

1. 残余应力 X 射线衍射法

　　残余应力 X 射线衍射法的基本原理是由俄国学者 Аксенов 于 1929 年提出的，
其基本思路：金属材料内部存在残余应力时，其晶格会产生变化，晶面间距 d 也
随之增大或减小，一定应力状态下引起晶面间距 d 的变化与宏观应变是一致的。
晶面间距 d 可以通过 X 射线衍射技术测出，宏观应变可根据测得的晶面间距变化
量 Δd 以弹性力学的方法求得，从而推导计算宏观应力[29]。

　　具体说来，当一束具有一定波长的 X 射线照射到多晶体上时，会在一定的角
度 2θ 上接收到反射的 X 射线强度极大值，即衍射峰，这便是 X 射线衍射现象[29-31]。
X 射线的波长、衍射晶面间距 d 和衍射角之间遵循著名的布拉格定律：

$$2d\sin\theta = n\lambda, \quad n = 1,2,3 \tag{3.42}$$

　　在已知 X 射线波长 λ 的条件下，根据布拉格定律，测定衍射角 2θ，便可计算
出晶面间距 d。假定被测材料为多晶体，在一束 X 射线照射范围内应该有足够多
的晶粒，而且所选定晶面的法线在空间呈均匀连续分布[31]。根据布拉格定律和弹
性理论可以推导出应力测定公式(3.43)：

$$\begin{cases} \sigma = K \cdot M \\ M = \dfrac{\partial 2\theta}{\partial \sin^2 \Psi} \end{cases} \tag{3.43}$$

式中，σ 为应力值；K 为 X 射线应力常数，可由 X 射线弹性常数 $1/2s_2$ 计算得到，但在实际测试中一般通过测试设备内置数据库直接给出。

2. 激光冲击残余应力测试实验

TC17 钛合金试样激光冲击强化实验后，采用加拿大 Proto 公司 LXRD 型 X 射线应力测试仪对试样表面和深度上残余应力进行测试，其中深度上残余应力测试时利用 POLISHER-8818V-3 型电解抛光机对材料进行逐层电解剥离，电解抛光液按甲醇与高氯酸体积比为 9∶1 配比，通过控制电压和抛光时间来调节抛光速率。TC17 钛合金残余应力测试选用 Cu 靶，衍射线为 Kα，衍射晶面为 Ti(213)晶面。Cu 靶 Kα(213)晶面衍射时，2θ 衍射峰出现在 142°附近，因此，扫描 2θ 角范围定为 135.00°～149.00°。X 射线管电压和电流分别为 25.0kV 和 10.0mA，准直管直径为 1mm。

图 3.18 是激光冲击强化实验方案一下的残余应力测试方案，实验总共对 3 个激光光斑内残余应力场分布进行了测试。测试中只测试 X 轴方向的应力，表面沿径向每隔 1mm 进行一次测试，共 4 个点；深度方向上每隔 0.1mm 深度进行一次测试，共 10 个点。

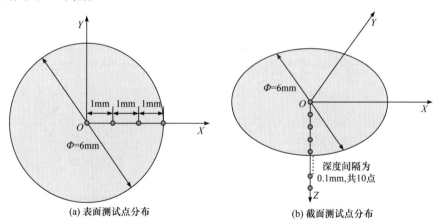

图 3.18　激光冲击强化实验方案一下的残余应力测试方案

图 3.19 是激光冲击强化实验方案一下的残余应力测试结果，由图可知，激光冲击处理后材料表层可以形成最大 654MPa 的残余压应力，且压应力层深度可达 0.8mm 左右，其中表面最大压应力位于距光斑中心 1.0mm 处，深度上残余压应力则随着深度增加而逐渐减小。

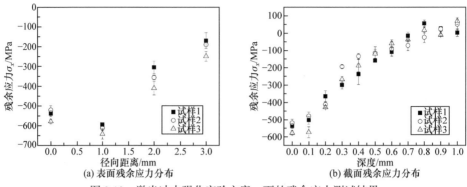

图 3.19　激光冲击强化实验方案一下的残余应力测试结果

图 3.20 是激光冲击强化实验方案二下的残余应力测试方案,总共对 3 个试样

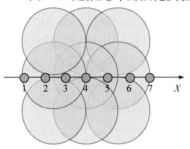

图 3.20　激光冲击强化实验方案二下
的残余应力测试方案

进行了测试。表面上在处理区域的对称轴上进行,沿 X 轴每隔 1mm 进行一次测试,共 7 个点,深度方向上(测试点 4 的深度上)每隔 0.1mm 深度进行一次测试,共 10 个点。

图 3.21 是激光冲击强化实验方案二下的残余应力测试结果(点 4 为中心),由图可知,在激光光斑搭接区域形成了 500~600MPa 的残余压应力,但分布不是很对称、均匀,这主要由于光斑搭接顺序对应力场的影响;深度方

向上残余压应力基本上呈逐渐衰减趋势,形成 0.8~0.9mm 厚的压应力层。

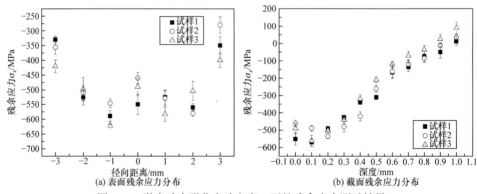

图 3.21　激光冲击强化实验方案二下的残余应力测试结果

3.4　本构模型参数识别

材料动态本构模型的参数识别,一般通过一系列实验获得材料的动态应力-

应变响应数据，然后通过拟合和外推获得模型参数，从而最终建立动态本构模型。在超高应变率条件下，材料动态力学行为的实验数据很难获得，使得本构模型的构建和参数识别缺少直接的数据依据。通过 3.2 节中的方法修正已有动态本构模型，构建了适合于超高应变率的本构模型，但难点在于该本构模型参数的准确识别和有效验证。

3.4.1　本构模型参数识别方法

虽然构建的动态本构模型能够正确描述超高应变率下材料的动力学响应特性，但要准确获得超高应变率塑性变形过程中材料的动态应力-应变行为，本构模型参数的准确性至关重要。国内在 10^4/s 应变率条件下对材料本构模型进行了较多的理论和实验研究，一般由霍普金森压杆等动态实验确定强度模型，然后用圆柱撞击试验对模型进行校核，大多仍采用 J-C 模型和 SCG 模型，或者对模型进行修正。由于金属在激光诱导冲击波作用过程中存在高压、超高应变率等众多复杂因素，霍普金森压杆、拉杆或扭杆等常规动态力学试验已不再适用，导致模型参数识别十分困难。

模型参数反向识别方法经常应用于复杂理论模型与实验数据结果的比较，通过模型参数迭代优化实现计算结果对实验数据结果的拟合。当拟合结果达到一定重合度后，参数停止迭代，此时模型参数输出即可实现参数模型识别[32]。模型参数反向识别过程中采用基于 Levenberg-Marquardt(L-M)算法，是一种对本构模型参数进行测定的反向求解算法，根据该优化算法开发材料本构模型参数反向优化 MATLAB 工具箱 SMAT，用于优化求解获得材料本构模型参数，其中优化目标函数为

$$L(A) = \sum_{n=1}^{N} L_n(A) \tag{3.44}$$

式中，N 为同时优化的曲线数，针对任一曲线，其实验结果与计算结果之间的差异表示为

$$L_n(A) = \frac{1}{M_n} \sum_{i=1}^{M_n} \left[Z(A, t_i) - Z^*(t_i) \right]^T D_n \left[Z(A, t_i) - Z^*(t_i) \right] \tag{3.45}$$

式中，A 为本构模型参数；M_n 为第 n 条曲线对应的实验数据点个数；D_n 为第 n 条曲线对应的权重矩阵；$Z^*(t_i)$ 为 t_i 时刻对应的实验数据；$Z(A, t_i)$ 为 t_i 时刻对应的计算结果。

一般利用反向优化法进行本构模型参数识别时，需要通过数值分析对材料的动态应力-应变曲线进行拟合，但由于现有测试设备无法获得激光冲击强化过程中材料的动态应力-应变曲线，因此，研究提出将激光冲击残余应力分布曲线(激光

冲击波作用的最终力学响应特征)作为超高应变率下的拟合目标曲线,从而实现模型参数的反向识别。利用 SMAT 反向优化工具箱对钛合金进行超高应变率本构模型参数识别的具体步骤如下。

首先,通过准静态拉伸实验、霍普金森压杆动态冲击实验、激光冲击强化实验和残余应力测试实验分别获得不同应变率下钛合金的动态应力-应变曲线和激光冲击残余应力分布曲线(表面、截面),并将曲线存为数据表,以独立结果文件的形式输入至 SMAT 反向优化工具箱内作为优化目标曲线。

其次,将模型参数初始值赋予到超高应变率本构模型,通过计算获得与实验相同应变率下的动态应力-应变曲线,再通过激光冲击强化数值模拟获得激光冲击残余应力分布曲线(表面、截面),并将上述计算结果曲线作为待优化曲线。

最后,将计算结果曲线分别与实验结果曲线进行对比,通过公式(3.45)进行误差计算;然后根据最优化插值方法,SMAT 工具箱自动调整模型参数值,使得计算结果与实验结果的误差值达到最小,实现曲线的最优化拟合,从而识别钛合金超高应变率本构模型的参数。本构模型参数反向优化识别流程图如图 3.22 所示。

3.4.2　激光冲击强化数值模拟

在本构模型参数进行识别时,测试条件限制而无法获得超高应变率条件下材料的动态应力-应变曲线,导致缺乏超高应变率条件下模型参数优化目标。研究提出利用本构模型进行激光冲击强化数值模拟,获取残余应力场分布曲线,并与实际残余应力测试结果进行对比拟合,从而实现超高应变率本构模型参数的反向识别。因此,在识别过程中需要对材料进行激光冲击强化数值模拟。

Braisted 等[33]在 1999 年第一次利用有限元软件成功进行了激光冲击强化数值模拟后,国内外学者纷纷利用 ANSYS/LS-DYNA 或 ABAQUS 等有限元软件开展研究[34-36]。由于材料在激光诱导冲击波作用下会发生剧烈塑性变形,属于复杂非线性问题,因此,本示例中以 TC17 钛合金为研究对象,数值仿真采用具有强大非线性力学分析功能的 ABAQUS 有限元软件。

1. 有限元分析过程

激光冲击强化有限元分析主要分为两个过程:一是冲击波在材料内部传播及其与材料相互作用的动态过程;二是在冲击波作用后,材料内部残余应力场形成的静态弹性回弹过程。冲击波传播和材料相互作用的动态过程需要利用 ABAQUS/Explicit 显式求解器进行显式动态分析,而材料内部静态弹性回弹过程则需要利用 ABAQUS/Standard 静态求解器进行隐式静态分析。其中动态计算结果需要导入静态求解器中作为静态分析的基础,从而获得稳定的激光冲击残余应力场,过程中还涉及通过 VDLOAD 载荷子程序对冲击波时空载荷进行定义;利用 VUMAT 和 UMAT 材料

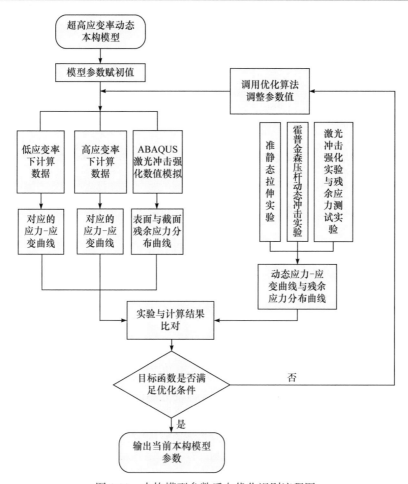

图 3.22　本构模型参数反向优化识别流程图

子程序分别定义动态和静态分析中的材料属性;采用 Python 程序提取计算结果数据,具体分析过程如图 3.23 所示。

2. 材料动态本构模型

3.2 节中根据激光冲击波作用下材料发生超高应变率塑性变形的动态力学行为特点,建立了一种超高应变率动态本构模型,因此在进行数值模拟时,通过此本构模型对 TC17 钛合金材料塑性属性进行定义。但是,由于建立的超高应变率本构模型无法通过 ABAQUS/CAE 直接进行定义,需要采用 VUMAT 和 UMAT 材料子程序分别定义动态、静态分析过程中 TC17 钛合金的材料塑性属性。TC17 钛合金属于多晶系材料,认为是各向同性理想弹塑性,同样遵循 Von-Mises 屈服准则。

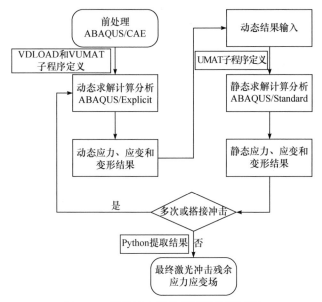

图 3.23　激光冲击强化有限元分析过程

3. 激光诱导冲击波压力载荷

激光诱导冲击波压力是一种时空载荷,是冲击波与材料相互作用的重要初始条件,更是决定冲击波传播规律和残余应力场分布的关键因素。

本书采用的 YLSS-M60U 型高能 Nd:YAG 激光器,其激发的纳秒脉冲激光为圆形光束,光斑内能量服从高斯分布。假设光斑内激光能量以相同效率被吸收并转化为冲击波动能,认为光斑内冲击波压力的空间分布同样服从高斯分布。

激光诱导冲击波压力在时间上呈现出先上升后衰减的过程,为了获得冲击波的时间分布曲线,可通过 PVDF 压电薄膜对激光诱导冲击波压力时域分布进行测试[37],此时具体激光参数为 1064nm/6J/20ns/3mm,功率密度为 4.24GW/cm^2,通过光电探测器测得激光脉宽上升沿为 6.94ns,说明脉冲激光能量在时间上呈类高斯分布且具有陡峭上升沿,有利于形成陡峭冲击波前沿。

实验测得冲击波在铝箔与 PVDF 界面透射后的压力,在铝箔表面产生的压力与 PVDF 传感器测得的压力之间参照公式(3.46)[38]:

$$P_{\mathrm{Al}} = \frac{P_{\mathrm{PVDF}}}{2}\left(1 + \frac{Z_{\mathrm{Al}}}{Z_{\mathrm{PVDF}}}\right) \tag{3.46}$$

式中,Z_{Al} 和 Z_{PVDF} 分别为铝箔和 PVDF 传感器的声阻抗,其值为 $Z_{\mathrm{Al}} = 1.35 \times 10^6\mathrm{g/(cm^2 \cdot s)}$,$Z_{\mathrm{PVDF}} = 0.25 \times 10^6\mathrm{g/(cm^2 \cdot s)}$,所以 $P_{\mathrm{Al}} = 3.2P_{\mathrm{PVDF}}$。

图 3.24 为通过 PVDF 压电薄膜测得的电压时域信号图,发现电压信号与激光器输出电压信号相似,说明压电薄膜测试符合实际情况。图 3.25 是通过积分获得

的冲击波相对压力的时间变化曲线，近似三角形，与相关文献测试结果[39]一致。由图可知，冲击波压力脉宽达到 100ns，上升时间仅为 33ns。根据 PVDF 压电薄膜测得的冲击波相对峰值压力为 7.79×10^7，计算得到 PVDF 压电薄膜所受压力为 1.55GPa，此时铝箔中冲击波峰值压力为 4.96GPa，这与表 3.5 中理论模型计算得到的峰值压力 5.02GPa 接近[40]。

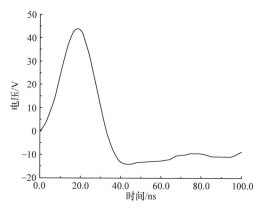

图 3.24　PVDF 压电薄膜的电压时域信号图

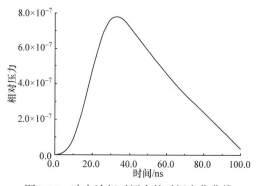

图 3.25　冲击波相对压力的时间变化曲线

综上可知，激光冲击波压力是一种时空载荷，如公式(3.47)，空间上为高斯分布，如图 3.26(a)所示。本示例将冲击波压力时间变化曲线简化为三角形，进行压力相对化和离散化，如图 3.26(b)所示，在有限元软件中可用 VDLOAD 载荷用户子程序对这种时空载荷进行定义。

$$P(r,t) = P_{\text{peak}}P(t)P(r) = P_{\text{peak}}P(t)\exp\left(-\frac{r^2}{2R^2}\right) \tag{3.47}$$

4. 有限元建模

在激光冲击强化数值模拟过程中，首先建立一个半无限大三维实体模型，用

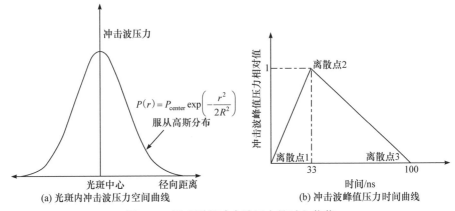

(a) 光斑内冲击波压力空间曲线　　　　　(b) 冲击波峰值压力时间曲线

图 3.26　激光诱导冲击波压力的时空载荷

于进行有限元模型参数影响分析及模型验证。考虑单光斑冲击时，冲击波压力呈中心对称，因此仅需要建立 1/4 模型即可(图 3.27)，在边界上施加对称边界条件(XOZ 面和 YOZ 面)。模型中间区域为有限单元(C3D8)，用于计算应力波的传播规律和塑性变形过程；四周和底部采用无限单元(CIN3D8)，即透射边界，用于进行应力波透射。

在通过数值模拟预测两种激光冲击强化方案下 TC17 钛合金试样的残余应力场分布时，考虑到实验方案一为单光斑冲击，可采用上述的 1/4 模型对称模型；但实验方案二涉及多光斑搭接冲击，应建立一个与试样相同尺寸的三维有限元模型，如图 3.28 所示，为了忽略侧面和背面的冲击波反射影响，同样对四周和底部采用无限单元。

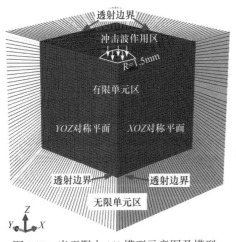

图 3.27　半无限大 1/4 模型示意图及模型
尺寸

图 3.28　TC17 钛合金试样的三维有限元模型

有限元模型参数设置会对残余应力预测结果造成一定的影响，需要通过对比分析确定合适的模型设置参数，如动态求解时间、网格密度和体积黏性等。由于此时超高应变率本构模型缺少模型参数，因此先采用 E-P-P 本构模型进行分析[1]，即当冲击波压力超过材料动态屈服极限(2.90GPa)就会发生动态塑性变形，其中所用激光参数为 1064nm/6J/20ns/3mm，功率密度为 4.24GW/cm^2，对应冲击波峰值压力为 5.02GPa。

1) 动态求解时间

激光冲击强化数值模拟分为显式动态分析和静态回弹性分析两个过程，为保证材料在冲击波作用下充分完成塑性变形后再进行静态回弹计算，可通过观察材料内部能量变化来确定动态求解时间。图 3.29 为冲击波作用过程的能量变化曲线，在冲击波完成加载时(100ns)，模型内能达到最大，冲击波作功主要转换为材料的动能、内能和黏性消耗能。动能和内能呈现出先增后减的趋势，主要由于冲击波的加载和逐步传播衰减；黏性消耗能则随着冲击波作用的进行而逐步上升，直至稳定；在 4000ns 时材料动能衰减为零，内能和黏性消耗能趋于稳定。由图 3.29(b)可知，在 4000ns 后内能、弹性能和塑形能也趋于稳定，材料塑性变形过程已完成，故可将动态求解时间设为 4000ns。

2) 网格密度

有限元分析的计算结果一般对网格密度具有一定的敏感性，网格越密，计算结果越精确，但同时计算量也就越大，因此通过计算分析网格密度对计算结果的影响，从而综合衡量确定一个较为合适的网格密度。表 3.6 为三种不同网格密度的有限元模型，图 3.30 是不同网格密度下 4000ns 时动态应力分布曲线，从中发现网格密度的增加会导致计算过程中时间增量步减小和总的计算时间上升，也会

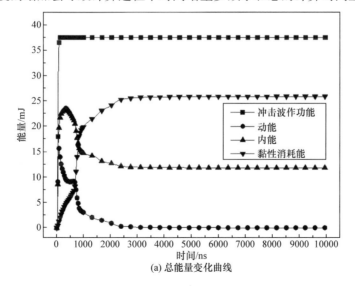

(a) 总能量变化曲线

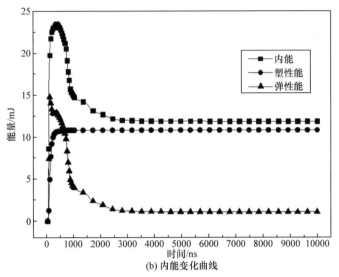

(b) 内能变化曲线

图 3.29　冲击波作用过程的能量变化曲线

使动态应力分布趋于收敛，其中 Mb 和 Mc 条件下应力分布十分接近，综合确定模型网格密度采用 Mb 方案，对应单元尺寸为 0.1mm。

表 3.6　三种不同网格密度的有限元模型

有限元模型	有限元单元	无限元单元	总单元数	单元长度 L^e /mm	时间增量步 Δt /ns	CPU 计算总时间 /s
Ma(疏)	25×25×25	3×25×25	17500	0.16	13.62	18.3
Mb(中)	40×40×40	3×40×40	68800	0.10	8.42	38.4
Mc(密)	50×50×50	3×50×50	132500	0.08	6.90	84.2

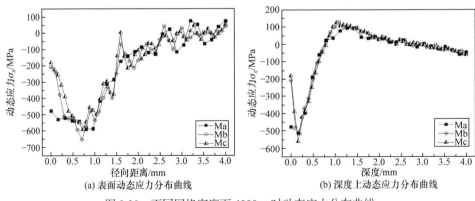

图 3.30　不同网格密度下 4000ns 时动态应力分布曲线

3) 体积黏性

冲击波能量消耗主要是材料体积黏性和塑性变形导致的，而体积黏性主要与材料的体积应变相关，对能量消耗具有较大影响，可以降低能量振荡程度。表 3.7 为三种不同体积黏性条件，其中 BV1 为默认值，BV2 和 BV3 分别将 b_1 和 b_2 值设为 10 倍默认值，图 3.31 是不同体积黏性系数下 4000ns 时动态应力分布曲线，通过对比发现体积黏性的增加会导致塑性变形能的降低，BV1 与 BV2 条件下动态应力分布基本一致，而 BV3 条件则在较大程度上降低动态应力幅值，综合考虑确定体黏性参数采用默认值。

表 3.7　三种不同体积黏性条件

体积黏性参数	BV1(默认) $b_1 = 0.06$；$b_2 = 1.2$	BV2 $b_1 = 0.6$；$b_2 = 1.2$	BV3 $b_1 = 0.06$；$b_2 = 12$
时间增量步 Δt/ns	8.42	8.09	5.65
体积黏性耗能 W_v/mJ	25.86	27.12	30.08
塑性能 W_p/mJ	10.82	9.29	3.99

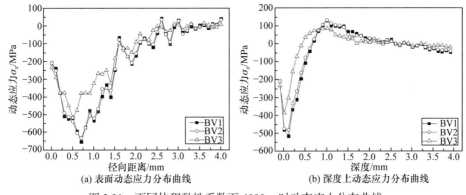

图 3.31　不同体积黏性系数下 4000ns 时动态应力分布曲线

5. 数值仿真模型验证

为验证模型建立的准确性以及有限元模型参数设置的合理性，本示例通过数值模拟预测 TC17 钛合金标准试样在激光冲击强化方案一下的残余应力场分布，并利用 X 射线衍射测试获得的实际残余应力值进行模型验证。图 3.32 为基于 E-P-P 本构模型的有限元模型验证结果，发现在上述有限元模型下预测的残余应力与实际残余应力测试值具有较好的一致性，说明有限元模型的建立和模型参数的选择设置较为合理。另外，残余应力的预测值和测试值在总体分布趋势很好吻合，但是在具体数值大小上存在一定差异，主要体现在预测值平均略低于测试值，这是因为在此有限元模型建立和参数设置阶段中，材料本构模型采用的是 E-P-P 理想弹塑性模型，并没有考虑应变和应变率硬化效应，这也正是本示例建立超高应变率本构模型的目的。

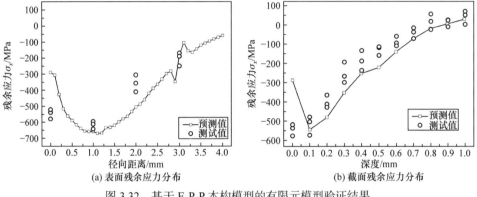

(a) 表面残余应力分布　　　　　　　(b) 截面残余应力分布

图 3.32　基于 E-P-P 本构模型的有限元模型验证结果

3.4.3　本构模型参数反向识别

　　本示例通过准静态拉伸实验和霍普金森压杆动态冲击实验获得了 TC17 钛合金在不同应变率下的动态应力-应变曲线(图 3.33、图 3.34)，通过激光冲击强化实验和残余应力测试实验获得了激光冲击残余应力分布曲线(图 3.35)，并将其作为模型参数识别的优化目标曲线。同时，利用超高应变率本构模型计算获得了的不同应变率(与实验应变率相对应)下动态应力-应变曲线；通过有限元软件及用户子程序实现了 TC17 钛合金的激光冲击强化数值模拟，在超高应变率本构模型基础上预测获得了激光冲击残余应力分布曲线；从而获得模型参数识别的待优化曲线。

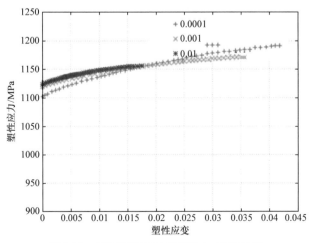

图 3.33　低应变率下的动态应力-应变曲线

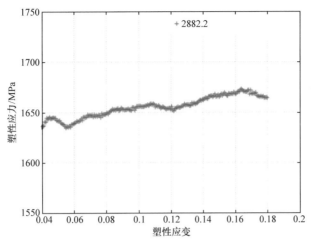

图 3.34　高应变率下的动态应力-应变曲线

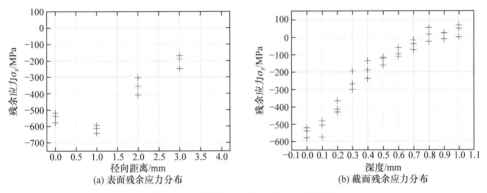

(a) 表面残余应力分布　　　　　　　　　(b) 截面残余应力分布

图 3.35　激光冲击残余应力分布曲线

根据上述实验获得的 6 条优化目标曲线以及通过超高应变率本构模型计算得到的 6 条待优化曲线，即可通过基于 L-M 优化算法的 SMAT 反向优化工具箱进行反向优化拟合，从而识别出超高应变率本构模型的模型参数。

利用 SMAT 反向优化工具箱对 TC17 钛合金进行本构模型参数识别的具体步骤如下：

(1) 将实验获得的 TC17 钛合金在不同应变率下的动态应力-应变曲线和激光冲击残余应力分布曲线(表面、截面)，以独立结果文件的形式输入至反向优化工具箱内，作为反向优化目标。此时，共得到 6 条实验结果曲线，包括 4 条不同应变率下动态应力-应变曲线和 2 条激光冲击残余应力分布曲线。

(2) 将模型参数初始值赋予到本构模型，通过超高应变率本构模型计算获得与实验测得的动态应力-应变响应曲线($10^{-4}/s^1$、$10^{-3}/s^1$、$10^{-2}/s^1$、$10^3/s^1$)。在超高应变率本构模型基础上(利用材料用户子程序 UMAT 和 VUMAT 进行定义)，进行

TC17 钛合金激光冲击强化实验方案一条件下的数值模拟，并通过开发的 Python
程序对残余应力预测结果进行提取，得到表面径向上和光斑中心深度上的残余应
力分布曲线，此时通过计算同样可以获得与实验结果相对应的 6 条曲线。

(3) 将计算获得的 6 条曲线分别与 6 条实验结果曲线进行对比，同时可设置 6
条曲线所占权重系数，使其更好地拟合超高应变率下的应力场分布结果，并计算
误差，见式(3.47)。然后，根据最优化插值方法，SMAT 反向优化工具箱自动不断
地调整模型参数值，使得计算结果与实验结果的误差达到最小，即实现计算结果
与实验结果的最优化拟合。至此优化过程结束，此时模型参数即为最终识别的
TC17 钛合金本构模型参数。

在完成 SMAT 反向优化工具箱所需结构文件(包括参数文件(.coe)、设置文件
(.config)、实验和优化数据文件(.exp 和.sim))的配置和参数设置后，对本构模型材
料参数进行识别，包括 σ_0、C_1、C_2、D_0^P、$\dot{\varepsilon}_0$、$\dot{\varepsilon}_1$、n、B、Q、b、n_1 共 11 项，
其中 D_0^P 和 $\dot{\varepsilon}_0$ 取定值，不参与优化。通过模型参数文件(.coe)存储本构模型参数的
初始值，再将其赋予到不同应变率下和激光冲击强化数值模拟的材料本构模型中，
进行反复迭代，直至达到优化停止条件。图 3.36 是目标函数值随迭代次数的演化
曲线，随着迭代的进行，目标函数值逐渐下降，直至不能再继续优化为止。目标
函数值除与实验数据和数值计算数据有关外，还与各优化文件所占权重有关，识
别过程中对激光冲击强化实验的残余应力曲线设置较高的权重系数，使该本构模
型及其参数能更好地表征超高应变率动态力学行为，从而更加准确地预测激光冲
击残余应力分布。

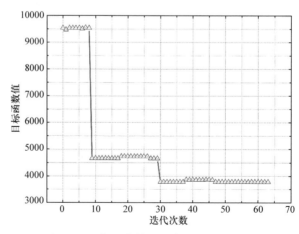

图 3.36　目标函数值随迭代次数的演化曲线

图 3.37 为反向优化后的曲线拟合图，可以看出优化后的计算结果能与实验结
果更好地吻合，并能更好地表征应变强化效应、应变率敏感性、应变硬化率随着

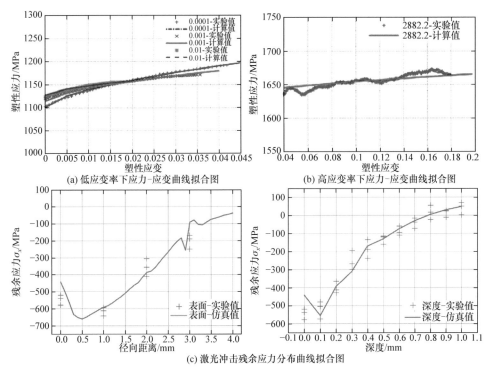

图 3.37　反向优化后的曲线拟合图

应变率的增加而减小的特性。相比图 3.32 中基于 E-P-P 本构模型的拟合结果，在该本构模型基础上预测的残余应力分布与实测应力值更接近，此时最终反向识别的本构模型参数如表 3.8 所示。

表 3.8　本构模型参数测定结果

σ_0	C_1	C_2	D_0^p	$\dot{\varepsilon}_0$	$\dot{\varepsilon}_1$
1.05e+3	6.85e−3	4.25e−2	1.0e+8	1.0e−4	9.35e+4
n	B	Q	b	n_1	
5.03e−1	6.24e+2	5.67e+2	1.68	2.51e+2	

3.4.4　本构模型参数的实验验证

为了验证上述反向识别的本构模型参数是否能够准确预测 TC17 钛合金激光冲击残余应力场的分布特征，采用超高应变率本构模型及模型参数预测了激光冲击强化实验方案二下 TC17 钛合金的表面和截面残余应力分布，并与实测残余应力值进行对比，验证反向识别的模型参数的准确性。图 3.38 为基于本书本构模型及参数的实验验证结果，从中发现残余应力测试值与预测值在总体分布上能够很好吻合，在相应点上，数值也具有很好的预测精度，说明反向识别的本构模型参数可以很好地表征 TC17 钛合金在激光诱导冲击波作用下材料超高应变率动态力学行为特性，从而能够准确预测激光冲击残余应力场的分布规律。

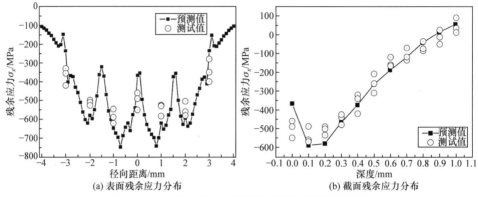

图 3.38　基于本书本构模型及参数的实验验证结果

参 考 文 献

[1] DING K, YE L. Simulation of multiple laser shoek peening of a 35CD4 steel alloy[J]. Journal of Materials Processing Technology, 2006(178): 162-169.

[2] LIANG R Q, KHAN A S. A critical review of experimental results and constitutive models for BCC and FCC metals over a wide range of strain rates and temperatures[J]. International Journal of Plasticity, 1999, 15: 963-980.

[3] ZERILLI F J, ARMSTRONG R W. Dislocation-mechanics-based constitutive relations for materials dynamic calculations[J]. Journal of Applied Physics, 1987, 61: 1816-1825.

[4] STEINBERG D J, COCHRAN S G, GUINAN M W. A constitutive model for metals applicable at high-strain rate dynamic constitutive response of tantalum at high strain rates[J]. Journal of Applied Physics, 1980, 51(3): 1498.

[5] JOHNSON G R, COOK W H. A constitutive model and data for metals subjected to large strains, high strain rates and high temperatures[J]. Engineering Fracture Mechanics, 1983, 21: 541-548.

[6] MAMEYERS M A. 材料的动力学行为[M]. 张庆明, 刘彦, 黄风雷, 等, 译. 北京: 国防工业出版社, 2006.

[7] PEYRE P, CHAIEB I, BRAHAM C. FEM calculation of residual stress induced by laser shock processing in stainless steels[J]. Modeling and Simulation in Materials Science and Engineering, 2007, 62: 205-221.

[8] 李小燕. 金属板料激光冲击成形实验研究及有限元模拟[D]. 南京: 南京航空航天大学, 2007.

[9] HU Y X, YAO Z Q. FEM simulation of residual stresses induced by laser shock with overlapping laser spots[J]. ACTA metallurgical Sinica (English Letters), 2008, 21(2): 125-132.

[10] 王文兵, 陈东林, 周留成. 激光冲击强化残余应力场的数值仿真分析[J]. 塑性工程学报, 2009, 16(6): 127-130.

[11] AMARCHINTAL H K, GRANDHI R V, LANGER K et al. Material model validation for laser shock peening process simulation[J]. Modeling and Simulation in Materials Science and Engineering, 2009, 17: 1-15.

[12] ZHANG W, YAO Y L. Microscale laser shock processing-modeling, testing and microstructure characterization[J]. Journal of Manufacturing Processing, 2000, 3: 128-143.

[13] 陈大年, 俞宇颖, 谭华, 等. 延性材料平面冲击波基本实验数值模拟的若干问题[J]. 固体力学学报, 2007,

28(4): 333-340.

[14] 朱然, 张永康, 孙桂芳, 等. 三维平顶光束激光冲击 2024 铝合金的残余应力场数值模拟[J]. 中国激光, 2017, 44(8): 139-144.

[15] KHAN A S, SUH Y S, KAZMI R. Quasi-static and dynamic loading responses and constitutive modeling of titanium alloys[J]. International Journal of Plasticity, 2004, 20(12): 2233-2248.

[16] 王金鹏, 曾攀, 雷丽萍. 2024Al 高温高应变率下动态塑性本构关系的实验研究[J]. 塑性工程学报, 2008, 15(3): 101-105.

[17] 陈大年, 吴善幸, 王焕然, 等. 冲击载荷下延性材料的动态本构关系与动态断裂[J]. 兵工学报, 2010, 31(6): 725-734.

[18] 武海军, 姚伟, 黄风雷, 等. 超高强度钢 30CrMnSiNiA 动态力学性能实验研究[J]. 北京理工大学学报, 2010, 30(3): 258-264.

[19] RUBIO-GONZALEZ C, OCANA J L, GOMEZ-ROSAS G, et al. Effect of laser shock processing on fatigue crack growth and fracture toughness of 6061-T6 aluminum alloy[J]. Materials Science and Engineering: A, 2004, 386(1-2): 291-295.

[20] PEYRE P, FABBRO R, MERRIEN P, et al. Laser shock processing of aluminium alloys. Application to high cycle fatigue behaviour[J]. Materials Science & Engineering A, 1996, 210(1-2): 102-113.

[21] CLAUER A H, LAHRMAN D F. Laser shock processing as a surface enhancement process[J]. Key Engineering Materials, 2001, 197: 121-144.

[22] FAIRAND B P, CLAUER A H. Effect of water and paint coatings on the magnitude of laser-generated shocks[J]. Optics Communications, 1976, 18(4): 588-591.

[23] RADZIEJEWSKA J, STRZELEC M, OSTROWSKI R, et al. Experimental investigation of shock wave pressure induced by a ns laser pulse under varying confined regimes[J]. Optics and Lasers in Engineering, 2020, 126: 105913.

[24] FABBRO R, FOURNIER J, BALLARD P, et al. Physical study of laser-produced plasma in confined geometry[J]. Journal of Applied Physics, 1990, 68(2): 775-784.

[25] 张永康, 于水生, 姚红兵. 强脉冲激光在 AZ31B 镁合金中诱导冲击波的实验研究[J]. 物理学报, 2010, 59(8): 5602-5605.

[26] 邹世坤. 激光冲击强化技术[M]. 北京: 国防工业出版社, 2021.

[27] BALLARD P, FOURNIER J, FABBRO R, et al. Residual stresses induced by laser-shocks[J]. Le Journal de Physique Ⅳ, 1991, 1: 487-494.

[28] GB7704-1987X. 射线测定方法[S]. 中国: 国家标准局, 1987-05-04.

[29] 姜传海, 杨传铮. X 射线衍射技术及其应用[M]. 上海: 华东理工大学出版社, 2010.

[30] 张定铨, 何家文. 材料中残余应力的 X 射线衍射分析和作用[M]. 西安: 西安交通大学出版社, 1999.

[31] 袁发荣, 伍尚礼. 残余应力测试与计算[M]. 长沙: 湖南大学出版社, 1987.

[32] 游熙, 聂祥樊, 何卫锋, 等. 纳秒脉冲激光诱导冲击波作用下 TC17 钛合金高应变率本构模型参数辨识[J]. 中国激光, 2016 (8): 108-115.

[33] BRAISTED W, BROCKMAN R. Finite element simulation of laser shock peening[J]. International Journal of Fatigue, 1999, 21(7): 719-724.

[34] HU Y X, GONG C M, YAO Z Q, et al. Investigation on the non-homogeneity of residual stress field induced by laser shock peening[J]. Surface & Coatings Technology, 2009, 203: 3503-3508.

[35] WEI X L, LING X. Numerical modeling of residual stress induced by laser shock processing[J]. Applied Surface

Science, 2014, 301: 557-563.

[36] GOLABI S, VAKIL M R, AMIRSALARI B. Multi-objective optimization of residual stress and cost in laser shock peening process using finite element analysis and PSO algorithm[J]. Lasers in Manufacturing and Materials Processing, 2019, 6(4): 398-423.

[37] 赵红平, 叶琳, 陆中琪. PVDF 压电薄膜在应力波测量中的应用[J]. 力学与实践, 2004, 26(1): 37-41.

[38] 段志勇. 激光冲击波及激光冲击处理技术的研究[D]. 合肥: 中国科技大学, 2000.

[39] CLAUER A H, FAIRAND B P. Interaction of laser-induced stress waves with metals[J]. Applications of Lasers in Materials Processing, 1979: 229-253.

[40] NIE X F, TANG Y Y, LI Y, et al. Effects of confining layer and ablating layer on laser-induced shock wave characteristics during laser shock processing by PVDF gauge[J]. Journal of Physics: Conference Series, 2021, 1980: 012011.

第4章 激光诱导冲击波的传播规律

材料在激光诱导冲击波的作用过程中，冲击波向材料内部传播。当冲击波压力超过材料动态屈服极限时，导致材料发生塑性变形而形成残余应力场。不同激光参数下会形成不同分布形式的残余应力场，本质上不同残余应力场是由冲击波在材料内部的传播、衰减、反射等作用过程所决定的。因此，冲击波在材料内部的传播、衰减、反射等规律是研究激光诱导冲击波与材料相互作用过程的基础问题，也是指导工艺设计的理论指导。

本章主要通过数值模拟研究激光诱导冲击波在 TC17 钛合金材料/薄壁结构和复合材料层合板内部的传播、衰减和反射等规律及材料的动态响应，分析不同激光冲击方式、参数下残余应力场分布特征及其形成机制，从而揭示激光诱导冲击波对材料的作用机理。

4.1 激光诱导冲击波传播的基本原理

4.1.1 应力波的传播与衰减

固体表面受剧烈外力冲击后，冲击力会以应力波的形式向内部传播，主要包括三类应力波：表面波(Rayleigh 波)、纵波(压缩/拉伸波)和横波(剪切波)[1]，如图 4.1 所示。表面波(Rayleigh 波)是指在冲击力作用下，表面材料发生上下和前后运动所形成的应力波。纵波(压缩/拉伸波)是指内部材料沿着所受应力方向发生前后运动而形成的应力波，其材料质点运动方向与应力波传播方向相同。横波(剪切波)是指内部材料发生与传播方向相垂直运动而形成的应力波。其中，表面波是传播最慢的波，而传播最快的是纵波。激光诱导冲击波作用过程中，冲击波一开始会垂直作用于材料表面，形成应力波并向内部传播，且应力波同样会以表面波、纵波、横波的形式进行传播，其中深度方向上的纵波(压缩/拉伸波)是主要形式。

根据固体的冲击波压缩理论[2]，图 4.2 是冲击波作用下材料的动态响应特征曲线，材料在冲击波作用下会发生三种力学响应：①强冲击；②弹性冲击；③弹塑性冲击。强冲击是指材料在狭窄冲击波阵面下(压力为几十吉帕以上)发生剧烈状态变化；弹性冲击时材料只发生弹性变形；弹塑性冲击则介于两者之间，材料所受冲击波压力超过材料动态弹性极限而发生塑性变形。根据激光诱导冲击波峰

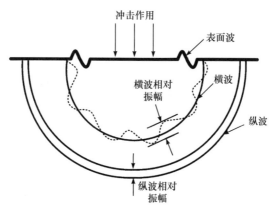

图 4.1 外力冲击作用下的应力波系

值压力的理论模型和实际测试结果可知，其压力可达几吉帕，但冲击波上升沿(上升时间为 33ns，图 3.25)并不是十分陡峭，属于中等强度的冲击，因此，材料会呈现弹塑性冲击的力学响应。激光诱导冲击波在材料内部的传播过程是应力波系的传播过程，不仅有弹性波传播，并且同时存在塑性波传播。激光诱导冲击波压力上升时间和持续时间短、波阵面厚度小且压力大，导致材料动态塑性变形的应变率达到 10^6/s 以上，材料响应呈现出超高应变率动态力学行为特性。

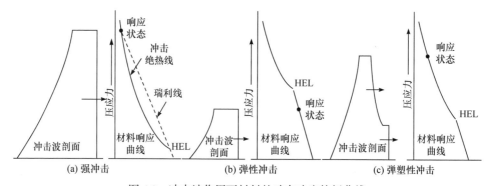

图 4.2 冲击波作用下材料的动态响应特征曲线

弹塑性波传播过程中因材料表层塑性变形的发生而形成梯度分布残余应力场，因此激光冲击残余应力场的分布特征由弹塑性波的传播规律所决定。

4.1.2 应力波的反射与透射

当应力波传播过程中遇到声阻抗不同的材料介质时，会在不同材料的界面上发生反射。由 4.1.1 小节可知，激光诱导冲击波在深度上主要是纵波的传播及作用过程，因此，讨论应力反射时也主要以纵波为准。图 4.3 是纵波垂直入射到介质 A 和 B 的界面后的运动轨迹，图 4.3(a)为应力波到达 A-B 界面之前的传播情况，应力波的波阵面在横截面积为 A 的圆柱体内传播，其中介质波速为 C_A，质点速度为 U_P，应力为 σ；图 4.3(b)是应力波在 A-B 界面上反射时形成的入射、反射和透射波界面及应力；图 4.3(c)是应力波在 A-B 界面上反射时形成的入射、反射和透射的质点速度。

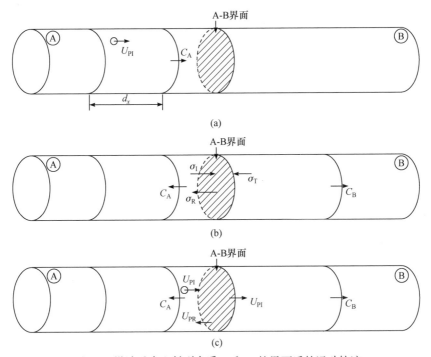

图 4.3　纵波垂直入射到介质 A 和 B 的界面后的运动轨迹

由两种介质的密度和波速可以计算反射波和透射波的振幅，首先根据动量守恒关系推导出用质点速度、波速表示的单轴应力 σ 的表达式：

$$Fdt = d(mU_P), \quad \sigma A dt = \rho A dx U_P, \quad \sigma = \rho \frac{dx}{dt} U_P, \quad \sigma = \rho C U_P \tag{4.1}$$

此时可知，入射波、反射波和透射波所对应的波质点速度 U_{PI}、U_{PR}、U_{PT} 为

$$U_{PI} = \frac{\sigma_I}{\rho_A C_A}, \quad U_{PR} = \frac{-\sigma_R}{\rho_A C_A}, \quad U_{PT} = \frac{\sigma_T}{\rho_B C_B} \tag{4.2}$$

当纵波遇到材料界面，就会发生应力波的反射，形成反射波和透射波。如果认为在界面上，σ_I、σ_R、σ_T 三个应力作用下处于平衡状态，则

$$\sigma_I + \sigma_R = \sigma_T \tag{4.3}$$

由界面上的材料介质的连续性条件可得

$$U_{\mathrm{PI}} + U_{\mathrm{PR}} = U_{\mathrm{PT}} \tag{4.4}$$

将公式(4.2)代入公式(4.4)中得

$$\frac{\sigma_{\mathrm{I}}}{\rho_{\mathrm{A}} C_{\mathrm{A}}} - \frac{\sigma_{\mathrm{R}}}{\rho_{\mathrm{A}} C_{\mathrm{A}}} = \frac{\sigma_{\mathrm{T}}}{\rho_{\mathrm{B}} C_{\mathrm{B}}} \tag{4.5}$$

联立公式(4.3)和公式(4.5)可得

$$\frac{\sigma_{\mathrm{R}}}{\sigma_{\mathrm{I}}} = \frac{\rho_{\mathrm{B}} C_{\mathrm{B}} - \rho_{\mathrm{A}} C_{\mathrm{A}}}{\rho_{\mathrm{B}} C_{\mathrm{B}} + \rho_{\mathrm{A}} C_{\mathrm{A}}}, \quad \frac{\sigma_{\mathrm{T}}}{\sigma_{\mathrm{I}}} = \frac{2\rho_{\mathrm{B}} C_{\mathrm{B}}}{\rho_{\mathrm{B}} C_{\mathrm{B}} + \rho_{\mathrm{A}} C_{\mathrm{A}}} \tag{4.6}$$

此时相对应的质点速度比为

$$\frac{U_{\mathrm{PR}}}{U_{\mathrm{PI}}} = \frac{\rho_{\mathrm{A}} C_{\mathrm{A}} - \rho_{\mathrm{B}} C_{\mathrm{B}}}{\rho_{\mathrm{A}} C_{\mathrm{A}} + \rho_{\mathrm{B}} C_{\mathrm{B}}}, \quad \frac{U_{\mathrm{PT}}}{U_{\mathrm{PI}}} = \frac{2\rho_{\mathrm{A}} C_{\mathrm{A}}}{\rho_{\mathrm{A}} C_{\mathrm{A}} + \rho_{\mathrm{B}} C_{\mathrm{B}}} \tag{4.7}$$

定义 n 为两种介质材料的声阻抗比，此时可得

$$n = (\rho_{\mathrm{A}} C_{\mathrm{A}}) / (\rho_{\mathrm{B}} C_{\mathrm{B}}) \tag{4.8}$$

根据公式(4.6)定义 $\sigma_{\mathrm{R}} / \sigma_{\mathrm{I}}$ 和 $\sigma_{\mathrm{T}} / \sigma_{\mathrm{I}}$ 为应力波的反射系数和透射系数，分别用 F 和 T 表示，并联立公式(4.6)～公式(4.8)可得

$$F = \frac{1-n}{1+n} \frac{U_{\mathrm{PR}}}{U_{\mathrm{PI}}} = \frac{n-1}{n+1}, \quad T = \frac{2}{1+n} \frac{U_{\mathrm{PT}}}{U_{\mathrm{PI}}} = \frac{2n}{n+1} \tag{4.9}$$

由公式(4.9)可知，材料的声阻抗比决定了反射波和透射波的振幅，其中透射系数总为正值，而反射系数则由声阻抗比值来决定，说明透射波应力总是与入射波同号，但反射波应力则不一定。①当应力波从"软"材料传入"硬"材料时，即 $\rho_{\mathrm{A}} C_{\mathrm{A}} < \rho_{\mathrm{B}} C_{\mathrm{B}}$ (声阻抗比 $n < 1$)，反射波应力与入射波应力同号(反射加载)，而透射波应力不仅同号且幅值要大于入射波；②当应力波从"硬"材料传入"软"材料时，即 $\rho_{\mathrm{A}} C_{\mathrm{A}} > \rho_{\mathrm{B}} C_{\mathrm{B}}$，反射波应力与入射波应力异号(反射卸载)，而透射波应力仍同号但幅值要小于入射波；③当 $\rho_{\mathrm{A}} C_{\mathrm{A}} = \rho_{\mathrm{B}} C_{\mathrm{B}}$ (声阻抗比 $n = 1$)时，应力波不发生任何反射($F = 0$)，认为应力波直接透射过去($T = 1$)，也称为阻抗匹配。

当对钛合金薄叶片进行激光冲击强化时，由于叶片背面为自由表面(空气的声阻抗相比钛合金的声阻抗而言很小，相差 5 个数量级)，认为应力波在叶片背面发生完全反射，且应力发生异号($F = -1$)。另外，因为叶片很薄，应力波在叶片内部传播过程中压力衰减程度低，导致叶片背面的反射应力波强度大，相关内容将在 4.4 节中详细介绍。

4.2　激光诱导冲击波在材料深度方向上的传播规律

4.2.1　深度方向上的传播过程

激光诱导冲击波作用于材料表面后，以纵波(压缩/拉伸波)和横波(剪切波)等

多种形式向内部传播，并且传播过程中会使材料发生塑性变形，所以材料内部的应力波传播是一个十分复杂的过程。由于激光诱导冲击波作用下材料内部的塑性变形主要是在应力波向内传播的第一个波程中完成，并形成了激光冲击残余应力应变场的总体分布，因此，应力波第一个波程是应力波与材料相互作用的主体过程[3]。本节通过数值模拟研究 TC17 钛合金内部应力波第一个波程的传播过程及其衰减规律，所用具体激光参数为 1064nm/6J/20ns/3mm，对应的功率密度为 4.24GW/cm^2，其冲击波峰值压力为 5.02GPa。

激光诱导冲击波是以压力脉冲的形式垂直作用于材料表面，激光光斑区域内材料所受应力主要是轴向(Z 轴深度方向)应力。纵波主要在深度上传播，且纵波形成最早、传播最快。在纵波向内传播过程中，材料会受压缩而发生塑性变形，因此，纵波是以弹塑性波的形式进行传播。在利用有限元数值模拟研究纵波向内的传播过程中，分别采用材料的轴向应力 σ_{ZZ} (S33)和轴向塑性应变 ε_{ZZ} (PE33)来分别表征弹性波和塑性波的传播过程。图 4.4～图 4.14 为不同时刻下弹塑性波在材料内部的传播情况，其仿真结果是通过对计算模型进行 YOZ 平面镜面对称成像而形成，便于观察分析。

图 4.4 是 10ns 时的应力波与塑性应变，此时冲击波已经开始以应力波的形式向材料内传播，材料所受最大轴向压应力仅为 135.3MPa。由于轴向压应力没有达到材料的动态弹性极限，因此材料此时没有发生任何塑性变形，应力波呈现弹性波的单波结构。在 20ns 时，虽轴向应力随着冲击波继续加载而升高至 1124.4MPa，但同样仍未导致材料发生塑性变形。

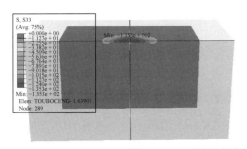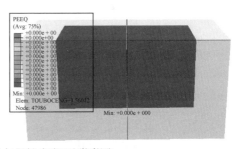

图 4.4　10ns 时的应力波与塑性应变(后附彩图)

随着激光诱导冲击波的进一步加载，冲击波压力逐渐上升，在 30ns 和 40ns 时(图 4.5 和图 4.6)，最大轴向压应力分别达到 2690.1MPa 和 4328.2MPa，其中在 30ns 时材料表面开始发生塑性变形，但只在径向 1.2mm 内的光斑中心区域，这是因为径向 1.2mm 外的材料所受冲击波压力低于材料动态弹性极限；在 40ns 时整个光斑内都发生了塑性变形，且最大轴向塑性应变量由 30ns 时的 3.207 × 10^{-3} 增大至 9.137 × 10^{-3}，如图 4.7 所示。

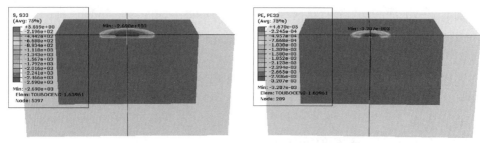

图 4.5　30ns 时的应力波与塑性应变(后附彩图)

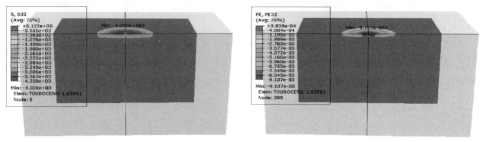

图 4.6　40ns 时的应力波与塑性应变(后附彩图)

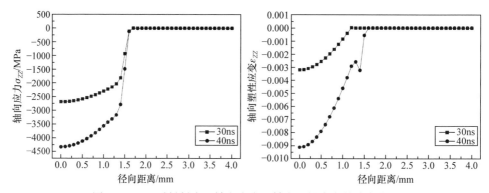

图 4.7　40ns 时材料表面轴向应力和轴向塑性应变的分布曲线

随着冲击波压力的加载完成,在 50ns 时(图 4.8)最大轴向压应力达到 5100.2MPa,且在材料表面的光斑区域内形成了径向上梯度分布的塑性变形,最大轴向塑性应变量达到 1.394×10^{-2}。随着冲击波压力卸载和冲击波最大压力波阵面的向内传播,此时材料表面的塑性变形已基本完成。

100ns 时(图 4.9),表面塑性变形分布与 50ns 时相同,说明随着冲击波向内传播,表面材料暂时不再发生塑性变形。冲击波加载形成的应力波则以类似平面波的形式向内传播,形成不同压力大小的波阵面,其中应力波的最大压力波阵面由表面(50ns 时)移动到深 0.3mm 处(100ns)。与此同时,只要波阵面上压力超过材料动态弹性极限,塑性变形即会随着应力波向内传播而发生,使应力波在深度方向

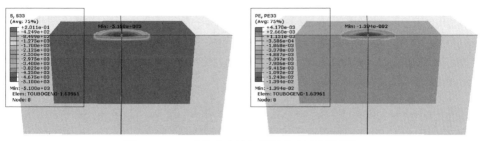

图 4.8　50ns 时的应力波与塑性应变(后附彩图)

上的传播体现出弹塑性波结构。由于弹性波比塑性波传播快，因此弹性波在塑性波前面传播，又称为弹性前驱波。在 200ns 时(图 4.10)，深度方向上弹塑性波继续向内发展，且随着塑性变形的不断发生，应力波压力也在逐渐下降，材料所受最大轴向压应力也由 100ns 时的 3787.2MPa 下降到 3004.6MPa，这也导致了塑性应变量随着深度增加而逐渐变小。

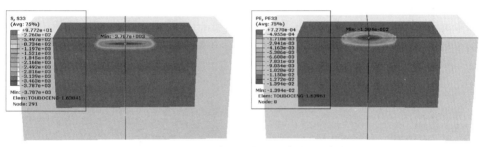

图 4.9　100ns 时的应力波与塑性应变(后附彩图)

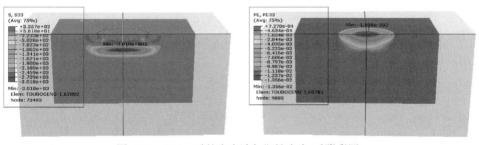

图 4.10　200ns 时的应力波与塑性应变(后附彩图)

到 270ns 时(图 4.11)，由于材料塑性变形和黏性阻力等因素的消耗作用，冲击波压力衰减至材料动态弹性极限以下。此时材料最大轴向压应力也仅为 2671.3MPa，导致深度上材料已无法继续发生塑性变形，至此应力波第一个波程作用下的塑性变形全部完成，其塑性应变分布呈"类抛物线状"分布。图 4.12 为应力波第一波程作用下材料表面和深度方向上轴向塑性应变的分布曲线。材料表面光斑中心处最大塑性应变量达到 0.0136，且塑性变形量沿径向逐渐减小，这是高斯光斑内冲击波压力沿径向逐渐降低造成的。在光斑中心的深度方向上形成了最深为 1.5mm 的塑性变形层，但向内传播过程中冲击波压力衰减而导致塑性变形程度随深度而降低，塑性应变随深度而逐渐减小。此外，不同径向位置处深度上的塑性应变也同样随深度增加而减小。

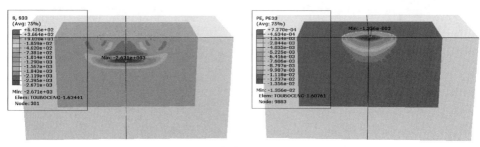

图 4.11　270ns 时的应力波与塑性应变(后附彩图)

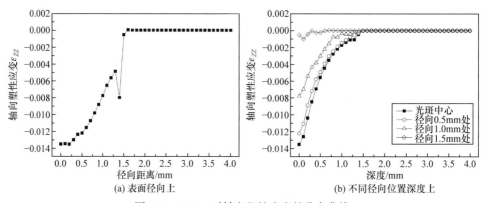

(a) 表面径向上

(b) 不同径向位置深度上

图 4.12　270ns 时轴向塑性应变的分布曲线

冲击波向内传播过程中，塑性变形发生而使其压力衰减至材料动态弹性极限以下，导致深度上材料无法在后续传播中发生塑性变形。因此，在 270ns 后，冲击波只能以弹性波的形式继续内部传播，如图 4.13 所示。

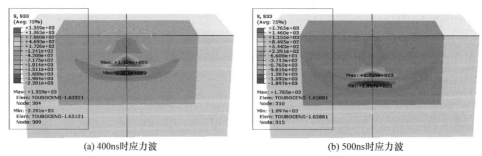

(a) 400ns时应力波

(b) 500ns时应力波

图 4.13　400ns、500ns 时的应力波(后附彩图)

由于有限元模型底部采用无限单元，即当应力波传播到底部时，应力波会直接透射出去而不发生应力波反射，图 4.14 为纵波传播到底部时(700ns、780ns)，其压缩波和拉伸波部分陆续进行透射。对应实际材料激光冲击强化处理时，即认为材料厚度足够大，应力波会沿着深度方向逐渐衰减，导致应力波反射强度很低，可以忽略反射应力波的影响。

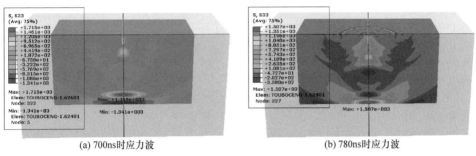

(a) 700ns时应力波　　　　　　　　　　　(b) 780ns时应力波

图 4.14　700ns、780ns 时的应力波透射(后附彩图)

综上可知，在冲击波向内传播过程中，冲击波压力超过材料动态屈服极限会导致材料发生塑性变形，使深度方向上出现弹塑性双波同时传播的情况。但随着冲击波向内传播和塑性变形的发生，冲击波压力发生衰减，塑性波发生卸载，致使后期以弹性波形式继续向内传播。因此，激光冲击波向内传播的第一波程可分为弹性波、弹塑性双波、弹性波三个传播阶段，并且材料内部的塑性变形过程基本上是在应力波的第一波程中完成的。

4.2.2　深度方向上的衰减规律

在材料塑性变形、阻尼消耗及能量转化等因素作用下，冲击波向内传播过程中会发生衰减，造成冲击波压力的逐渐降低。尤其在弹塑性双波传播阶段，大量塑性变形的产生导致冲击波压力衰减速度的加快。

图 4.15 为冲击波加载阶段(0～50ns)光斑中心深度方向上轴向应力分布曲线，用不同时刻轴向应力分布曲线表示纵波传播过程，其轴向应力峰值则对应纵波最大波阵面。随着冲击波加载的进行，轴向压应力逐渐上升，在 50ns 时达到峰值(5100.2MPa，位于材料表面)；纵波最大压力波阵面随着传播而向内移动，其压力也因塑性变形的发生而逐渐降低。

图 4.16 为弹塑性波传播阶段(50～270ns)光斑中心深度方向上轴向应力分布曲线，最大轴向压应力由 5100.2MPa 下降到 2671.3MPa，衰减速率为 11.04MPa/ns，其中 50～150ns 的最大轴向压应力衰减速率为 20.24MPa/ns，200～270ns 的最大轴向压应力衰减速率为 5.06MPa/ns。因为早期冲击波压力大会造成更大程度上的塑性变形，从而使轴向压应力衰减更快，所以塑性变形区域是轴向压应力衰减最快的区域。通过曲线拟合可知(图 4.17)，在 TC17 钛合金深度方向上，轴向应力峰

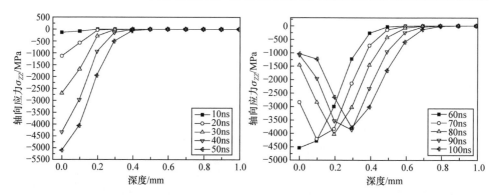

图 4.15　冲击波加载阶段(0～50ns)光斑中心深度方向上轴向应力分布曲线

值的衰减规律为 $P(\mathrm{MPa}) = -5100.43\mathrm{e}^{-0.5571x}$(标准化后为 $P' = \mathrm{e}^{-0.5571x}$),说明纵波轴向应力峰值在弹塑性波传播阶段呈指数快速衰减。当冲击波压力超过材料动态弹性极限时,材料会发生塑性变形,因此可认为应力波的波峰移动即为塑性波的传播,由此计算可得塑性波的传播速度为 6054m/s。

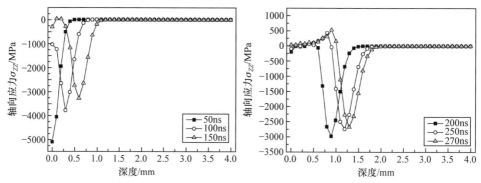

图 4.16　弹塑性波传播阶段(50～270ns)光斑中心深度方向上轴向应力分布曲线

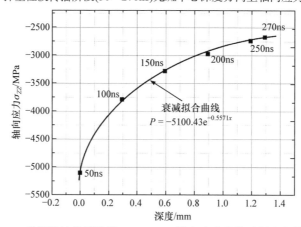

图 4.17　弹塑性波传播阶段(50～270ns)轴向应力峰值随深度衰减曲线

图 4.18 为弹性波传播阶段(270～650ns)光斑中心深度方向上轴向应力分布曲线，最大轴向压应力由 2671.3MPa 下降到 1464.6MPa，衰减速率为 3.18MPa/ns，其中 270～450ns 的最大轴向压应力衰减速率为 3.45MPa/ns，500～650ns 的最大轴向压应力衰减速率为 2.93MPa/ns，说明弹性波传播阶段轴向压应力衰减比较稳定。通过曲线拟合可知(图 4.19)，轴向应力峰值的衰减规律为 $P(\text{MPa}) = 523.7x - 3321.7$ (标准化后为 $P' = 1 - 0.2019\Delta x$)，说明后期弹性波传播时轴向应力峰值呈线性衰减。相比塑性波传播阶段，弹性波传播阶段轴向应力峰值的衰减速率大大降低，这是因为此阶段没有塑性变形发生。应力波峰的移动即为弹性波传播过程的特征体现，可知弹性波传播速度为 6425m/s，比塑性波传播更快。

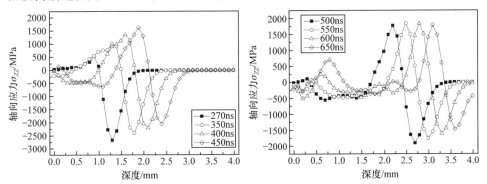

图 4.18　弹性波传播阶段(270～650ns)光斑中心深度方向上轴向应力分布曲线

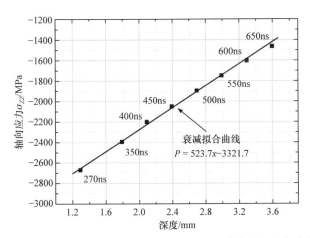

图 4.19　弹性波传播阶段(270～650ns)轴向应力峰值随深度衰减曲线

冲击波在向内传播时，材料不仅在纵波作用下产生轴向应力和应变，同样也受剪切波和材料相互约束而产生横向、剪切等应力和应变，因此通常利用平均压力 P_e，见公式(4.10)，来表示应力波的压力。图 4.20 为冲击波加载阶段(0～50ns)光斑中心深度方向上平均压力分布曲线，应力波平均压力在 50ns 时上升到最大值

(4147.6MPa，位于材料表面)。随着应力波向内传播，峰值压力波阵面向内移动，其压力也随着塑性变形发生而逐渐降低。

$$P_e = \frac{1}{3}(\sigma_1 + \sigma_2 + \sigma_3) \tag{4.10}$$

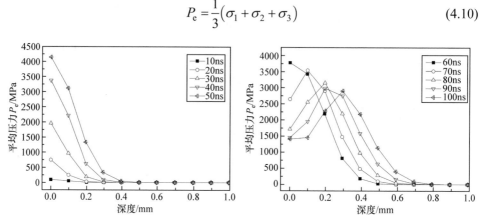

图 4.20 冲击波加载阶段(0～50ns)光斑中心深度方向上平均压力分布曲线

图 4.21 为弹塑性波传播阶段(50～270ns)光斑中心深度方向上平均压力分布曲线，应力波平均压力的峰值由 4147.6MPa 下降到 1792.0MPa，衰减速率为 10.71MPa/ns，其中 50～150ns 的平均压力衰减速率为 19.99MPa/ns，150～270ns 的平均压力衰减速率为 4.64MPa/ns。这是因为 50～150ns 期间应力波压力较大，造成更大程度上的塑性变形，从而使平均压力衰减更快，所以塑性变形区域是应力波平均压力衰减最快的区域。通过曲线拟合可知(图 4.22)，在 TC17 钛合金深度方向上，平均压力峰值的衰减规律为 $P' = 4147.58\mathrm{e}^{-0.7242x}$ (标准化后为 $P' = \mathrm{e}^{-0.7242x}$)，说明在弹塑性波传播阶段，平均压力峰值同纵波最大轴向应力一样在深度上呈指数快速衰减，且平均压力峰值的衰减系数比轴向应力峰值的衰减系数($P' = \mathrm{e}^{-0.5571x}$)更大，说明平均压力比纵波压力衰减更快，这主要是由于在弹塑性波传播阶段应力波的衰减不仅是因为纵向塑性变形，还包括横向塑性变形、剪切塑性变形等因素。

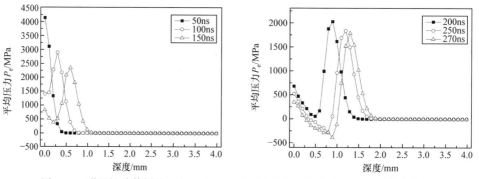

图 4.21 弹塑性波传播阶段(50～270ns)光斑中心深度方向上平均压力分布曲线

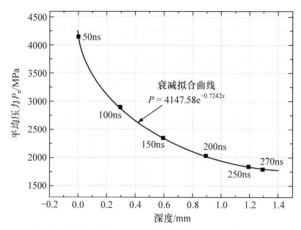

图 4.22　弹塑性波传播阶段(50~270ns)平均压力峰值随深度衰减曲线

图 4.23 为弹性波传播阶段(270~650ns)应力波在光斑中心深度上传播情况，应力波平均压力 P_e 的峰值由 1792.0MPa 下降到 932.0MPa，衰减速率为 2.26MPa/ns，其中 270~450ns 的平均压力衰减速率为 2.57MPa/ns，450~650ns 的平均压力衰减速率为 1.99MPa/ns，说明弹性波传播阶段，平均压力衰减速率变化不大，衰减比较稳定。通过曲线拟合可知(图 4.24)，在 TC17 钛合金深度方向上，平均压力峰值的衰减规律为 $P(\text{MPa}) = -373.5x + 2246.5$(标准化后为 $P' = 1 - 0.2179\Delta x$)，说明弹性波传播阶段，平均压力呈线性衰减。相比弹塑性波传播阶段，因为应力波只是以弹性波形式向内传播，没有发生任何塑性变形，所以平均压力的衰减速率大大降低。此外，通过对比弹性波传播阶段纵波轴向应力峰值和应力波平均压力的衰减规律发现，两者衰减趋势基本一致，说明弹性波传播过程中，应力波平均压力的衰减主要是纵向应变和黏性消耗造成。

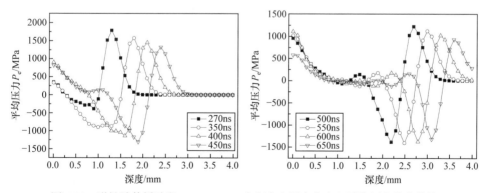

图 4.23　弹性波传播阶段(270~650ns)光斑中心深度方向上平均压力分布曲线

通过对比纵波轴向应力和应力波平均压力的衰减规律可知，两者的压力衰减规律基本一致，说明第一波程中应力波的压力衰减主要是纵波轴向上压力衰减造

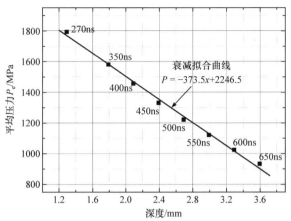

图 4.24　弹性波传播阶段(270～650ns)平均压力峰值随深度衰减曲线

成的，所以应力波第一波程中塑性变形主要是由纵波压缩材料引起的。

4.3　激光诱导冲击波在材料表面上的传播规律

激光诱导冲击波作用材料表面后，一方面会以纵波的形式向材料内部传播(见4.2 节)；另一方面还会以表面波和剪切波的形式同时在材料表面和内部进行传播。Peyre 等[4]发现相比激光光斑中心外围，光斑中心区域会形成较低水平的残余压应力，即"残余应力洞"现象。Fabbro 等[5-6]研究认为"残余应力洞"是材料表面稀疏波造成的，稀疏波向光斑中心传播，引发应力场重分布，导致光斑中心处压应力缺失。综上可知，激光诱导冲击波在材料表面上的传播规律与"残余应力洞"现象密切相关。因此，本节采用数值模拟方法，分析 TC17 钛合金激光冲击表面"残余应力洞"的形成机制和参数影响规律[7]，并结合工程实际条件提出"残余应力洞"的有效抑制方法[8]。

4.3.1　激光冲击"残余应力洞"现象

激光冲击材料的表面"残余应力洞"现象是指激光光斑中心处材料在受相同甚至更大压力的激光诱导冲击波作用后，却呈现出更低的残余压应力甚至拉应力，致使光斑内出现不均匀残余应力分布。Peyre 等[4]利用 Nd:Glass 激光器发射高功率、大光斑脉冲激光对铸造铝合金进行处理后，通过 X 射线应力测试发现光斑中心区域的残余压应力仅为周边的三分之一；彭薇薇等同样通过实验测试，也在 304 不锈钢上发现了类似现象。随着实际强化工艺的高重频要求，激光器逐渐发展为小光斑、低功率的 Nd:YAG 激光器。由于 Nd:YAG 激光器激发的激光束光斑较小，X 射线应力测试对光斑内残余应力分布细节表征存在精度不够的问题，因此，后续研究大多通过数值模拟方法分析"残余应力洞"现象。其中,Amarchinta 等[9]和 Ding 等[10]通过数值模拟发现"残余应力洞"严重时会在光斑中心产生残余拉应力,且在光斑边界处也会产生一定的残余拉应力。Hu 等[11]和姜银方等[12]同样通过数值模拟发现了"残余应力洞"的存在,并分析了不同功率密度和光斑形状的影响。薛彦庆等[13]考虑到光斑较小,X 射线应力测试结果很难准确表征"残余应力洞"现象,根据残余应力与显微硬度的关系,提出用显微硬度变化趋势间接表征"残余应力洞"分布。综上分析,本节将采用数值模拟方法对"残余应力洞"的应力分布特征、形成机制、参数影响规律及抑制方法进行系统性研究,并结合工程实际条件提出可行的解决措施。

图 4.25 是单点激光冲击的残余应力分布曲线,所用激光参数是 1064nm/6J/20ns/3mm。由图 4.25(a)的材料表面径向上残余应力分布可知,在径向距离 0.5mm以内出现了一个残余压应力的缺失,距离光斑中心越近,其压应力越低。表面径向上最大残余压应力为 609.1MPa,位于径向 0.5mm 处,而此时光斑中心处仅为 364.2MPa。本节中 YLSS-M60U 激光器激发的是高斯脉冲激光,理论上光斑中心处冲击波压力最大,对应的残余压应力也应最大,但是实际上残余压应力仅为径向 0.5mm 处的 60%,差值达 244.9MPa。此外,在径向 0.5mm 处至光斑边界处(径向 1.5mm)的残余压应力呈逐渐降低的趋势,这是冲击波压力径向上逐渐减小造成的。但是,在光斑边界处出现了应力剧变,这与 Ding 等[10]研究结果趋势相一致,主要是冲击波加载的边界效应造成的。

图 4.25(b)为光斑中心处和径向 0.5mm 处在深度方向上的残余应力分布曲线,由于材料表面光斑中心处的残余压应力缺失,光斑中心深度方向上残余压应力最大位于深 0.1mm 区域,其大小达到 543.1MPa。从 0.1mm 深度开始,残余压应力随深度增大逐渐降低,这是冲击波在深度上传播时压力衰减导致的(见 4.2.2 小节),到 0.7mm 深度时残余应力为零,即塑性影响层深度(plastically affected depth)为

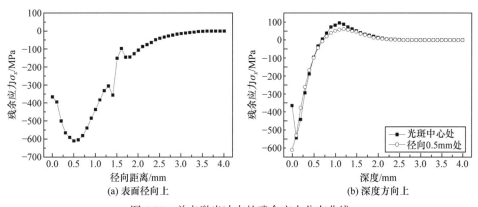

图 4.25 单点激光冲击的残余应力分布曲线

0.7mm。不同的是，在径向 0.5mm 处由于没有受到"残余应力洞"影响，其深度方向上的残余压应力呈逐渐下降趋势，最大残余应力位于材料表面。

4.3.2 "残余应力洞"的形成机制

Ballard 等[6]初步推断"残余应力洞"现象是冲击加载区域的边界效应引起的；彭薇薇等[14]同样认为是冲击波加载边界产生的表面波和切变应力波向内传播、汇聚造成的。Hu 等[11]和姜银方等[12]则通过分析光斑中心区域材料动态响应过程中的侧向应力和侧向位移的变化情况，认为"残余应力洞"是材料在弹性振荡中发生反向塑性变形导致。本节将结合上述两种结论，从表面波传播规律(宏观)和光斑中心区域材料动态响应规律(微观)两种角度分析"残余应力洞"的形成机制[7]。

由 4.2 节分析可知，激光诱导冲击波通过深度上弹塑性波传播而形成梯度分布残余应力场，主要是在应力波第一波程下形成的。但由图 4.26 不同时刻下等效塑性应变分布曲线可知，在应力波第一波程作用后表面材料仍发生了塑性变形，且位置主要集中在材料表面的光斑中心区域，这正是"残余应力洞"所在区域，可以推断其产生原因是表面波造成材料的"二次塑性变形"，这也与已有研究[15]的结论相一致。另一个发生"二次塑性变形"的位置则位于光斑中心处深 1.5mm 左右区域，这可能是剪切波向内传播并相遇造成的，但并不影响表面残余应力分布。

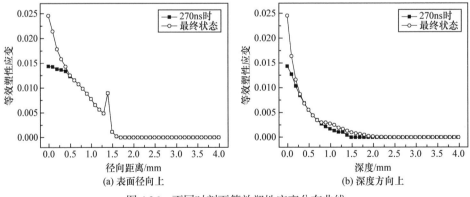

图 4.26　不同时刻下等效塑性应变分布曲线

由激光冲击残余压应力的形成原理(图 4.27)可知，材料在激光诱导冲击波作用下发生压缩并产生轴向塑性变形($\varepsilon_z < 0$)，同时产生横向塑性变形($\varepsilon_x > 0$)，而当冲击波作用后，被压缩材料会因四周材料挤压而形成残余压应力，所以横向扩张塑性变形是残余压应力的直接诱因。图 4.28 为不同时刻下横向塑性应变分布曲线，从图中发现，表面材料的横向塑性应变在表面径向 0.5mm 内发生了降低，且在光斑中心处 0.3mm 深度内都发生了降低，而正是因为这些区域横向塑性应变的减小，从而导致残余压应力的降低。

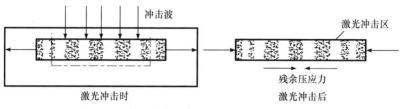

图 4.27 激光冲击残余压应力的形成原理示意图

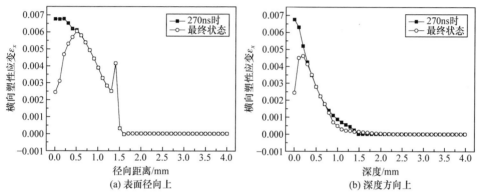

图 4.28 不同时刻下横向塑性应变分布曲线

根据残余压应力形成原理以及光斑中心材料横向塑性应变的变化规律，可将"残余应力洞"分为三种情况，如图 4.29 所示：①"二次塑性变形"形成的反向塑性应变量小，光斑中心区域材料仍处于压缩扩展状态，如图 4.29(a)所示，此时横向塑性应变大于零，残余压应力降低；②反向塑性应变量较大，使被压缩材料恢复到原始状态，即无应变、无应力状态，如图 4.29(b)所示；③反向塑性应变很大，光斑中心区域材料处于横向收缩状态，此时横向塑性应变小于零，如图 4.29(c)所示，形成残余拉应力，类似 Ballard 等[6]和 Ding 等[10]结果。

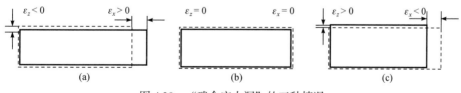

图 4.29 "残余应力洞"的三种情况

通过塑性应变的分布可知，"残余应力洞"是光斑中心材料发生反向塑性变形造成的，使在第一波程纵波作用下被压缩的材料发生了横向收缩。已有研究推测，反向塑性变形是表面稀疏波造成的，稀疏波横向振荡压缩材料。下面将细致描述光斑中心材料在表面稀疏波作用下的变形过程，以及表面稀疏波是如何传播并与材料相互作用等，从而深入解释其形成机制。

激光诱导冲击波作用材料表面后，在材料内部会形成轴向传播的纵波和剪切波，而在材料表面上则会以表面波形式向四周传播[16]。图 4.30 是表面径向上剪切塑性应变和剪切应力分布曲线，在圆形高斯激光冲击作用下，由于光斑内材料受到冲击波作用而发生较大的轴向位移和塑性应变，此时冲击波加载的边界效应会使光斑边界处材料承受较大的剪切应力，并形成很大的剪切塑性应变，如图 4.30(a) 所示，因此光斑边界即为表面波的波源。

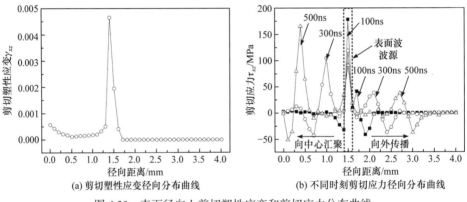

(a) 剪切塑性应变径向分布曲线　　　　　(b) 不同时刻剪切应力径向分布曲线

图 4.30　表面径向上剪切塑性应变和剪切应力分布曲线

表面波在光斑边界处产生并向四周传播，一部分向中心汇聚；另一部分向外传播。一般表面材料在表面波作用下会发生上下和前后的运动，而材料发生运动主要是在剪切应力作用下完成的。图 4.30(b) 为表面径向上不同时刻剪切应力 τ_{xz} 的分布曲线，由图可知，表面波在光斑边界处形成，并向四周传播；其中向光斑外传播的表面波强度变化不大，因为在光斑外表面，材料为无应力应变状态，可认为表面波无损地向前传播；对于向光斑中心传播的表面波，距光斑中心越近，材料受前期冲击波纵向压缩作用而产生的轴向位移和塑形应变就越大，向内传播的表面波发生的剪切程度越大，因此导致表面波的剪切应力也是随着向内传播而逐渐增大。此外，根据剪切应力峰的传播曲线，可以推算出表面波的传播速度为3000m/s 左右，在 500ns 时表面波即传播至光斑中心处。

当表面波传播至光斑中心处，材料会发生动态力学响应，甚至塑性变形。因此，本节将分析光斑中心处材料在表面波作用下的动态力学响应规律，从而从微观上揭示"残余应力洞"的形成机制。

图 4.31 是光斑中心材料的动态力学响应曲线，由图 4.31(a) 可知，材料在纵波作用下(100ns 内)形成了 0.0139 的等效塑性应变，而后在 400～600ns 又产生了较小的塑性应变，增量为 0.0026。结合图 4.30 中表面波传播规律可知，光斑中心材

料的"二次塑性变形"是表面波汇聚(500ns 时传播至此)导致的。图 4.31(b)为轴向位移变化曲线，材料首先会在纵波压缩下产生最大为 0.0137mm 的轴向位移，但在表面波汇聚作用下材料发生急剧上升而使其最后轴向位移仅为 0.0031mm 左右，说明在表面波作用下，光斑中心材料会发生一个急剧上升和下降的过程。由图 4.31(c)的塑性应变曲线可知，在表面波汇聚作用下，材料剪切塑性应变 γ_{xz} 增加，轴向塑性应变 ε_z 和横向塑性应变 ε_x 同时减小。由图 4.31(d)中动态应力变化曲线可知，随着表面波汇聚过程中剪切应力 τ_{xz} 的作用，材料横向应力 σ_x 明显降低。

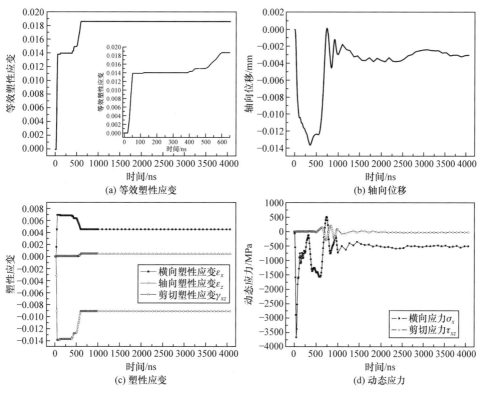

图 4.31　光斑中心材料的动态力学响应曲线

　　图 4.32 是"残余应力洞"微观形成机制的示意图。首先，在冲击波加载阶段，材料在纵波作用下压缩产生了塑性变形，其轴向塑性应变 $\varepsilon_z < 0$，横向塑性应变 $\varepsilon_x > 0$。其次，当表面波传播至光斑中心区域时，材料在剪切应力作用下会出现由外侧带动内侧材料的上升过程。再次，当表面波在光斑中心时，圆光斑四周传播而来的表面波发生了汇聚，造成材料出现急剧上升和下降。最后，随着表面波的向外传播和衰减，光斑中心区域材料的"二次塑性变形"完成，其引发的反向塑性变形使轴向塑性应变 ε_z 和横向塑性应变 ε_x 减小，从而导致残余压应力降低，

最终在光斑内形成"残余应力洞"。

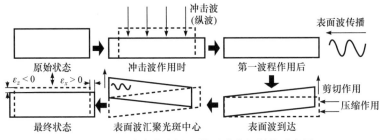

图 4.32 "残余应力洞"微观形成机制的示意图

综上所述,激光诱导冲击波作用过程中,光斑内材料会在纵波作用下发生轴向压缩,同时在光斑边界处会因冲击波边界效应而形成表面波,并向光斑中心传播、汇聚,造成光斑中心区域材料发生横向压缩式的反向塑性变形,尤其光斑中心材料会因表面波汇聚而发生严重的上升、下降过程,从而导致该区域的"残余应力洞"形成[7]。根据上述表面波的传播规律,以及光斑中心区域材料的动态力学响应规律,结合 4.2 节中深度上纵波传播规律,可获得激光诱导冲击波作用过程中应力波系的传播规律,如图 4.33 所示。

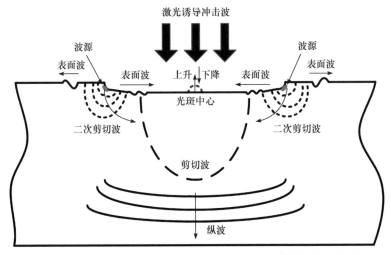

图 4.33 激光诱导冲击波作用过程中应力波系的传播规律示意图

4.3.3 "残余应力洞"参数敏感性分析

因为不同激光冲击条件会在光斑边界处形成不同强度的表面波,所以会导致光斑中心不同程度的"残余应力洞"现象。因此,本节将继续采用数值模拟方法,通过预测不同激光冲击参数条件下的残余应力分布,分析激光冲击参数对"残余应力洞"的影响规律[8]。图 4.25 中"残余应力洞"现象主要特征是光斑中心区域的残余压应力降低，因此，研究将利用光斑内表面径向的残余应力分布曲线来表征不同参数条件下"残余应力洞"的严重程度。

1. 激光功率密度

本节采用 YLSS-M60U 激光器常用三组激光冲击参数，仅激光能量不同，分别为 4J、6J、8J，其他参数相同，对应功率密度分别为 2.83GW/cm²、4.24GW/cm²、5.66GW/cm²，通过峰值压力模型计算可得其峰值压力分别为 4.09GPa、5.02GPa、5.81GPa。图 4.34 为不同功率密度下表面残余应力分布曲线，随着激光功率密度增大，径向 0.5mm 外表面残余压应力增大，但在径向 0.5mm 内残余压应力却发生降低，且光斑边界处残余压应力的降低程度增大。光斑内最小与最大残余压应力差值由 50MPa 增大到 244.9MPa、465.9MPa，相应三种功率密度下，最小残余压应力与最大残余压应力的比例分别为 90%、60%、34%，说明增大激光功率密度会加剧"残余应力洞"现象，这是因为增大激光功率密度会导致冲击波压力增大，同样会引起表面波强度的增大。光斑边界处残余压应力随着激光功率密度而发生更大程度降低，即更加剧烈的边界效应，正好证明了表面波强度的增大。

2. 激光光斑大小

在保持激光功率密度(4.24GW/cm²)不变的前提下，通过改变光斑直径，讨论不同光斑大小对"残余应力洞"的影响。图 4.35 为不同光斑直径下表面残余应力分布曲线，随着光斑直径增大，整个光斑内残余压应力呈增大趋势，但径向 0.5mm 内残余压应力增大幅度相比径向 0.5mm 外较小。光斑内最小残余压应力分别是最大残余压应力的 55%、60%、62%，说明增大激光光斑大小可以一定程度上减弱"残余应力洞"，这是因为相同冲击波压力作用下形成相同强度的表面波，但光斑

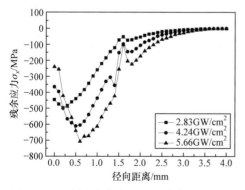
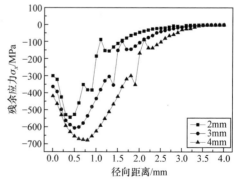

图 4.34　不同功率密度下表面残余应力分布　　图 4.35　不同光斑直径下表面残余应力分布
　　　　　　曲线　　　　　　　　　　　　　　　　　　　曲线

增大使表面波向光斑中心传播的行程增长，传播过程中材料黏性和塑性变形使表面波发生更大程度的衰减。

3. 激光脉宽与上升沿时间

在保持激光功率密度($4.24GW/cm^2$)不变的前提下，通过改变冲击波作用时间和上升沿时间(图 4.36)，分析激光脉宽和上升沿时间对"残余应力洞"的影响。图 4.37(a)为不同冲击波作用时间下($100ns/200ns/300ns$)，TC17 钛合金表面径向残余应力分布曲线，从中发现随着冲击波作用时间的增大，表面残余压应力整体降低，其中光斑中心的压应力由 364.2MPa 降低到 221.3MPa、124.3MPa，说明增大冲击波作用时间将加剧"残余应力洞"现象，其原因是冲击波作用时间增大会导致表面波的强度和作用时间的增加。光斑边界处随着冲击波作用时间增大而导致压应力更大程度地降低，甚至形成拉应力，正好说明表面波强度的增大。图 4.37(b)为不同峰值压力上升沿时间下(13ns/33ns/53ns，作用时间都为 100ns)，TC17 钛合金表面径向残余应力分布曲线，由图可知增大峰值压力上升沿时间可以降低径向

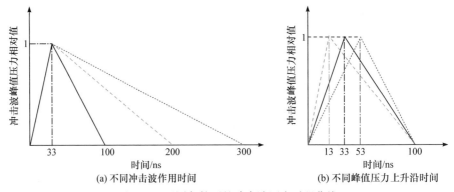

图 4.36 不同条件下的冲击波压力时程曲线

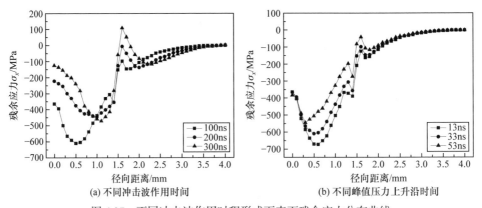

图 4.37 不同冲击波作用时程形式下表面残余应力分布曲线

0.3mm 外的残余压应力，而径向 0.3mm 内残余应力基本不变，此时光斑内最小与最大残余压应力的比例分别为 54%、60%、70%，说明增大峰值压力上升沿时间会减弱"残余应力洞"现象，这是因为上升沿时间的增加同时会拉长表面波的形成时间，从而降低其强度。

4. 冲击次数

图 4.38 为不同冲击次数下表面残余应力分布曲线，从中可知随着冲击次数增加，材料表面残余压应力整体呈增大趋势，但径向 0.5mm 内的增加幅度与径向 0.5mm 外相比较小。此时光斑内最小与最大残余压应力的比例分别为 60%、44%、48%，说明增大冲击次数会加剧"残余应力洞"现象，这是因为激光光斑同一位置叠加冲击会导致表面波作用的叠加效果。

5. 材料力学性能

不同材料在相同激光冲击参数条件下会形成不同的残余应力分布，同样会形成不同程度的"残余应力洞"。图 4.39 为不同材料的表面残余应力分布曲线，其中激光冲击参数：功率密度为 4.24GW/cm^2，波长为 1064nm，能量为 6J，光斑直径为 3mm，脉宽为 20ns，冲击波上升沿时间为 33ns；材料分别为 Al2024-T351 铝合金、TC17 钛合金和 IN718 镍基合金(材料性能参数见表 4.1)。由图 4.39 可知，相同冲击波作用下，材料强度越高，形成的残余压应力值越大，且"残余应力洞"现象越微弱，这是由于相同冲击波作用下强度高的材料在光斑边界形成的表面波强度低。

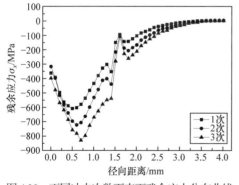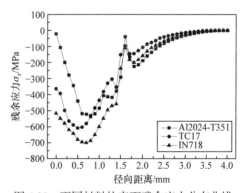

图 4.38　不同冲击次数下表面残余应力分布曲线　　图 4.39　不同材料的表面残余应力分布曲线

表 4.1　材料性能参数

材料	密度/(g/cm^3)	弹性模量/GPa	泊松比	动态屈服极限/GPa	A/MPa	B/MPa	n	C
Al2024-T351	2.73	72	0.33	0.9	369	684	0.73	0.083
TC17	4.5	115	0.34	2.9	1128	1102	0.93	0.014
IN718	8.19	205	0.3	3.2	1138	1324	0.5	0.0092

4.3.4 "残余应力洞"抑制方法

根据激光冲击"残余应力洞"的残余应力分布特征、形成机制及参数影响规律，认为改善"残余应力洞"的主要途径：一是通过工艺搭接设计保证整体残余应力分布的均匀性；二是通过改变光斑内冲击波压力分布而减弱表面波强度，从根本上提高残余应力分布均匀性。因此，提出了两种适合于实际工程应用的抑制方法：提高光斑搭接率和通过激光束光学衍射整形技术将高斯圆光斑整形为均匀方光斑[8]。

1. 提高光斑搭接率

图 4.40 为不同光斑搭接率下的残余应力分布曲线及塑性影响层深度，具体激光参数为波长为 1064nm，能量为 6J，光斑直径为 3mm，脉宽为 20ns，功率密度为 4.24GW/cm^2，冲击波上升沿时间为 33ns。由图 4.40(a)表面径向上残余应力分布曲线可知，光斑搭接后光斑中心仍会出现一定程度的"残余应力洞"，因此在冲击处理区域内会出现应力波动的情况，但随着光斑搭接率的升高，最小与最大压应力之间的波动幅值将会减小，从而整体上获得较为均匀的残余压应力场。另

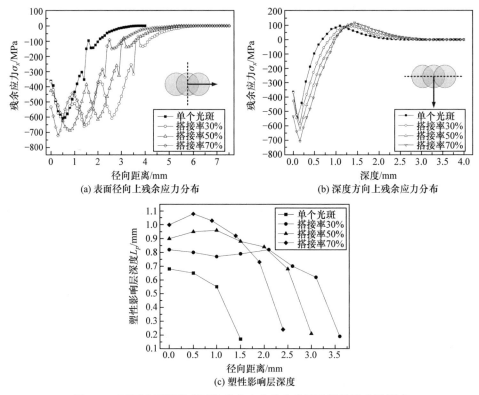

(a) 表面径向上残余应力分布　　　　　(b) 深度方向上残余应力分布

(c) 塑性影响层深度

图 4.40　不同光斑搭接率下的残余应力分布曲线及塑性影响层深度

外，由图 4.40(b)和(c)可知，增大光斑搭接率可以很大程度提高处理区域内塑性影响层深度，获得更深的残余压应力。

2. 激光束光学衍射整形

在利用高斯圆光斑进行激光冲击强化处理时，光斑中心区域会出现"残余应力洞"现象，通过提高光斑搭接率可以提高整体残余应力分布均匀性，在一定程度上改善"残余应力洞"。但在实际工程应用中，如果工艺设计中采用较大的光斑搭接率，一方面会降低处理效率、提高处理成本；另一方面，提高实际操作技术难度，因为较大光斑搭接率极易造成吸收保护层的破裂，甚至烧蚀构件表面，影响强化效果。因此，从根本上解决"残余应力洞"问题是关键，即如何实现单个光斑内残余压应力的均匀性设计。

目前，激光冲击强化所采用的激光光斑主要有圆光斑和方光斑，其中圆光斑一般是激光器激发的原始光束，其光斑内能量呈高斯分布，这也就造成冲击波压力和残余压应力的不均匀性；利用光学衍射技术实现光斑整形获得了能量均匀分布的方光斑，经实验测试表明，其光斑内残余压应力变得更加均匀。

通过光学衍射将圆光斑转换为方光斑，其中光斑内能量分布形式由原来的高斯分布转变为均匀分布，在转变过程中不考虑镜片对光斑能量的消耗，认为此过程光束遵循能量守恒。然而，在激光冲击强化过程中激光能量主要被吸收保护层吸收后形成高压冲击波，因此，将能量守恒转变为光斑内冲击波压力总和的守恒，如公式(4.11)所示：

$$\int_0^R \exp\left(-\frac{r^2}{2R^2}\right)2\pi r \mathrm{d}r = P_{\text{round}}(r) = P_{\text{square}}(r) = P_{\text{average}}L^2 \qquad (4.11)$$

式中，L 为方光斑的边长；R 为光斑半径。当圆光斑的外环为方光斑的内切圆时，通过对等式左边积分，再进行等式求解可得出方光斑的空间平均压力幅值 P_{average} 为 $\pi\left(1-\mathrm{e}^{-0.5}\right)/2$，值为 0.618；另外，当圆光斑的直径等于方光斑对角线时，方光斑的空间平均压力幅值为 1.236。经过光学二次衍射后，光斑转换前后的空间压力幅值曲线如图 4.41 所示，此时时间曲线仍与整形前圆光斑的情况相同。

图 4.42 是不同形式光斑的冲击波作用过程，从中发现圆光斑径向上动态应力呈降低趋势，而方光斑的动态应力十分均匀。图 4.43 是圆光斑与方光斑冲击后的残余应力分布与塑性影响层深度，由图 4.43(a)可知，采用方光斑可有效抑制"残余应力洞"的形成，尤其在边长大、峰值压力小的条件下，其"残余应力洞"基本消除。此外，随着方光斑边长变小，其对应峰值压力也随之升高，"残余应力洞"现象同样会出现并加剧，这也与 4.3.3 小节中关于峰值压力和光斑大小的敏感性分析结果相一致。因此，在对高斯圆光斑进行衍射整形时，应尽可能地采用较

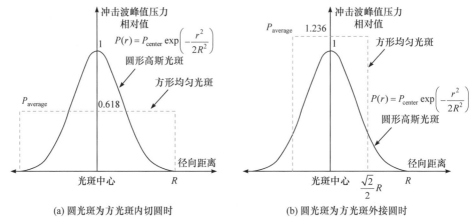

(a) 圆光斑为方光斑内切圆时　　　　　　(b) 圆光斑为方光斑外接圆时

图 4.41　光斑转换前后的空间压力幅值曲线

大的边长，从而更好地提高光斑内残余应力的均匀性。在图 4.43(b)和(c)中发现，虽然采用大边长方光斑可以有效抑制"残余应力洞"的形成，但同时由于其峰值压力的下降，其表面残余压应力值下降，且塑性影响层深度也随之降低。

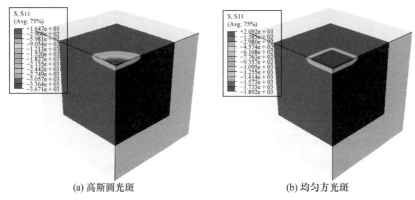

(a) 高斯圆光斑　　　　　　　　　　(b) 均匀方光斑

图 4.42　不同形式光斑的冲击波作用过程(后附彩图)

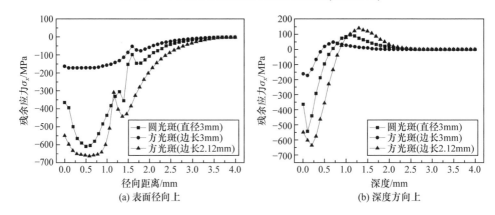

(a) 表面径向上　　　　　　　　　　(b) 深度方向上

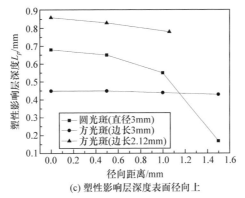

(c) 塑性影响层深度表面径向上

图 4.43　圆光斑与方光斑冲击后的残余应力分布与塑性影响层深度

　　方光斑之所以够有效抑制"残余应力洞"，使光斑内形成均匀压应力，一方面是因为通过光学衍射可将能量平均化，从而降低冲击波峰值压力，同时也降低了光斑边界处应力波源的强度；另一方面是因为方光斑冲击时，表面波传播至光斑中心的汇聚强度大大降低，只有前后左右四个点产生的表面波会在中心汇聚，其余会在横竖两条对称线上汇聚，其表面波汇聚强度大大降低。但在圆光斑冲击时，光斑四周产生的表面波都会在光斑中心汇聚，其汇聚强度很大，并使光斑中心材料发生剧烈上升和下降过程，如图 4.44 所示。

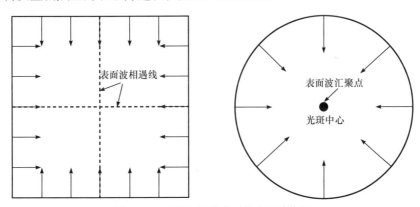

图 4.44　不同光斑形式下的表面波作用

　　综上所述，通过光学衍射整形实现高斯圆光斑到均匀方光斑的转换，可以有效抑制"残余应力洞"，光斑内残余压应力更均匀，而且可以大幅降低光斑搭接率(图 4.45)，提高工艺处理效率。但是，目前研究和应用中仍采用的是高斯圆光斑，基于现状一般通过提高光斑搭接率、冲击次数和光斑错位覆盖等手段来提高工艺处理后的残余应力均匀性。

图 4.45　圆光斑与方光斑工艺强化的表面形貌

4.4　激光诱导冲击波在薄壁结构内的反射规律

高压激光诱导冲击波以应力波形式向材料内部传播，导致表层材料发生塑性变形而形成残余应力应变场，并能够产生 1mm 以上的塑性影响层。由于航空发动机风扇/压气机叶片(钛合金)很薄，尤其是叶片进、排气边(1mm 左右)，而激光诱导冲击波压力大、传播深。因此钛合金薄叶片激光冲击强化过程中，应力波深度上在第一波程无法完全衰减，会在叶片背面与表面之间反复反射，从而影响残余压应力场的分布，导致钛合金薄叶片的激光冲击强化效果不好。

下面主要讨论两种特殊情况，第一种特殊情况是应力波在刚性壁面处的反射情况，因为刚性壁面的弹性模型 $E = \infty$ ，其波速 $C_B = \infty$ ，$n \approx 0$ ，此时得到：

$$F = \frac{1-n}{1+n} \approx 1, \quad \frac{U_{PR}}{U_{PI}} = \frac{n-1}{n+1} \approx -1, \quad T = \frac{2}{1+n} \approx 2, \quad \frac{U_{PT}}{U_{PI}} = \frac{2n}{n+1} \approx 0 \quad (4.12)$$

此时刚性壁面对于入射波来说,是对入射波波阵面后方状态的一个新的扰动，入射波与反射波发生叠加，因此根据公式(4.12)可知，反射应力波的应力和质点速度分别为 $\sigma_R = \sigma_I$ 、$U_{PR} = -U_{PI}$ 。

第二种特殊情况是应力波在自由面处的反射情况，由于认为自由面无材料，即 $\rho_B C_B = 0$ ，$n = \infty$ ，此时应力和质点速度：

$$F = \frac{1-n}{1+n} = -1, \quad \frac{U_{PR}}{U_{PI}} = \frac{n-1}{n+1} = 1, \quad T = \frac{2}{1+n} \approx 0, \quad \frac{U_{PT}}{U_{PI}} = \frac{2n}{n+1} \approx 2 \quad (4.13)$$

本节研究针对薄叶片激光冲击强化，强化过程中叶片表面为自由表面状态(空气的声阻抗相比钛合金的声阻抗而言很小)，此时应力波反射过程是第二种特殊情况，$\sigma_R = -\sigma_I$ 、$U_{PR} = U_{PI}$ 。图 4.46 为应力波(矩形脉冲)在刚性壁面和自由面的反射过程示意图，说明应力波的反射过程是一段时间转化的过程，其间前驱应力波先发生反射并会与后续入射波发生耦合，当整个应力脉冲完成反射时耦合作用结束，反射应力波完全形成，并反方向传播。

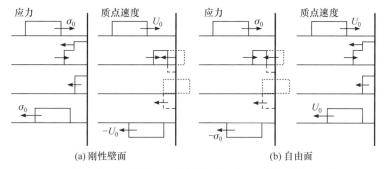

(a) 刚性壁面　　　　　　　　(b) 自由面

图 4.46　应力波(矩形脉冲)在刚性壁面和自由面的反射过程示意图

4.4.1　薄叶片叶身区域的冲击波反射规律

相比航空发动机风扇/压气机叶片尺寸,激光光斑很小(常用ϕ3mm),可以忽略光斑内的叶片弧度,将叶片简化为平板结构。考虑叶片的叶身较厚(≥2mm),进、排气边较薄(≤1mm),为研究薄叶片不同区域的冲击波反射规律,建立了两种厚度的薄壁结构有限元模型(图4.47)。第一种薄壁结构模型的厚度为2mm,模拟叶片叶身区域;第二种薄壁结构模型的厚度为1mm,模拟叶片进、排气边区域。另外,上述两种模型厚度的设计主要考虑TC17钛合金的塑性变形层深度为1.5mm左右,因此2mm厚度时,应力波反射仅为弹性波的反射过程,但1mm厚度时,应力波反射还涉及塑性波的反射,其对残余应力场的影响程度会更大。有限元模型中,四周仍采用透射边界,只讨论应力波在深度方向上的反射规律(反射主体),忽略侧面边界的反射影响,其中模型参数设置与前面研究相同。

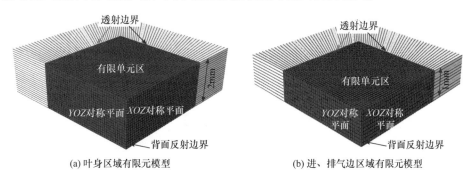

(a) 叶身区域有限元模型　　　　　　　　(b) 进、排气边区域有限元模型

图 4.47　钛合金薄叶片不同区域的有限元模型

本节通过数值模拟研究冲击波在钛合金薄叶片内部的传播、反射过程,分析反射过程中不同位置处材料的动态力学响应,获得残余应力场的分布特征,揭示薄壁结构内冲击波反射规律及残余应力场分布的形成原因。数值模拟中,激光冲击参数、冲击波载荷条件等都与 4.2 节中无限厚板模型(透射边界不考虑反射)相同,便于对比分析冲击波反射的影响[17]。

1. 冲击波反射规律

为了表征冲击波在深度方向上的传播、衰减和反射等过程，以应力波平均压力为参考来分析冲击波反射规律。图4.48～图4.50为钛合金薄叶片叶身区域(2mm模型)深度方向上应力波的传播、反射过程，分别是应力波在背面、表面和背面三次反射过程的应力波平均压力分布曲线。由图4.48(c)可知应力波在50ns时向深度传播，发生了明显的衰减，到350ns时其压应力波平均压力峰值由50ns时的4147.6MPa衰减至1370.1MPa，且压应力波后面一般会有一个平均压力较小的拉应力波，即卸载波。在350ns至430ns之间应力波在冲击背面发生了第一次应力波反射，430ns时其平均压力峰值为−2664.4MPa，说明应力波由压应力波转变为拉应力波，并且反射拉应力波的平均压力比反射前有明显增加，这是反射拉伸波与卸载拉伸波耦合造成的。

由图4.48(d)发现应力波反射过程中，应力波在逐渐向背面靠近的同时，其峰值平均压力也在降低，并进而转变为拉应力状态，然后拉应力值再逐渐增大。另外，图4.48(d)说明应力波反射是一个逐渐完成的过程，前面应力波反射后会形成反射拉应力波并与后续入射压应力波发生叠加，造成应力波压应力逐渐降低；随着应力波进一步反射，叠加应力波压应力状态转变为拉应力状态，此时反射波占主体形式；最后随着反射过程的完成，反射拉应力波的平均压力值达到最大并开始向材料内部传播，特别的是反射拉应力波在形成过程中，其平均压力峰值一直位于次背面(深1.8mm处)，而不在背面。

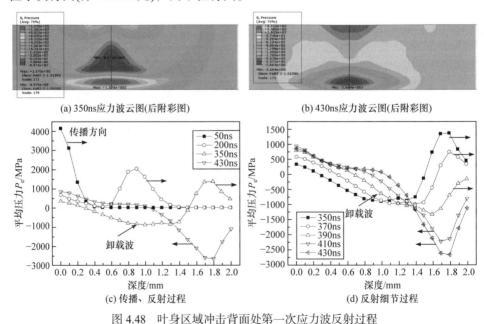

(a) 350ns应力波云图(后附彩图)　　　　　　　　(b) 430ns应力波云图(后附彩图)

(c) 传播、反射过程　　　　　　　　(d) 反射细节过程

图4.48　叶身区域冲击背面处第一次应力波反射过程

图 4.49 为叶身区域冲击表面处第二次应力波反射过程，由图 4.49(c)可知，反射拉应力波在传播过程中也在发生衰减，其平均压力峰值由 430ns 的−2664.4MPa 演变至 670ns 的−623MPa，同样在传播过程中可见后面跟着一个压应力的卸载波。但随着应力波在冲击表面处(670～780ns)发生第二次反射后，其平均压力再次发生异号，即应力波由拉应力转变为压应力，且压力值也发生了明显增加，780ns 时平均压力峰值为 1399.6MPa。由图 4.49(d)可知，应力波在冲击表面反射也是一个逐渐过程，平均压力是由拉应力逐渐向压应力转变，其中应力波转变过程中入射和反射应力波平均压力峰值位置都位于次背面(深 0.2mm 处)。

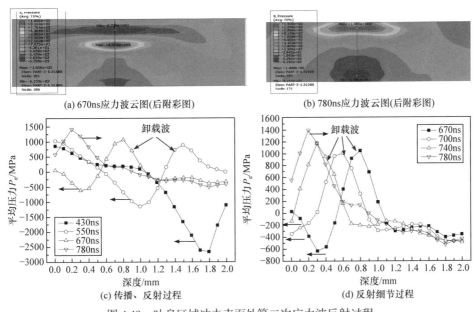

(a) 670ns应力波云图(后附彩图)　　　　　　　(b) 780ns应力波云图(后附彩图)

(c) 传播、反射过程　　　　　　　　　　　　(d) 反射细节过程

图 4.49　叶身区域冲击表面处第二次应力波反射过程

图 4.50 为叶身区域冲击背面处第三次应力波反射过程，由图 4.50(c)可知，应力波在向背面传播过程中同样是一边传播一边衰减，平均压力峰值由 780ns 时的 1399.6MPa 衰减至 1000ns 时仅为 704.5MPa，且此时卸载波也衰减至很小，仅为 −300MPa 左右。图 4.50(d)中应力波发生第三次反射与第一次反射形式相同，其平均压力也是逐渐由压应力转变为拉应力，且反射过程中入射与反射应力波平均压力峰值同样位于深 1.8mm 左右。不同的是由于应力波衰减，此时平均压力峰值在 1100ns 时只有−1049.2MPa，不到第一次反射(430ns)时的一半。

由应力波在薄叶片叶身区域(2mm 厚)三次反射过程可知，应力波在界面上每发生一次反射，应力波应力符号就会发生一次转变，即应力波会在压应力波与拉应力波之间反复转变，造成内部材料承受压应力与拉应力的反复作用，但内部传播过程会使应力波压力幅值逐渐衰减。当衰减一定程度后，则不再会造成塑性变

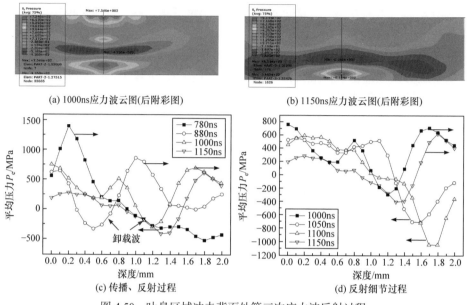

(a) 1000ns应力波云图(后附彩图)　　　　　　(b) 1150ns应力波云图(后附彩图)

(c) 传播、反射过程　　　　　　　　　　(d) 反射细节过程

图 4.50　叶身区域冲击背面处第三次应力波反射过程

形，也不会影响最终残余应力场分布。

2. 残余应力应变场分布特征

图 4.51 为叶身区域激光单面冲击的等效塑性应变分布曲线，并与 4.2 节无限厚板的分布结果对比，分析应力波反射对残余应力应变场分布的影响规律。由图 4.51(a) 中发现，相比无限厚板条件下，2mm 薄板的光斑径向 1.0mm 内材料等效塑性应变量都略有升高，说明应力波反射造成了冲击表面材料的"再次塑性变形"，这主要是由应力波在冲击表面的第二次反射造成。另外，由图 4.51(b)发现，光斑中心深度上，2mm 薄板的等效塑性应变量也有增大，尤其是在深 1.8mm 处和深

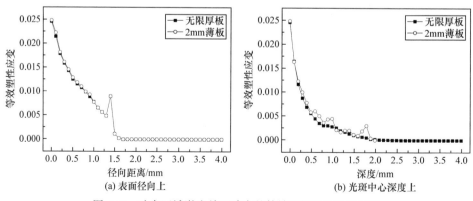

(a) 表面径向上　　　　　　　　　　　(b) 光斑中心深度上

图 4.51　叶身区域激光单面冲击的等效塑性应变分布曲线

1.0mm 处，说明在反射应力波作用下，截面内部材料也发生了一定程度的塑性变形。其中，深 1.8mm 处(次背面)的较大塑性应变主要是应力波第一次在冲击背面反射造成的，反射拉应力波的峰值压力就位于此处；深 1.0mm 处的较大塑性应变主要是反射应力波传播至中间深度与后续应力波发生耦合造成。

图 4.52 为叶身区域激光单面冲击的残余应力分布曲线，由图 4.52(a)发现，相比无限厚板条件下，应力波反射造成了残余应力场的变化，主要体现在表面径向残余压应力的整体降低，其降低幅度在 20～100MPa 不等。表面残余压应力的降低与图 4.51(a)中应力波反射造成的塑性变形有关，具体体现在表面材料横向塑性应变的降低。同样在光斑中心深度上，如图 4.52(b)所示，残余压应力也发生了降低，而尤为不同的是冲击背面形成了 150MPa 的残余压应力，且大约有 0.3mm 深，这与反射应力波造成背面区域材料的塑性变形有关。

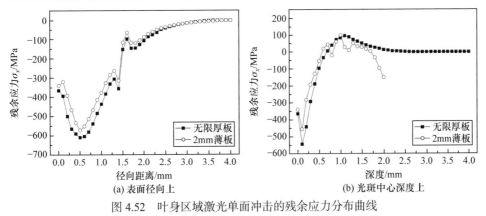

(a) 表面径向上　　　　　　　　　(b) 光斑中心深度上

图 4.52　叶身区域激光单面冲击的残余应力分布曲线

3. 不同位置处材料的动态力学响应

为进一步揭示应力波反射作用对残余应力应变场分布的影响机制，本节针对应力波传播和残余应力场分布特征的关键位置材料进行动态力学响应分析，并对比无限厚板模型，讨论应力波反射对不同位置材料的影响作用。四个关键位置分别为冲击表面 A 处、深度中间 B 处、深 1.8mm 的 C 处和冲击背面 D 处，如图 4.53 所示。

1) 冲击表面 A 处

图 4.54 是冲击表面 A 处材料的动态力学响应曲线，从中发现相比无应力反射的无限厚板模型，冲击表面 A 处材料因为反射应力波的作用而再次发生了塑性变形。图 4.54(a)中材料在反射应力波抵达冲击表面后(700ns 以后)，其平均压力发生提升。同时材料的 Mises 等效应力也在增加，形成几个较大的应力峰，如图 4.54(b)所示。由图 4.54(c)等效塑性应变曲线可知，材料反射应力波作用下发生了较小程度的塑性变形，体现在横向塑性应变量的降低，如图 4.54(d)所示，说明材料在横向

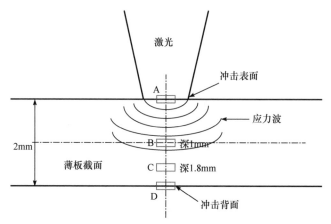

图 4.53　叶身区域激光冲击的关键位置示意图

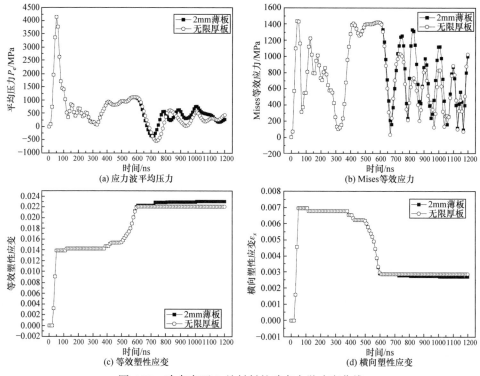

图 4.54　冲击表面 A 处材料的动态力学响应曲线

上发生了微量回缩，这是造成光斑中心区域残余压应力较小程度降低的原因。

2) 深度中间 B 处

图 4.55 是深度中间 B 处材料的动态力学响应曲线，由于应力波的反复反射，造成 450ns 以后承受拉应力波和压应力波的反复作用，如图 4.55(a)所示。Mises

等效应力也发生了明显增大，尤其在 700ns 左右，第二个应力峰值的增大直接加剧了 B 处材料的塑性变形程度，如图 4.55(b)所示。由图 4.55(c)说明，正是应力波反射造成第二个 Mises 等效应力峰值的升高，导致等效塑性应变由 0.00176 增大至 0.00389，应变增量是无限厚板下的 2.14 倍。另外，横向塑性应变发生了明显的减低，由正值转变为负值，如图 4.55(d)所示，材料属于横向收缩状态。但反射应力波并未在其他时间造成额外的塑性变形，仅加剧了 700ns 时的塑性变形程度，说明反射应力波的压力较小，并不能直接造成内部材料的塑性变形。

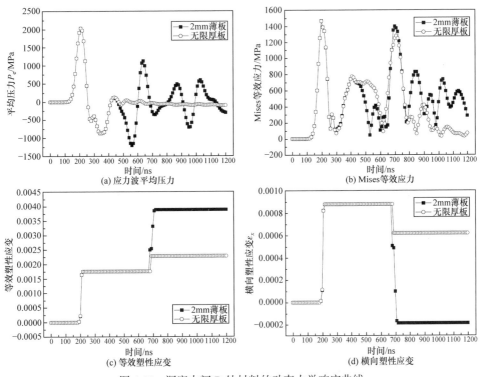

图 4.55　深度中间 B 处材料的动态力学响应曲线

3) 深 1.8mm 的 C 处

由图 4.48 中应力波传播规律曲线可知，C 处材料是反射应力波形成的区域，也是应力峰值区域。图 4.56 为深 1.8mm 的 C 处材料的动态力学响应曲线，从中发现，在 430ns 时因应力波在背面发生而形成了峰值压力值为–2664.4MPa 的拉伸波，紧随拉伸波后是一个峰值达 1000MPa 的压应力卸载波，且相比无限厚板下，后期材料会承受压应力波和拉应力波的交替作用，如图 4.56(a)所示。同时，在反射应力波 400~500ns 材料 Mises 等效应力也发生较大的提高，如图 4.56(b)所示，其中应力峰值提高了近 2 倍，这也是导致图 4.56(c)中材料发生塑性变形的原因，此外材料在紧随其后的压应力卸载波(500~550ns)和再次反射后来的压应力波(1000ns)作用下也发生了塑性变形。如图 4.56(d)所示，对应上述因反射应力波导致的塑性变形，横向塑性应变上体现为在第一次反射拉伸波作用下发生较大程度的横向回缩，而在压应力卸载波和第二次反射压应力波的作用下则发生了横向扩展。

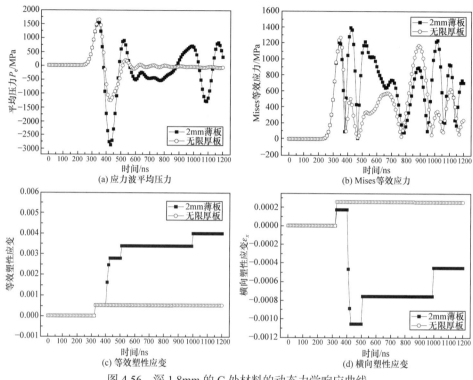

图 4.56　深 1.8mm 的 C 处材料的动态力学响应曲线

4) 冲击背面 D 处

由图 4.48 和图 4.50 的应力波反射规律可知，应力波在冲击背面的两次反射过程中，由于冲击背面是自由表面，且反射与入射应力波会发生耦合，冲击背面 D 处材料所受平均压力和 Mises 等效应力都较小，甚至比无限厚板下还低，如图4.57(a)

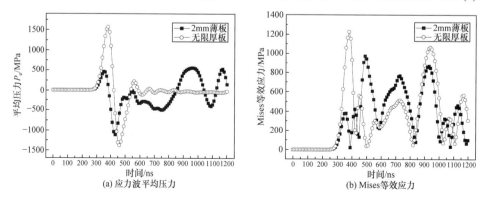

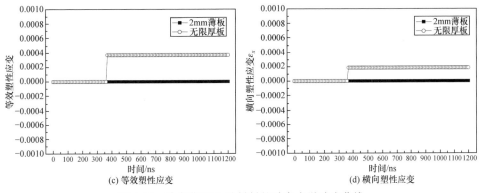

图 4.57　冲击背面 D 处材料的动态力学响应曲线

和(b)所示。正是由于冲击背面处所受平均压力和 Mises 等效应力都很小，此处无塑性变形发生，如图 4.57(c)和(d)所示。

4.4.2　薄叶片进、排气边区域的冲击波反射规律

由 4.4.1 小节中薄叶片叶身区域冲击波反射规律可知，对于 2mm 厚的叶身区域而言，应力波反射虽在一定程度上影响残余应力应变场分布，但仅为局部区域，且影响程度很小，这是因为冲击波反射前已经过 2mm 深的衰减过程，其压力较小。但是，对于 1mm 厚的进、排气边区域而言，应力波衰减距离缩短一半，且4.2 节发现激光冲击塑性变形层达 1.5mm。因此，可以推测进、排气边区域会发生程度更高的应力波反射，并造成更广泛且剧烈的塑性变形。

1. 冲击波反射规律

图 4.58 为进、排气边区域冲击背面处第一次应力波反射过程，图 4.58(a)和(b)说明应力波在背面发生反射后由压应力波转变为拉应力波。由图 4.58(c)发现，由于叶片厚度仅为 1mm，应力波还没来得及发生显著衰减就发生反射，反射前应力波平均压力从 50ns 时的 4147.6MPa 衰减至 190ns 时仍有 1851.6MPa，经反射后形成了峰值为–2235.2MPa 的拉伸应力波。应力波反射后，其平均压力峰值不但没有衰减反而增加，但是增加幅度相比叶身区域有明显降低，这是因为反射前(190ns)压应力波没有较大的拉伸卸载波，反射后拉应力波没有明显耦合作用。在 190～250ns，应力波反射同样是一个逐渐反射和形成的过程，如图 4.58(d)，反射拉伸应力波压力峰值位于次背面(0.8mm 深)处，同叶身区域相似，反射应力波在背面次表层位置形成，然后向内部传播。

图 4.59 是进、排气边区域冲击表面处第二次应力波反射过程，图 4.59(a)和(b)说明，当反射拉伸波传播至冲击表面(360～430ns)时，应力波再次发生反射，此时应力波由拉应力波再次变回压应力波。图 4.59(c)中反射拉伸应力波在传播过程中发

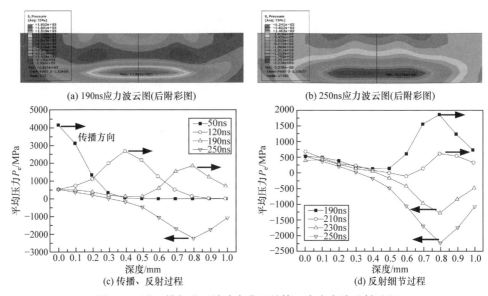

(a) 190ns应力波云图(后附彩图)　　　　　(b) 250ns应力波云图(后附彩图)

(c) 传播、反射过程　　　　　　　(d) 反射细节过程

图4.58　进、排气边区域冲击背面处第一次应力波反射过程

生明显衰减,其平均压力峰值由250ns的-2235.2MPa演变至360ns的-1030.2MPa。但是,当应力波在冲击表面完成第二次反射后,应力波不但由拉应力波再次转变为压应力波,其平均压力峰值也明显增加,430ns时达到了2786.1MPa,且反射过程中压应力波也逐渐在次表层(深0.2mm)处形成,如图4.59(d)所示。

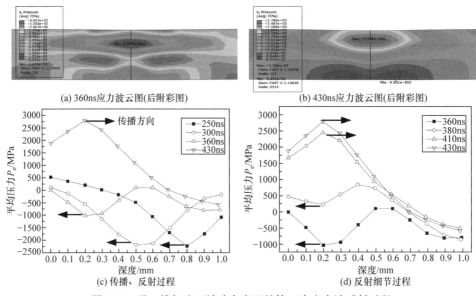

(a) 360ns应力波云图(后附彩图)　　　　　(b) 430ns应力波云图(后附彩图)

(c) 传播、反射过程　　　　　　　(d) 反射细节过程

图4.59　进、排气边区域冲击表面处第二次应力波反射过程

图 4.60 是进、排气边区域冲击背面处第三次应力波反射过程，由图 4.60(a)和(b)发现，当应力波再次传播至冲击背面时，由第二次反射形成的压应力波在此再次发生反射，由压应力波又转变回拉应力波。图 4.60(c)中压应力波从冲击表面向背面传播过程中发生了明显的衰减，其平均压力峰值由 430ns 的 2786.1MPa 衰减至 510ns 的 970.1MPa，衰减程度达到 65%。由图 4.60(d)可知，当完成反射后应力波平均压力峰值变为 −1423.8MPa，即应力波由压应力波转变为拉应力波，同时平均压力峰值也有所增加。

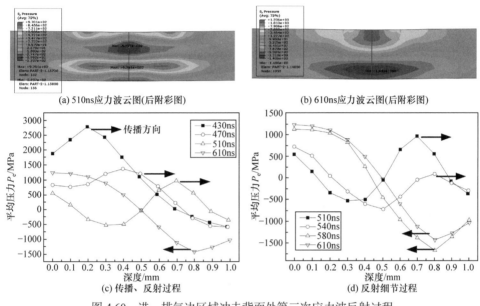

(a) 510ns应力波云图(后附彩图)　　　　　　　　(b) 610ns应力波云图(后附彩图)

(c) 传播、反射过程　　　　　　　　　　　(d) 反射细节过程

图 4.60　进、排气边区域冲击背面处第三次应力波反射过程

同叶身区域激光单面冲击过程相似，应力波在叶片内部发生传播、衰减的同时，会在冲击背面、表面处反复反射，同时应力波在压应力波与拉应力波之间反复转变。不同的是，进、排气边区域很薄，应力波在内部衰减行程太短、压力衰减程度小，会使表面和内部材料发生更加剧烈的塑性变形，造成残余应力应变场分布的显著差异。

2. 残余应力应变场分布特征

图 4.61 为进、排气边区域激光单面冲击的等效塑性应变分布曲线，并与无限厚板下对比分析应力波反射对残余应力应变场分布的影响。由图 4.61(a)中发现，相比无限厚板条件下，1mm 薄板的光斑径向 1.0mm 内材料等效塑性应变量发生了明显升高，说明冲击表面材料产生了更加剧烈的"再次塑性变形"。相比叶身区域(图 4.51)，进、排气边区域冲击表面因反射应力波导致的塑性变形更加剧烈。同样，由图 4.61(b)发现，整个深度上的等效塑性应变量都发生了明显增加，说明

进、排气边区域在整个截面上都发生了剧烈的塑性变形，这是因为应力波在叶片内部反射、传播时压力大且无法有效衰减，造成内部材料发生多次塑性变形。

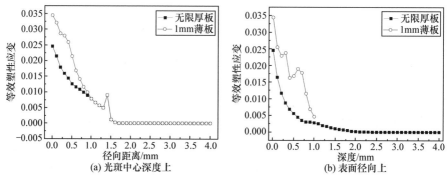

图 4.61　进、排气边区域激光单面冲击的等效塑性应变分布曲线

图 4.62 为进、排气边区域激光单面冲击的残余应力分布曲线，与无限厚板下对比发现，表面和截面上的残余应力分布发生了明显变化。图 4.62(a) 中光斑径向 0.5mm 内形成了最大 400MPa 的残余拉应力，而在径向 0.5mm 外则形成了残余压应力，但相比无限厚板数值较小，仅为 200MPa 左右，这是因为光斑内剧烈的"再次塑性变形"，使残余压应力显著降低。图 4.62(b) 中，应力波不断在冲击表面和背面反射，使叶片内部材料在应力波反复作用下而发生多次剧烈塑性变形，导致叶片截面上无法形成有效的梯度残余压应力层。

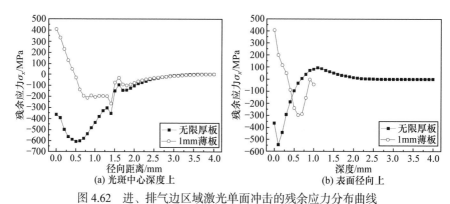

图 4.62　进、排气边区域激光单面冲击的残余应力分布曲线

3. 不同位置处材料的动态力学响应

为进一步揭示应力波反射作用对残余应力应变场分布的影响机制，本节针对应力波传播和残余应力场分布特征的关键位置材料进行动态力学响应分析，并与无限厚板条件对比。三个关键位置分别是冲击表面 A 处、深度中间 B 处和冲击背面 C 处，如图 4.63 所示。

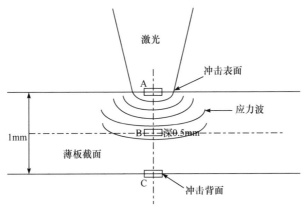

图 4.63　进、排气边区域激光冲击的关键位置示意图

1) 冲击表面 A 处

图 4.64 是冲击表面 A 处材料的动态力学响应曲线, 从中发现相比无限厚板, 1mm 薄板冲击表面 A 处材料因为反射应力波的作用而造成了 "再次塑性变形"。由图 4.64(a)可知, 在 300ns 后冲击表面 A 处材料因第一次反射拉应力波的到来而承受拉应力作用, 而后在 400～500ns 期间则因为应力波第二次反射而承受压应力

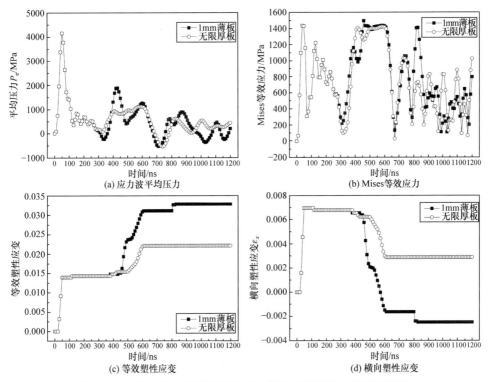

图 4.64　冲击表面 A 处材料的动态力学响应曲线(进、排气边区域)

作用。此后，由于应力波不断反射而形成拉-压应力波交替，材料也同样受拉-压应力交替作用。由图 4.64(b)发现应力波在冲击表面的第一次和第二次反射作用导致在400～600ns 和 800ns 两处的材料 Mises 等效应力峰值有明显提高，使材料发生塑性变形，如图 4.64(c)。图 4.30 中说明 500ns 左右时，光斑中心处材料会因表面波汇聚而造成塑性变形，而此时应力波在冲击表面的第一次反射过程正好与表面波汇聚过程重合，从而造成 400～600ns 塑性变形的加剧；800ns 时发生的塑性变形则是应力波在冲击波表面第二次发生反射造成的。由图 4.64(d)可知，这两次塑性变形的发生都导致了材料横向塑性应变降低，甚至变成了负值，处于横向收缩状态。

2) 深度中间 B 处

图 4.65 是深度中间 B 处材料的动态力学响应曲线，由于应力波在叶片内部以压应力波与拉应力波的形式交替作用，所以深度中间 B 处材料承受拉-压应力的交替作用。图 4.65(a)中 250～350ns 是第一次反射拉应力波作用，350～500ns 则是第二次反射压应力波作用，后续随着应力波衰减所受压力值也逐渐减小。应力波在冲击表面、背面的不断反射，导致应力波反复作用于叶片内部材料，使材料Mises 等效应力发生较大程度的增大，且呈现出"多峰"的形式，如图 4.65(b)所示。材料所受应力的增大势必会导致其发生塑性变形，图 4.65(c)中材料在应力波

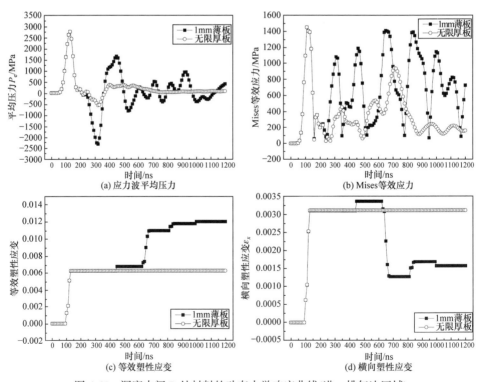

图 4.65　深度中间 B 处材料的动态力学响应曲线(进、排气边区域)

反复作用下发生了四次塑性变形，且发生在前几次反射应力波作用下，其中在第一次反射拉应力波下(300ns 时)由于应力没有达到材料屈服强度而未发生塑性变形。由图 4.65(d)可知，在反复拉-压应力波作用下，四次塑性变形使材料横向塑性应变呈交替性地增大、减小，即材料在反复地拉伸和压缩塑性变形。

　　3) 冲击背面 C 处

　　图4.66是冲击背面C处材料的动态力学响应曲线。由于冲击背面是自由表面，应力波在此反射过程中反射拉应力波与入射压应力波发生耦合，所以相比无限厚板下，1mm薄板的平均压力会降低，如图4.66(a)所示。图4.66(b)中发现 300～500ns 所受 Mises 等效应力发生了很大程度的提高，此时应力波平均压力较低，Mises 等效应力的提高是剪切波造成的。由图 4.65(c)和(d)可知，300～500ns 材料所受 Mises 等效应力的急剧增大，导致 360ns 时横向塑性应变增大，说明此时材料的塑性变形过程带有一定程度的横向压缩。

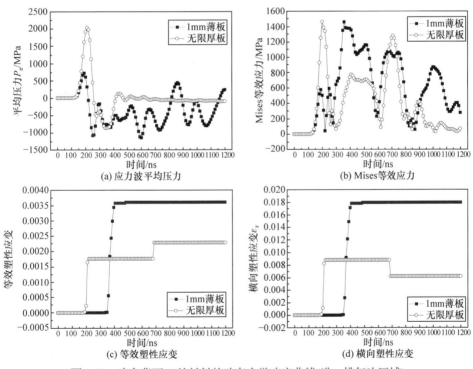

图 4.66　冲击背面 C 处材料的动态力学响应曲线(进、排气边区域)

　　图 4.67 为薄叶片不同区域激光单面冲击后残余应力应变场分布曲线对比，从中发现在叶身区域进行单面冲击可以形成与无限厚板下类似的残余应力应变场分布，即在冲击表面形成较大数值的残余压应力、较深的残余压应力层。但进、排气边区域单面冲击后，冲击表面形成了残余拉应力，深度上没有形成梯度残余压

应力层。叶身区域激光单面冲击时，应力波传播过程中发生了较大程度衰减，应力波反射程度低，以弹性波形式反复反射、传播，所以对残余应力应变场的影响较小。相比而言，进、排气边区域激光单面冲击时，反射应力波的压力较大，使表面、截面材料都发生了剧烈的"再次塑性变形"，导致无法形成梯度残余压应力层。综上所述，在对钛合金薄叶片进行激光冲击强化处理时，可以对叶身区域(2mm薄板)进行单面冲击，但进、排气边区域(1mm薄板)则不能简单采用单面冲击。

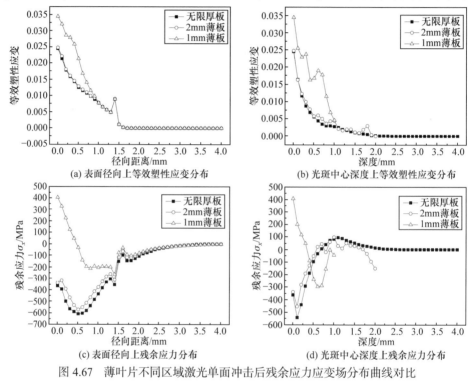

图 4.67　薄叶片不同区域激光单面冲击后残余应力应变场分布曲线对比

4.5　激光诱导冲击波在薄壁结构内的透射规律

根据 4.4.2 小节可知，进、排气边很薄，应力波反射导致梯度残余压应力层无法形成，因此，如何有效消除反射应力波或降低应力波反射强度是薄叶片单面冲击强化的关键。

由 4.1.2 小节的应力波反射与透射理论可知，应力波在不同材料界面上不仅会发生反射，也会发生透射，而且两者是此消彼长的关系。在 4.4 节中对薄叶片进行激光单面冲击时，叶片背面是空气，由于空气的声阻抗相比钛合金而言很小，即认为应力波在叶片背面发生全反射，反射系数 F 为-1，而透射系数 T 为 0。相反，当两种介质的声阻抗相匹配($\rho_A C_A = \rho_B C_B$)时，应力波则不发生反射($F = 0$)，此时应力波直接完全透射过去 $(T=1)$。因此，本节提出在薄叶片背面垫加一种声阻抗匹配的透波材料，从而降低应力波的反射强度。

4.5.1　薄叶片进、排气边区域的应力波透射规律

为分析透波层对薄叶片进、排气边残余应力应变场的影响，本节建立了一种应力波透射分析的有限元简化模型(图 4.68)，其中，叶片背面与透波层采用紧贴的面面接触，透波层材料属性与叶片完全相同。本节通过数值模拟研究透波层作用下叶片内部的应力波反射、透射规律，获得激光冲击残余应力应变场的分布特征，分析不同位置处材料的动态力学响应。

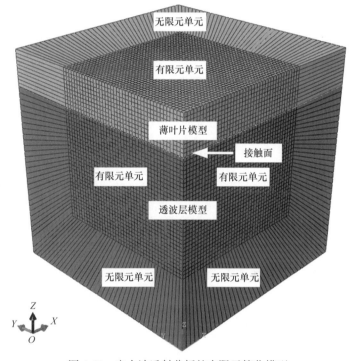

图 4.68　应力波透射分析的有限元简化模型

1. 应力波透射规律

图 4.69 是冲击背面处的应力波透射情况，由图 4.69(a)和(b)中发现，当应力波传播至薄叶片冲击背面时，应力波发生了明显的应力波透射现象，压应力波在叶片背面上成功实现了透射，透射波仍然是压应力波，且透射强度很大，与入射波强度相当。由图 4.69(c)和(d)可知，应力波传播至背面时(190ns)，应力波平均压力峰值为 2107.5MPa，经过应力透射后，在 300ns 时反射应力波平均压力峰值仅为 -537.6MPa，是无透波层(图 4.58)时的 24%，说明透波层可以很大程度地减弱反

射应力波的强度。另外，由应力波传播规律发现，虽然透波层材料属性与叶片材料属性一样，其声阻抗也完全一样，符合阻抗匹配原理，应力波反射理论系数为零，而实际上则由于两个独立结构面面接触存在一定的界面效应，并非一体性联合，从而形成较低压力的反射应力波。

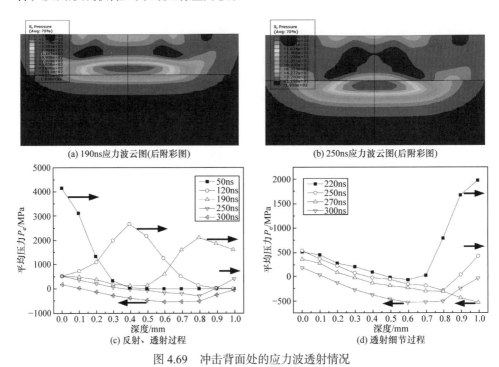

(a) 190ns应力波云图(后附彩图)　　　　　　　(b) 250ns应力波云图(后附彩图)

(c) 反射、透射过程　　　　　　　　　　(d) 透射细节过程

图 4.69　冲击背面处的应力波透射情况

图 4.70 是透射波的传播情况，应力波在叶片背面上透射后，透射波在透波层内继续传播，其中 250ns 时透射波平均压力峰值为 1858.6MPa，与叶片内入射波的压力相近，说明声阻抗相匹配的透波层很好地实现了应力波的透射。当然，透射波在透波层里传播、衰减过程中，如果其压力超过透波材料的动态弹性极限，同样会导致透波材料的塑性变形。

2. 残余应力应变场分布特征

图 4.71 是有无透波层下的残余应力应变场分布，并与无透波层条件下的分布曲线(图 4.61 和图 4.62)相比，从而分析应力波透射作用对残余应力应变场的影响规律。由图 4.71(a)和(b)中等效塑性应变分布曲线可知，通过透波层很大程度上消除了因反射应力波造成的塑性变形，此时表面上光斑中心处最大等效塑性应变量为 0.0179，仅为无透波层条件下的 52%，而且在径向距离 1.0mm 内，等效塑性应变量都得到了显著降低。截面上，因反射应力波造成的塑性变形同样得以消除，

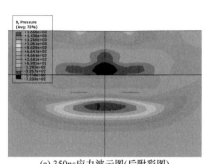

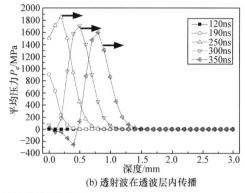

(a) 350ns应力波云图(后附彩图)　　　(b) 透射波在透波层内传播

图 4.70　透射波的传播情况

整个深度上塑性变形呈现出逐渐递减的梯度分布规律。由图 4.71(c)和(d)发现,在应力波透射条件下,光斑内形成了全域性的残余压应力,光斑中心处并无拉应力产生,且其分布形式与无限厚板条件下相似,说明反射应力波对冲击表面残余应力场的影响得以有效消除。此外,在截面上形成了贯穿性的残余压应力分布,最大残余压应力位于表面,数值在 300MPa 左右,且在冲击表面和背面深 0.3mm 内有明显的压应力梯度,深度中间则处于较低的压应力水平。

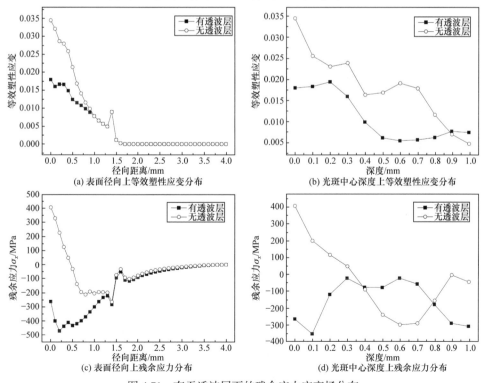

(a) 表面径向上等效塑性应变分布　　　(b) 光斑中心深度上等效塑性应变分布

(c) 表面径向上残余应力分布　　　(d) 光斑中心深度上残余应力分布

图 4.71　有无透波层下的残余应力应变场分布

由于薄叶片进、排气边区域很薄，应力波在叶片内部衰减程度较低。此时透射应力波仍具有较大的压力，并且可以导致透波材料的塑性变形。图 4.72 是激光冲击后透波层的残余应力应变场分布，由图 4.72(a)和(b)发现，在径向距离 1.1mm 内发生了塑性变形，其中光斑中心塑性变形程度最大，并沿径向逐渐降低。但光斑中心处的等效塑性应变量仅为 0.00148，是叶片冲击表面处的十分之一，这是因为应力波在叶片内部已经发生了一定程度上的衰减，透射应力波的压力有限，只能造成很小程度的塑性变形。另外，因为透波层采用无限厚板模型，即不考虑透波层内的应力波反射问题，所以深度上等效塑性应变呈逐渐降低的趋势。

如图 4.72(c)所示，透波层材料的塑性变形程度很低，在光斑内形成的残余压应力最大仅为 75MPa，且沿径向距离增大，塑性变形程度逐步减小，残余压应力也在逐渐降低。另外，透波层表面残余压应力区域中并没有形成"残余应力洞"现象，这是因为透射波压力较小，透波层表面波强度也很低，无法导致中心区域的反向塑性变形。如图 4.72(d)所示，在透波层深度上形成了 0.5mm 深的梯度分布残余压应力层。

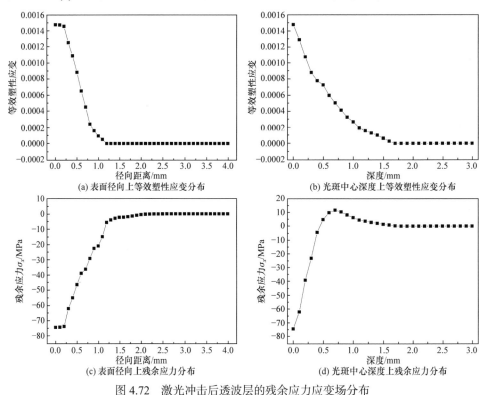

(a) 表面径向上等效塑性应变分布

(b) 光斑中心深度上等效塑性应变分布

(c) 表面径向上残余应力分布

(d) 光斑中心深度上残余应力分布

图 4.72　激光冲击后透波层的残余应力应变场分布

3. 不同位置处的材料动态力学响应

根据上述应力波透射规律和残余应力应变场分布特征，下面将通过分析不同位置处材料的动态力学响应，进一步揭示应力波透射作用对残余应力应变场的影响机制。

1) 冲击表面 A 处

图 4.73 是冲击表面 A 处材料的动态力学响应曲线，由图 4.73(a)中发现，350～450ns 的应力波平均压力得到明显降低，这是因为透波层的作用大大降低了背面反射应力波的强度。由图 4.73(b)可知，500ns 左右的 Mises 等效应力峰出现了波动，并没有像无透波层时保持高应力峰值状态，这将一定程度上降低其塑性变形程度。图 4.73(c)说明在冲击表面发生第二次反射(450～600ns)时，材料所受应力波压力和应力都发生明显降低，其等效塑性应变也得到显著减小，由无透波层时的 0.033 减小至 0.017。与此同时，横向塑性应变也得到了明显减小，最终状态由无透波层的-0.0025 变为 0.0055，图 4.73(d)说明反射应力波造成的横向收缩变形得到显著减弱，这就是有透波层后薄叶片冲击表面形成残余压应力的原因。

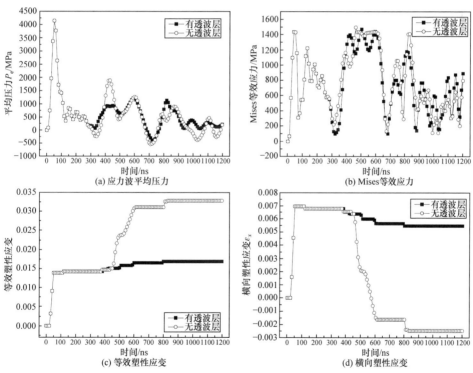

图 4.73　冲击表面 A 处材料的动态力学响应曲线(应力波透射条件下)

2) 深度中间 B 处

图 4.74 是深度中间 B 处材料的动态力学响应曲线，由图 4.74(a)发现有透波层后平均压力发生了显著下降，尤其是 250～500ns 第一次、第二次反射形成的应力波。与此同时，正是由于前两次反射应力波平均压力的大幅度降低，材料所受

Mises 等效应力也发生了显著降低, 如图 4.74(b)所示, 这将有利于消除或者减弱反射应力波导致的"再次塑性变形"。在图 4.74(c)中发现, 无透波层时深度中间 B 处材料的等效塑性应变经过四次变化而增大至 0.012, 而有透波层时只在 700ns 时发生了一次塑性变形, 其应变量仅为 0.0067, 说明透波层通过降低反射应力波强度, 既有效减少"再次塑性变形"次数, 又显著降低其塑性变形程度。由图 4.74(d)可知,无透波层时深度中间 B 处材料经历四次压缩-拉伸交替的塑性变形;有透波层时仅发生了一次横向收缩变形, 横向塑性应变更大、相应残余压应力数值更大。

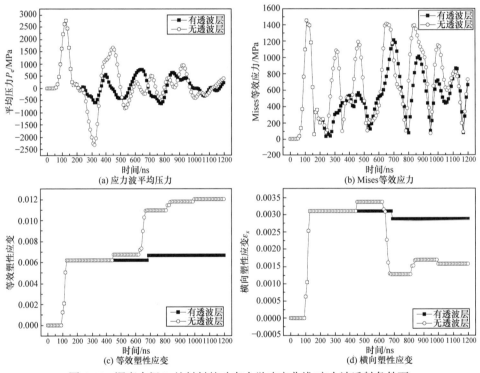

图 4.74　深度中间 B 处材料的动态力学响应曲线(应力波透射条件下)

3) 冲击背面 C 处

图 4.75 是冲击背面 C 处材料的动态力学响应曲线,由于冲击背面垫加了透波层, 此时冲击背面已不再是自由表面, 此处应力波反射强度显著降低。图 4.75(a)中 150～250ns 的应力波平均压力发生明显升高; 当应力波透射出去后(550ns 后), 冲击背面处的应力波平均压力将会整体降低。应力波第一波程(150～250ns)中应力波平均压力的显著增大, 导致冲击背面处材料所受 Mises 等效应力也明显增大, 但后期由于反射应力波强度的减弱, 材料 Mises 等效应力也发生明显减小, 如图 4.75(b)所示。如图 4.75(c)和(d)所示, 150～250ns 应力波平均压力和材料所

受 Mises 等效应力的增大,造成了此处材料的塑性变形,且此塑性变形为数值为正的横向塑性应变。此外,材料的第二个 Mises 等效应力峰强度和持续时间的增大,导致 350~450ns 塑性变形程度的加剧,而此时应力波平均压力较小,说明该塑性变形主要是剪切波作用造成的。

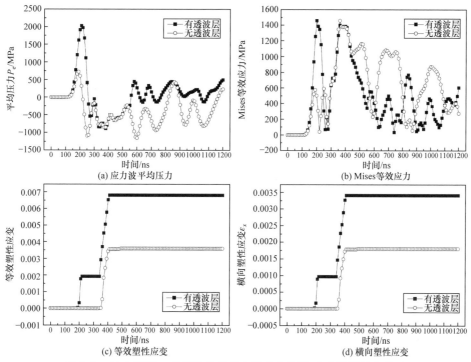

图 4.75　冲击背面 C 处材料的动态力学响应曲线(应力波透射条件下)

4) 透波层表面处

图 4.76 是透波层表面处材料的动态力学响应曲线,图 4.76(a)和(b)中透波层表面材料在 200~300ns 时平均压力峰值达 2014.5MPa,并且形成了峰值为 1398.6MPa 的 Mises 等效应力,这将造成透波层表面材料的塑性变形。此后,由于透波层不考虑背面应力波反射,后续应力波平均压力和 Mises 等效应力都较小,但在 600~800ns 有一个明显应力峰,这是由透波层表面的表面波造成的。如图 4.76(c)和(d)所示,透波层表面材料发生了一定程度的塑性变形(200~300ns),且横向塑性应变为正,相应残余应力为压应力。与叶片表面处材料不同的是,透波层表面处材料只发生了一次塑性变形。这是因为一方面透波层内无应力波反射;另一方面透波层表面波强度不足以造成塑性变形,也就无法形成"残余应力洞"。

4.5.2　不同透波材料的影响规律

应力波在两种不同材料之间发生反射、透射的程度与材料属性密切相关,其

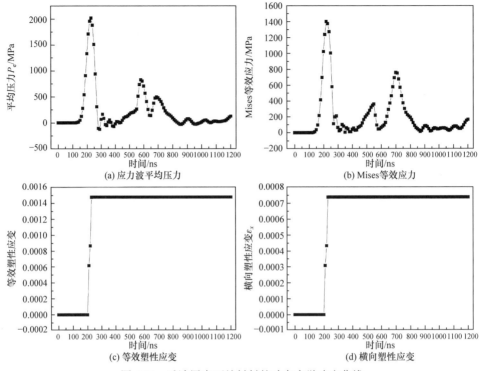

图 4.76　透波层表面处材料的动态力学响应曲线

反射系数和透射系数由两种材料的声阻抗所决定。因此，采用透波层对薄叶片进行激光单面冲击时，透波层的材料将直接影响透波效果，相应激光冲击残余应力应变场分布发生变化。本节采用了三种不同类型材料(TC17 钛合金、Al2024-T351 铝合金和 IN718 镍基高温合金，具体材料参数见表 4.1)作为透波层，对比分析透波层材料对残余应力应变场的影响规律。

　　根据三种不同透波材料的材料参数，可以计算出相应的声阻抗：

$$Z = \rho \cdot C_0 = \rho \cdot \sqrt{E / \rho} = \sqrt{\rho E} \tag{4.14}$$

式中，Z 为材料的声阻抗；C_0 为材料内的声波波速；ρ、E 分别为材料的密度和弹性模量。

　　根据公式(4.14)计算可得 TC17 钛合金、Al2024-T351 铝合金和 IN718 镍基高温合金的声阻抗分别为 $2.30 \times 10^6 \mathrm{g/(cm^2 \cdot s)}$、$1.40 \times 10^6 \mathrm{g/(cm^2 \cdot s)}$ 和 $4.10 \times 10^6 \mathrm{g/(cm^2 \cdot s)}$。联合公式(4.9)和公式(4.12)可知，当采用 TC17 钛合金材料作为透波层时，理论上是阻抗匹配状态($n=1$)，其反射系数 F 为 0，透射系数 T 为 1，具体研究见 4.5.1 小节。当采用 Al2024-T351 铝合金作为透波层材料时，与 TC17 钛合金叶片的阻抗比为 1.64，此时反射系数 F 为-0.24，透射系数 T 为 0.76，反射波是拉伸波，透射波是压缩波，但强度有所降低。当采用 IN718 镍基高温合金作为透波层材料时，与 TC17 钛合金叶片的阻抗比为 0.56,此时反射系数 F 为 0.28,透射系数 T 为 1.28,反射波是压缩波,透射波是压缩波,并且强度有所提升。

图 4.77 为不同透波材料下激光冲击残余应力应变场分布曲线。由图 4.77(a) 发现表面径向上 0.5mm 内的等效塑性应变分布存在明显不同,其中 TC17 钛合金作为透波层时最小,IN718 镍基高温合金次之,Al2024-T351 铝合金最大,这是反射应力波传播至冲击表面造成"再次塑性变形"导致的。由于 TC17 钛合金作为透波层时应力波反射系数最小,即反射应力波压力最低,相应"再次塑性变形"程度也最低。当采用 Al2024-T351 铝合金和 IN718 镍基高温合金作为透波层时,虽反射系数大小差不多,但是 Al2024-T351 铝合金的反射应力波为拉伸应力波,与表面波耦合导致光斑中心材料更大程度地轴向上升运动和横向回缩变形。在深度上叶片内部材料的塑性应变分布趋势与表面相似,采用 Al2024-T351 铝合金时反射拉伸波造成了内部材料更大程度的"再次塑性变形",如图 4.77(b) 所示。

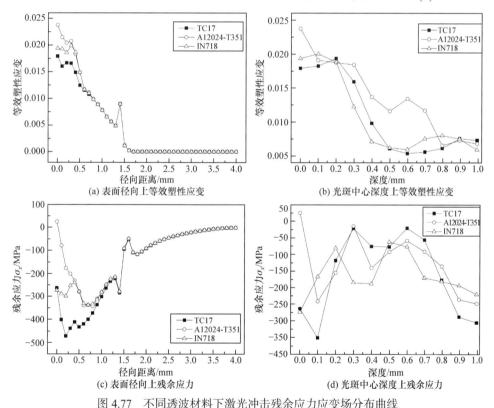

图 4.77　不同透波材料下激光冲击残余应力应变场分布曲线

采用不同透波材料使冲击表面处材料发生了不同程度的"再次塑性变形",最终表面径向上残余应力分布也不相同,如图 4.77(c)。残余压应力分布最好的是采用 TC17 钛合金,IN718 镍基高温合金次之,最差的是 Al2024-T351 铝合金。

这是因为采用 Al2024-T351 铝合金时，光斑中心处材料发生了最高程度的"再次塑性变形"，其剧烈的横向回缩变形导致更加严重的"残余应力洞"。由图 4.77(d) 发现整个截面上基本处于残余压应力状态，只有采用 Al2024-T351 铝合金时形成了残余拉应力，但数值较小且范围也很小。

综上所述，三种透波材料的声阻抗不同，应力波反射程度和透射效果不同，但相比无透波层条件，都在不同程度上改善了残余应力应变场分布。无透波层时反射系数为 1，此时钛合金薄叶片与空气交界的空气的声阻抗仅为 $6.62\text{g}/(\text{cm}^2 \cdot \text{s})$，与钛合金等金属相差 6 个数量级，只要透波材料的声阻抗与钛合金叶片的声阻抗在一个数量级上，即可以起到十分明显的透波作用，从而获得较为理想的残余应力应变场分布。

4.5.3　应力波透波装置设计与应用

在实际薄叶片激光冲击强化过程中，如何选择透波材料和透波方式十分关键，本小节针对不同构件和冲击处理需求，设计两种透波方式。

第一种透波方式：采用同种材料的"硬"透射结构。该种情况主要针对一般简单构件、模拟叶片或者型面较为简单的薄叶片，其透波方式是在待处理构件背面加一块同种材料、同样型面的垫块(机械加工即可)，当构件/叶片与垫块完全贴合后，再利用夹具将其压紧(图 4.78)，从而保证两个接触面的紧密贴合，应力波顺利从接触面透射出去。该方式可采用叶片同种材料，达到声阻抗完全匹配，且透波结构简单易制作，但只能用于一种构件或叶片，且对于型面复杂叶片，其加工难度很大。此外，薄叶片在大面积冲击后会发生一定程度的宏观变形，叶片形状尺寸发生变化后，导致透波结构无法与叶片完全贴合。

图 4.78　第一种透波方式

第二种透波方式：采用配制材料的"软"透波层。首先，通过不同粉末材料与溶剂的混合，配制出与叶片声阻抗相近的柔性透波材料；其次，利用 3D 打印技术制造出与叶片型面相同的模具，将柔性透波材料装入模具中；最后，将叶片放入模具中压实后再进行激光冲击。为保证柔性材料与叶片紧密贴合，建议采用小型机器手臂给模具施加预压力，如图 4.79 所示。配制透波材料所采用的粉末材料和溶剂主要有铜粉($2.6\text{g}/\text{cm}^3$)、钛粉($4.5\text{g}/\text{cm}^3$)、镍粉($8.8\text{g}/\text{cm}^3$)、银粉($10.5\text{g}/\text{cm}^3$)、聚酰胺树脂(0.88g/cm³)、环氧树脂(0.98g/cm³)和丙酮(0.785g/cm³)等。为使透波材料与钛合金密度基本一致，根据公式(4.15)优化确定配制方案为铜粉∶钛粉∶镍粉∶银粉∶聚酰胺树脂∶环氧树脂∶丙酮=10∶8∶10∶2∶3∶5∶2(体积比)。

$$\rho_{透波} = \frac{\sum \rho_i V_i}{\sum V_i} = \rho_{钛合金} \tag{4.15}$$

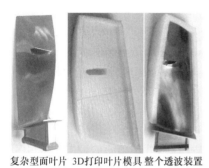

复杂型面叶片 3D打印叶片模具 整个透波装置

图 4.79　第二种透波方式

图 4.80 是两种透波方式下薄叶片表面残余应力分布曲线，激光冲击强化工艺参数为 1064nm/6J/20ns/3mm，搭接率为 50%，测试点为试件表面一排等间距点($d = 2$mm)。测试结果表明，无透波层时表面存在几十兆帕的残余拉应力，且应力分布不均匀；在施加透波层后，表面都能形成数值较高的残余压应力，透波方式一下表面残余压应力为 400MPa 左右，而透波方式二下仅为 310MPa 左右，而且透波方式一下的应力分布更为均匀。透波方式二的透波效果比透波方式一较差，主要是因为透波材料密度虽与钛合金基本一致，但弹性模量仍存在差异，声阻抗并没有达到完全匹配[17-18]。

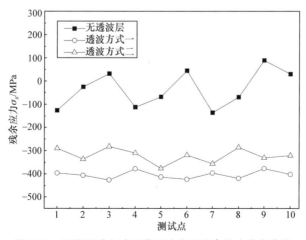

图 4.80　两种透波方式下薄叶片表面残余应力分布曲线

4.6 激光诱导冲击波在树脂基复合材料内的传播规律

激光冲击波结合力检测技术主要用于对纤维增强树脂基复合材料层合板胶接界面的结合强度进行检测，此时，由于树脂基复合材料与金属材料的物理属性和材料特性存在很大差异，激光冲击波的传播规律也会发生很大变化。碳纤维复合材料层合板由数层预浸料布和树脂制成，各层主要组分及纤维铺层角度均不相同。冲击波在层状介质中传播，由于声阻抗不匹配，会发生波的透射和反射，冲击波在复合材料内部传播过程十分复杂，本节将通过数值模拟对树脂基复合材料内的冲击波传播规律和材料动态响应规律进行分析。

4.6.1 树脂基复合材料激光冲击的仿真建模

典型碳纤维复合材料层合板属于正交各向异性材料[18]，且复合材料层合板的铺层厚度远小于平面尺寸，取纤维方向为 1 方向，面内垂直纤维方向为 2 方向，面外方向为 3 方向，材料的应力-应变关系有

$$
\begin{bmatrix} \sigma_{11} \\ \sigma_{22} \\ \sigma_{33} \\ \tau_{12} \\ \tau_{13} \\ \tau_{31} \end{bmatrix} = \begin{bmatrix} C_{11} & C_{12} & C_{13} & 0 & 0 & 0 \\ C_{21} & C_{22} & C_{23} & 0 & 0 & 0 \\ C_{31} & C_{32} & C_{33} & 0 & 0 & 0 \\ 0 & 0 & 0 & C_{44} & 0 & 0 \\ 0 & 0 & 0 & 0 & C_{55} & 0 \\ 0 & 0 & 0 & 0 & 0 & C_{66} \end{bmatrix} \begin{bmatrix} \varepsilon_{11} \\ \varepsilon_{22} \\ \varepsilon_{33} \\ \gamma_{12} \\ \gamma_{13} \\ \gamma_{31} \end{bmatrix} \tag{4.16}
$$

材料柔矩阵 S 同样与刚度矩阵 C 具有对称性，与刚度矩阵互逆，与工程常数具有以下关系：

$$
S = \begin{bmatrix} \dfrac{1}{E_1} & -\dfrac{v_{21}}{E_2} & -\dfrac{v_{31}}{E_3} & 0 & 0 & 0 \\ -\dfrac{v_{12}}{E_1} & \dfrac{1}{E_2} & -\dfrac{v_{23}}{E_3} & 0 & 0 & 0 \\ -\dfrac{v_{13}}{E_1} & -\dfrac{v_{23}}{E_2} & \dfrac{1}{E_3} & 0 & 0 & 0 \\ 0 & 0 & 0 & \dfrac{1}{G_{12}} & 0 & 0 \\ 0 & 0 & 0 & 0 & \dfrac{1}{G_{23}} & 0 \\ 0 & 0 & 0 & 0 & 0 & \dfrac{1}{G_{13}} \end{bmatrix} \tag{4.17}
$$

由对称性，弹性常数与泊松比有

$$\frac{v_{ij}}{E_i} = \frac{v_{ji}}{E_j} \tag{4.18}$$

联合公式(4.18)，可得刚度矩阵与工程常数的关系：

$$\begin{cases} C_{11} = \dfrac{1-v_{23}v_{32}}{E_2E_3\varDelta}, & C_{12} = C_{21} = \dfrac{v_{21}+v_{31}v_{23}}{E_2E_3\varDelta} = \dfrac{v_{21}+v_{32}v_{13}}{E_2E_3\varDelta} \\[3mm] C_{22} = \dfrac{1-v_{31}v_{13}}{E_2E_3\varDelta}, & C_{23} = C_{32} = \dfrac{v_{32}+v_{12}v_{31}}{E_1E_3\varDelta} = \dfrac{v_{23}+v_{21}v_{13}}{E_1E_2\varDelta} \\[3mm] C_{33} = \dfrac{1-v_{12}v_{21}}{E_1E_2\varDelta}, & C_{13} = C_{31} = \dfrac{v_{13}+v_{12}v_{23}}{E_1E_2\varDelta} = \dfrac{v_{31}+v_{21}v_{32}}{E_2E_3\varDelta} \end{cases} \tag{4.19}$$

式中，

$$\varDelta = \frac{1-v_{12}v_{21}-v_{23}v_{32}-v_{13}v_{31}-2v_{13}v_{21}v_{32}}{E_1E_2E_3} \tag{4.20}$$

为防止树脂基复合材料层合板的分层损伤，在每层碳纤维铺层间引入 Cohesive 界面单元。Cohesive 界面单元形式如图 4.81 所示，不同于 8 节点实体六面体单元，Cohesive 界面单元中间额外添加 4 个节点，其采用厚度方向运动来描述界面单元的张开/闭合行为，沿表面方向的运动来描述界面单元横向剪切行为。

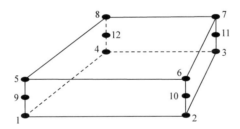

图 4.81　Cohesive 界面单元

Cohesive 界面单元本构方程为

$$\begin{bmatrix} \sigma_n \\ \sigma_s \\ \sigma_t \end{bmatrix} = \begin{bmatrix} K_{nn} & 0 & 0 \\ 0 & K_{ss} & 0 \\ 0 & 0 & K_{tt} \end{bmatrix} \begin{bmatrix} \delta_n \\ \delta_s \\ \delta_t \end{bmatrix} \tag{4.21}$$

Cohesive 界面单元本构模型为双线性本构模型，如图 4.82 所示。当 $\delta = \delta_0$ 时，界面单元开始发生损伤；当 $\delta_0 < \delta < \delta_n^t$ 时，为材料损伤扩展阶段，此时界面物质层的刚度逐渐折减；当 $\delta = \delta_n^t$ 时，表示材料已经完全失效，界面刚度逐渐衰减至零，所释放能量恰好等于界面断裂韧度 G^c。

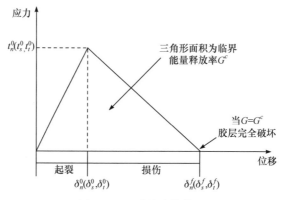

图 4.82 双线性本构模型

内聚力单元的损伤分为两个阶段：损伤起始阶段和损伤扩展阶段。本节采用 MAXS 准则[19]作为损伤起始判据，其表达式如公式(4.22)：

$$f = \max\left\{\frac{t_n}{t_n^0}, \frac{t_s}{t_s^0}, \frac{t_t}{t_t^0}\right\} \tag{4.22}$$

式中，t_n、t_s、t_t 分别为三个方向的界面强度；t_n^0、t_s^0、t_t^0 分别为三个方向的临界界面强度。当 $f > 1$ 时，判定单元开始发生损伤。界面进入损伤状态后，使用基于能量法的 B-K 准则来模拟损伤演化过程：

$$G_n^c + \left(G_s^c - G_n^c\right)\left(\frac{G_{\text{shear}}}{G_T}\right)^\eta = G^c \tag{4.23}$$

式中，G_T 为能量总释放率；G^c 为复合断裂韧度；G_n^c、G_s^c 分别为界面产生 I 型、II 型裂纹时阈值的能量释放率；η 为材料常数；有 $G_{\text{shear}} = G_s + G_t$ 和 $G_T = G_n + G_{\text{shear}}$。

树脂基复合材料层合板激光冲击的有限元模型如图 4.83 所示，模型尺寸为 20mm × 20mm × 1.5mm，四周截面施加固定约束条件，铺层厚度为 0.125mm，铺

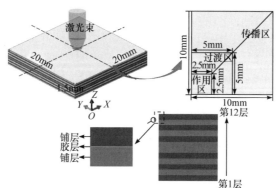

图 4.83 树脂基复合材料层合板激光冲击的有限元模型(后附彩图)

层顺序为[0/90]3s，纤维铺层使用 C3D8R 单元，界面使用 CIN3D8 单元。采用放射状网格划分方法，应力波过渡区和应力波传播区种子采用线性偏移的方式进行布置，网格均为四边形网格单元，并使用结构化网格划分方法，为准确反映冲击波在复合材料中的传播过程，用多层网格代表一层铺层。为讨论方便，以冲击背面为计数起点对铺层由 1～12 进行编号。纤维铺层材料参数和界面单元材料参数分别见表 4.2 和表 4.3。

表 4.2　纤维铺层材料参数[20]

参量	E_1/GPa	E_2/GPa	E_3/GPa	γ_{12}	γ_{13}	γ_{23}	G_{12}/GPa	G_{13}/GPa	G_{23}/GPa	ρ/(kg/m³)
数值	181	10.3	10.3	0.28	0.3	0.28	7.17	7.17	3.78	1600

表 4.3　界面单元材料参数[21]

力学性能参数	Ⅰ 型	Ⅱ 型	Ⅲ 型
弹性模量/(GPa/mm)	1000	1000	1000
层间强度/MPa	80	80	80
层间断裂韧性/(kJ/m²)	0.306	0.632	0.632

树脂基复合材料层合板冲击损伤过程中，随着分层或者面内损伤的扩展，部分单元会逐渐被删除，局部单元删除后，相邻单元的内部单元面便会裸露出来，而这些内部单元面默认不会被考虑在接触范围之内。当分层产生以后，层间 Cohesive 界面单元被删除，Cohesive 界面单元两侧的铺层单元面裸露出来，两侧单元会互相穿透，载荷无法传递[22]。复合材料层合板模型各界面间添加法向和切向通用接触对。

高功率脉冲激光瞬时辐照靶材表面，直接使吸收保护层气化电离，产生高压等离子体，对靶材产生力学效应，即激光诱导的冲击波成为能量载体。通过 ABAQUS 子程序接口，使用 Fortran 编写载荷加载子程序 VDLOAD 完成对冲击波压力载荷的幅值、作用区域及时间和空间分布特性的设定。

4.6.2　树脂基复合材料内冲击波的传播规律

图 4.84 为复合材料层合板内应力波传播历程云图及曲线，即在脉宽为 20ns，5mm 直径平顶激光诱导冲击波压力作用下，复合材料层合板内部不同时刻应力云图和冲击中心轴线上的应力曲线，冲击波压力在上表面加载，应力曲线 1～12 为下表面至上表面纤维铺层编号。100ns 激光冲击波压力加载完成，材料内部最大压应力达到 1331MPa，并向背面传播。冲击波传播过程中，材料内应力呈拉-压应力交替分布，同时压应力值随着传播的深度逐渐衰减，500ns 时压应力峰值衰

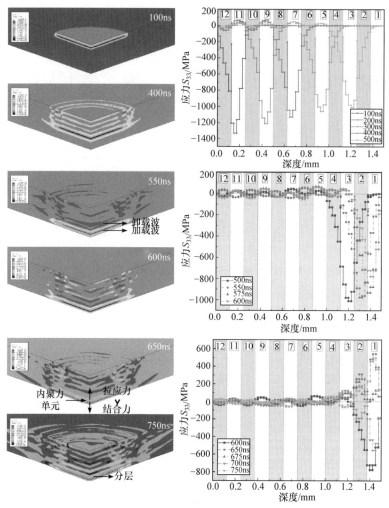

图 4.84 复合材料层合板内应力波传播历程云图及曲线(后附彩图)

减至1009MPa。同时可以看到，应力波在层状介质中传播至界面处时，因为声阻
抗不匹配而发生明显的突变。在550ns时压应力波的波阵面到达材料背面，并开
始逐步发生反射，拉应力波紧随其后，此时压应力峰值为974MPa，而拉应力峰
值仅为39MPa。因应力波由高阻抗介质(碳纤维复合材料)传至低阻抗介质(空气)，
致使压应力波反射后转变为拉应力波，并与随后应力波耦合。反射过程使材料1~
2层铺层由550ns主要承受压应力转变为650ns逐步承受拉应力，同时随着反射
过程的进行，压应力减小，拉应力增大。加载波反射后形成的拉应力波与后期的
卸载波相遇并发生耦合，形成500MPa左右的高水平拉应力区(650ns)；随着压拉
应力波耦合过程的结束，拉应力峰值由541MPa衰减至227MPa(675ns)；650~

675ns，1～3 层的界面单元因受到拉
应力作用产生牵引位移；700ns 时，
界面单元发生损坏，在 1～2 层发生
层裂并逐步扩展，界面层裂区域不再
承受应力作用。分析表明，激光冲击
波作用下，高水平拉应力的形成是以
加载波反射转变为拉应力波为主导，
并与卸载波耦合的过程。

　　图 4.85 为冲击轴线方向应力时
空云图，整个应力波传播呈拉-压应
力波交替分布状态。由于纤维铺层与
胶层的声阻抗不匹配，应力波在界面
处呈现出"断层"状[23]。0～700ns
期间应力波衰减较小，交替传播现象
较为明显。随着应力波的衰减，不足
以使界面单元发生较大位移，且在多
重界面作用下主体应力波被离散，拉-
压应力波的交替分布不再明显。当层

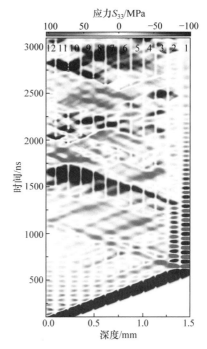

图 4.85　冲击轴线方向应力时空云图(后附彩图)

合板背面 1～2 层纤维铺层发生分层后，背面第 1 层铺层与层合板主体之间产生更
为明显的界面，在背面第 1 层铺层内的应力波无法有效传播至层合板主体部分，
主要在第 1 层铺层内传播[24]。

参 考 文 献

[1] KOLSKY H. Stress waves in solids[J]. Journal of Sound and Vibration, 1964, 1(1): 88-110.

[2] ROBERT A G. 固体的冲击波压缩[M]. 贺洪亮, 译. 北京: 科学出版社, 2010.

[3] 李应红, 何卫锋. 激光冲击强化理论与技术[M]. 北京: 科学出版社, 2013.

[4] PEYRE P, FABBRO R. Laser shock processing of aluminum alloys: Application to high cycle fatigue behaviour [J].
Materials Science & Engineering A, 1996, 210: 102-113.

[5] FABBRO R, FOURNIER J, BALLARD P. Physics study of laser-produced plasma in confined geometry[J]. Journal
of Applied Physics, 1990, 68(2): 775-784.

[6] BALLARD P, FOURNIER J, FABBRO R, et al. Residual stresses induced by laser-shocks[J]. Journal de Physique
Ⅳ, 1991, 1: 487-494.

[7] 王学德, 聂祥樊, 臧顺来, 等. 激光冲击强化"残余应力洞"的形成机制[J]. 强激光与粒子束, 2014, 26(11):
119003.

[8] 聂祥樊, 臧顺来, 何卫锋, 等. 激光冲击"残余应力洞"的参数敏感性分析与抑制方法[J]. 高电压技术, 2014,
40(7): 2107-2112.

[9] AMARCHINTA H K, GRANDHI R V, CLAUER A H, et al. Simulation of residual stress induced by a laser peening

process through inverse optimization of material models[J]. Journal of Materials Processing Technology, 2010, 210: 1997-2006.

[10] DING K, YE L. Laser Shock Peening Performance and Process Simulation[M]. New York: Woodhead, 2006.

[11] HU Y X, GONG C M, YAO Z Q, et al. Investigation on the non-homogeneity of residual stress field induced by laser shock peening[J]. Surface & Coatings Technology, 2009, 203: 3503-3508.

[12] 姜银方, 来彦玲, 张磊, 等. 激光冲击材料表面 "残余应力洞" 形成规律与分析[J]. 中国激光, 2010, 37(8): 2073-2079.

[13] 薛彦庆, 周鑫, 李应红, 等. 激光冲击强化 "残余应力洞" 测试验证及抑制方法研究[J]. 激光与光电子学进展, 2012, 49(12): 133-140.

[14] 彭薇薇, 凌祥. 激光冲击残余应力场的有限元分析[J]. 航空材料学报, 2006, 26(6): 30-37.

[15] LI X, HE W F, LUO S H, et al. Simulation and experimental study on residual stress distribution in titanium alloy treated by laser shock peening with flat-top and Gaussian laser beams[J]. Materials, 2019, 12(8): 1343.

[16] MEYERS M A. Dynamic Behavior of Materials[M]. New York: John Wiley & Sons, 1994.

[17] NIE X F, TANG Y Y, ZHAO F F, et al. Formation mechanism and control method of residual stress profile by laser shock peening in thin titanium alloy component[J]. Materials, 2021, 14: 1878.

[18] LUO S H, HE W F, NIE X F, et al. Distribution and optimization of residual stress fields in titanium simulated blade treated by laser shock peening[J]. Applied Mechanics & Materials, 2015, 727-728: 171-176.

[19] 方盈盈. 高应变率下碳纤维复合材料动态力学性能研究[D]. 大连: 大连理工大学, 2018.

[20] 邵金涛. 复合材料胶接结构应力分析与渐进损伤过程的研究[D]. 南京: 南京航空航天大学, 2019.

[21] 张瑞, 施伟辰. 碳纤维复合材料汽车保险杠横梁碰撞的力学性能研究[J]. 汽车实用技术, 2017, 13: 74-76.

[22] 张鹏飞. 铺层顺序对复合材料层合板冲击损伤阻抗性能的影响研究[D]. 南京: 南京航空航天大学, 2012.

[23] 宋东方. 编织复合材料结构破坏吸能的多尺度建模与分析[D]. 天津: 中国民航大学, 2020.

[24] 汤毓源. 碳纤维复合材料层合板激光冲击层裂研究[D]. 西安: 空军工程大学, 2021.

第5章 激光诱导冲击波的双波系耦合规律

激光冲击强化工程应用中，考虑到构件对称性和处理效率问题，往往会对构件进行双面对冲处理，但双面对冲时两个应力波系会在深度上中间相遇并发生强烈的耦合作用，造成特殊的耦合残余应力应变场分布，甚至会导致内部材料的层裂损伤[1-3]。本章将通过数值模拟研究双面对冲时两个激光诱导冲击波系的耦合作用过程，分析耦合残余应力应变场分布特征，揭示激光诱导冲击波的双波系耦合作用机理。此外，针对性地提出错位冲击、延时冲击等双面对冲方式，并分析其应力波传播规律、材料动态力学响应特征及残余应力应变场分布规律，为双面激光冲击强化工艺设计提供理论基础和规律指导。

5.1 应力波耦合的基本原理

无论是强间断波还是弱间断波，或者无论是加载波还是卸载波，也不论是弹性波还是弹塑性波，当两个应力波耦合时都服从相同的基本原则，而这个基本原则是两个应力波的耦合可由两个应力波分别单独传播时的结果叠加而成[4]，如公式(5.1)所示：

$$\begin{cases} v_3 = v_1 + v_2 \\ \sigma_3 = \sigma_1 + \sigma_2 \end{cases} \tag{5.1}$$

当激光双面对冲时，两束激光诱导产生的两个冲击波系相向传播、耦合，因此，下面以两强间断弹性波的相互耦合过程为例，如图 5.1 所示，对两冲击波系相互作用的基本原理进行介绍。如图 5.1(a)所示，当两个应力波还未相遇时，左边应力波以波速 v_2 向右传播，此时处于应力波作用区材料的应力值为 σ_2，且应力波所传播到之处的材料则会由 0 点突越到状态 2 点。与此同时，右边应力波则以波速 v_1 向左传播，其所到之处的材料状态则由 0 点突越到状态 1 点，应力值为 σ_1，如图 5.1(d)所示。当两个应力波刚刚相遇时，应力波前沿已经紧挨相连，但此时应力波还没有发生耦合，如图 5.1(b)所示。如图 5.1(c)所示，当两个应力波发生部分相互作用时，左边应力波和右边应力波相耦合区域的材料分别由状态 1、2 点突越到状态 3 点，此时耦合部分的应力值为 $\sigma_1 + \sigma_2$，并且耦合应力波中两个应力波仍继续沿着各自方向传播，因此，当应力波相互作用完后，材料会回复到状态 0 点。

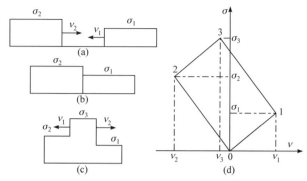

图 5.1　两强间断弹性波的相互耦合过程

5.2　薄壁结构双面对冲的应力波耦合规律

双面对冲工艺是最常用的激光双面对冲方式之一，如图 5.2 所示，即两路同轴脉冲激光以相同的激光冲击参数同时辐照在材料两个表面。当对薄壁结构进行激光双面对冲处理时，两个表面的冲击波会同时向内传播，并在深度中间处发生强烈的耦合作用，导致剧烈的塑性变形，影响残余应力应变场分布。本节将通过数值模拟研究钛合金薄叶片激光双面对冲过程，分析两个冲击波系的传播、耦合规律以及材料的动态力学响应特征，获得残余应力应变场的分布特征，并揭示钛合金薄叶片激光双面对冲的冲击波耦合作用机理。为了研究的系统性和对比性，采用第 4 章的叶身区域和进、排气边区域有限元模型(图 4.47)。

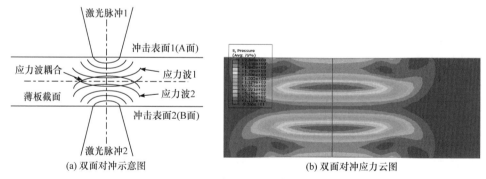

(a) 双面对冲示意图　　　　　　　(b) 双面对冲应力云图

图 5.2　激光双面对冲工艺

5.2.1　双面对冲的应力波传播规律及材料动态响应

与第 4 章薄叶片单面冲击的研究相同，为了表征两个应力波系在深度方向上的传播、衰减及耦合作用等过程，将应力波平均压力作为参考来分析耦合作用过程。

1. 薄叶片叶身区域

图 5.3 为第一次应力波耦合过程,由图 5.3(a)中发现两个应力波同时从两个表面向叶片内部传播,传播过程中会因为塑性变形而导致应力波平均压力显著下降,其中应力波平均压力峰值由 50ns 时的 4147.6MPa 衰减至 150ns 时的 2349.5MPa,衰减了将近一半。但在 230ns 时两个应力波相遇、耦合,耦合应力波平均压力峰值达到 4226.9MPa,比冲击表面最大峰值压力(50ns)还要大,此时中间深度材料在耦合应力波的作用下必然会发生剧烈的塑性变形。当两个应力波第一次耦合完成后,应力波会分离并沿着原来各自的方向继续传播,如图 5.3(b)所示,但发现两个应力波平均压力峰值由耦合前(150ns)的 2349.5MPa 衰减至耦合后(290ns)的 1185.1MPa。另外,两个应力波背向传播时会在中间深度处形成拉应力的卸载波,其平均压力最高可达-1543.5MPa。

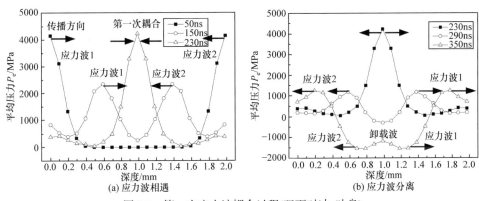

图 5.3　第一次应力波耦合过程(双面对冲-叶身)

两个应力波在分离后会继续传播至两个冲击表面,并发生应力波反射,图 5.4 为第一次应力波反射过程。两个应力波分别在两个冲击表面同时发生应力波反射,且反射过程是一种逐渐演化的过程,首先应力波由平均压力峰值 1265.8MPa 逐渐

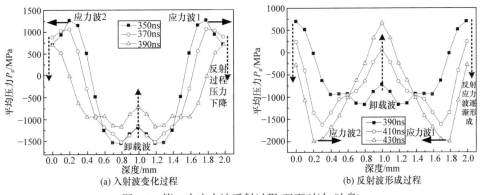

图 5.4　第一次应力波反射过程(双面对冲-叶身)

下降，而后转变为负值，并逐渐升高，形成平均压力峰值达到-1995.7MPa 的拉伸应力波。与此同时，在叶片深度中间处的卸载波也同样发生了转变，由反射前平均压力峰值为-1543.5MPa 的拉伸应力波转变为 664.7MPa 的压缩应力波。另外，与单面冲击时应力波反射规律相似，应力波反射过程中入射波和反射波的平均压力峰值都位于次表面(深 0.2mm 或 1.8mm 处)。

两反射拉伸应力波形成后，会相向地向叶片内部传播，并在中间深度处再次发生耦合，图 5.5 为第二次应力波耦合过程，同样耦合完成后两个应力波会分离，并继续传播。反射拉伸波向内传播过程中同样会发生衰减，其平均压力峰值由430ns 时的-1995.7MPa 衰减至 500ns 时的-952.1MPa。560ns 时两反射拉伸波在中间深度处发生了耦合，但此时耦合拉伸波的平均压力峰值仅为-1175.0MPa。反射拉伸波耦合完成后会发生分离，形成两个背向传播的拉伸波，其平均压力峰值为-803.6MPa。相比应力波第一次耦合，第二次耦合前后的应力波压力的衰减程度较小，由耦合前的-952.1MPa(500ns)衰减为-803.6MPa(620ns)，说明第二次耦合时因为耦合应力波压力较小，并没有造成剧烈塑性变形，所以应力波压力没有发生明显降低。随后，两个拉伸应力波会在冲击表面再次发生反射形成压缩波，反向传播相遇、耦合，如此反复作用，且后续应力波的耦合作用并不会导致塑性变形，所以后续应力波反射、耦合不再分析。图 5.6 为前两次应力波耦合时的压力云图，说明随着传播、衰减、反射等过程的发生，后续应力波耦合强度会越来越低。

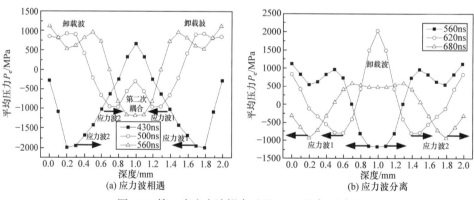

图 5.5　第二次应力波耦合过程(双面对冲-叶身)

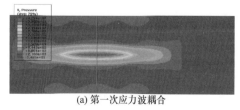

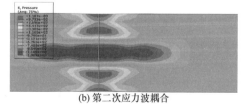

(a) 第一次应力波耦合　　　　　　　　　(b) 第二次应力波耦合

图 5.6　前两次应力波耦合时的压力云图(双面对冲-叶身)(后附彩图)

与激光单面冲击不同的是，激光双面对冲主要在中间深度处发生耦合，导致材料在耦合应力波作用下发生不同于单面冲击时的动态力学响应。因此，下面主要针对叶片表面处(应力波反射)和中间深度处(应力波耦合)关键位置进行动态力学响应分析(图 5.7)。

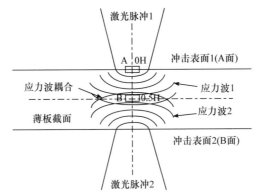

图 5.7　双面对冲时材料动态力学响应分析的关键位置示意图

1) 冲击表面 A 处

图 5.8 是冲击表面 A 处材料的动态力学响应曲线，由图 5.8(a)可知，相比单面冲击，双面对冲不同的是应力波在 400ns 左右的第一次应力波反射造成应力波平均压力较大程度地降低，而在后续应力波反射过程中虽平均压力有所增大但不是很明显。由图 5.8(b)中发现在两个应力波交替反射作用下，冲击表面处材料所受 Mises 等效应力在 350ns 后出现了多个高峰值的应力峰，但是每个应力峰持续时间很短，这将导致材料发生多次小应变量的塑性变形。由图 5.8(c)和(d)发现，正是由于多次反射应力波的交替作用，冲击表面处材料发生了多次塑性变形，但每次塑性变形的等效塑性应变值都较小。反射应力波造成 700～800ns 双面对冲横向塑性应变增大，其他时候则为减小，而横向塑性应变总体上的减小会导致冲击表面处残余压应力的降低。

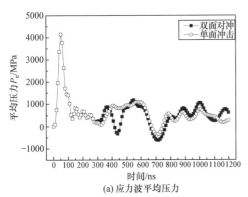

(a) 应力波平均压力

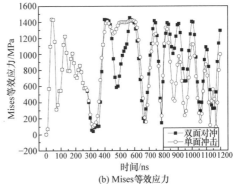

(b) Mises等效应力

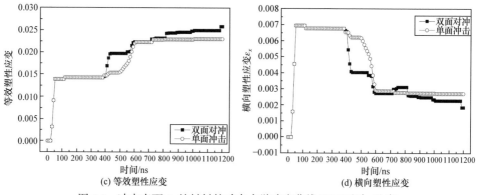

(c) 等效塑性应变　　　　　　　　　　(d) 横向塑性应变

图 5.8　冲击表面 A 处材料的动态力学响应曲线(双面对冲-叶身)

2) 深度中间 B 处

图 5.9 是深度中间 B 处材料的动态力学响应曲线，由图 5.9(a)可知，应力波的耦合作用导致平均压力发生显著增大，尤其是第一次耦合时，相比单面冲击，双面对冲平均压力峰值增大了一倍多。材料所受 Mises 等效应力也因多次应力波耦合作用出现了多个高应力值的应力峰，如图 5.9(b)所示，其中 150~250ns 和 650~800ns 的应力峰不仅数值大，而且持续时间长，这将导致此处材料发生剧烈

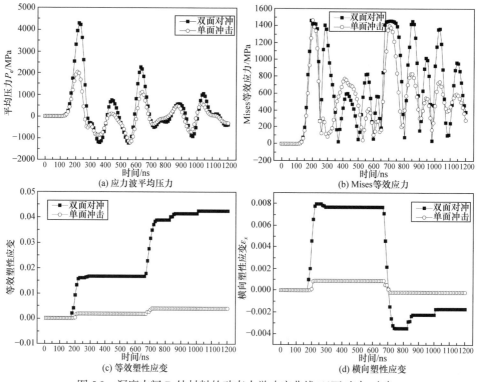

图 5.9　深度中间 B 处材料的动态力学响应曲线(双面对冲-叶身)

塑性变形。由图 5.9(c)可知，材料在 200ns 和 700ns 左右发生了两次剧烈塑性变形，双面对冲的等效塑性应变分别增大为 0.0165 和 0.0386，后续经过几次较小程度的塑性变形后最终达到 0.0424，双面对冲的等效塑性应变量是单面冲击时的 11 倍。在 200ns 和 700ns 左右发生的两次剧烈塑性变形，分别是压缩应力波和反射拉伸应力波的耦合作用导致的。深度中间 B 处材料的横向塑性应变先在 200ns 左右激增至 0.0077，而后在 700ns 左右剧降至-0.0035，最终横向塑性应变为-0.0017，如图 5.9(d)所示，相应地形成残余拉应力。

2. 薄叶片进、排气边区域

图 5.10 为第一次应力波耦合过程，由图 5.10(a)中发现应力波在叶片中间深度处耦合时(140ns)平均压力峰值达到了 5520.5MPa，比冲击表面处的最大应力波平均压力峰值还要大。相比叶身区域，耦合应力波的平均压力更大，这必将导致此处材料发生更为剧烈的塑性变形。图 5.10(b)中耦合应力波分离后会形成两个独立的应力波继续传播，其平均压力峰值为 2213.8MPa，而此时两个应力波压力的代数和远远小于耦合应力波平均压力，这主要是因为此处材料发生剧烈塑性变形而对应力波平均压力造成了明显的衰减作用。

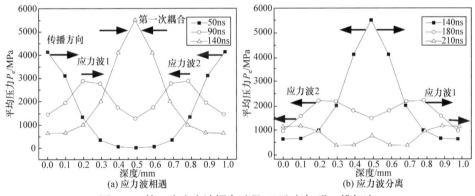

图 5.10　第一次应力波耦合过程(双面对冲-进、排气边)

图 5.11 是第一次应力波反射过程，同叶身区域相似，同时在两个冲击表面发生反射，且反射是一个渐进过程。随着应力波逐渐反射，入射压应力波的压力逐渐下降，而后形成高压力的拉伸应力波，其平均压力峰值由 210ns 时的 1170.9MPa 转变为 250ns 时的-1993.6MPa，且反射应力波的峰值位于次表面处(深 0.2mm 或 0.8mm 处)，然后分别向内部传播。

图 5.12 是第二次应力波耦合过程，反射拉伸波耦合过程中，在 310ns 时形成了平均压力峰值为-4225.9MPa 的耦合应力波，其数值比冲击表面处最大峰值还要大(50ns 时为 4147.6MPa)，并且是叶身区域双面对冲时的约 3.6 倍，这必将导致此处材料再次发生剧烈塑性变形。两个应力波分离后，其平均压力峰值仍有-1996.8MPa(350ns)。

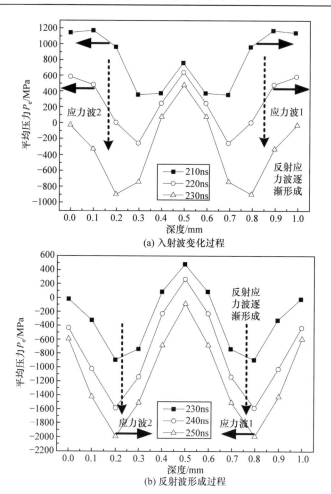

(a) 入射波变化过程

(b) 反射波形成过程

图 5.11 第一次应力波反射过程(双面对冲-进、排气边)

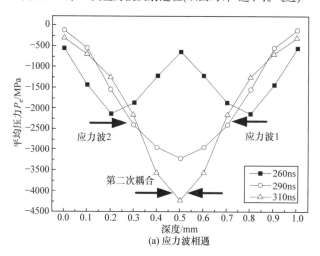

(a) 应力波相遇

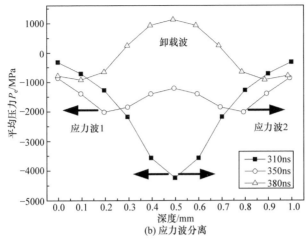

(b) 应力波分离

图 5.12　第二次应力波耦合过程(双面对冲-进、排气边)

随着应力波传播至冲击表面,应力波将再次发生反射,接着向内传播继续耦合,反复地反射和耦合。由于进、排气边区域很薄,应力波压力衰减速率很慢,应力波反复反射与耦合过程中会造成材料反复高程度塑性变形。图 5.13 是前两次应力波耦合时的压力云图,从中看出两次耦合应力波压力都很高,相比叶身区域双面对冲时耦合强度要大得多。

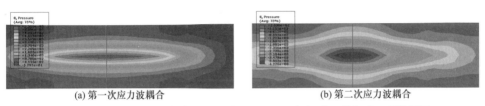

(a) 第一次应力波耦合　　　　　　　　　　(b) 第二次应力波耦合

图 5.13　前两次应力波耦合时的压力云图(双面对冲-进、排气边)(后附彩图)

同叶身区域一样,下面将通过对冲击表面处和中间深度处材料进行动态力学响应分析,并与激光单面冲击条件下结果对比,分析双面对冲工艺对材料响应特征的影响。

1) 冲击表面 A 处

图 5.14 是冲击表面 A 处材料的动态力学响应曲线,由图 5.14(a)可知,相比单面冲击,双面对冲时冲击表面处的应力波平均压力整体上降低,其中 200~400ns 时,因为应力波第一次反射而形成较大拉应力。材料所受 Mises 等效应力也发生了明显降低,如图 5.14(b)所示,尤其 400~600ns 时,应力峰的幅值和宽度都发生了很大程度减小,而且后续反射应力波没有造成太大影响。如图 5.14(c)和(d)所示,由于冲击表面处所受应力得到明显减小,材料的塑性变形程度显著降低,单面冲击时冲击表面处材料的等效塑性应变为 0.0328,而双面对冲时仅有

0.0153，此时对应的横向塑性应变由−0.0025转变为0.0060。相比单面冲击，采用双面对冲方式可使进、排气边区域冲击表面处材料"再次塑性变形"程度降低，有利于形成最终的残余压应力，这是因为应力波耦合造成内部更高程度的塑性变形，降低了冲击表面处的塑性变形。

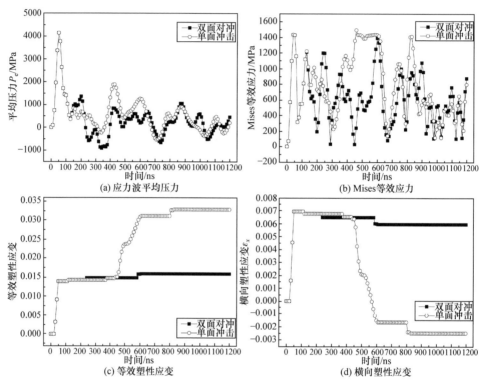

图 5.14　　冲击表面 A 处材料的动态力学响应曲线(双面对冲-进、排气边)

2) 深度中间 B 处

图 5.15 是深度中间 B 处材料的动态力学响应曲线，两个应力波的耦合导致深度中间处平均压力急剧升高，相比单面冲击时压力值增大了近 1 倍，尤其是应力波前两次耦合作用过程，如图 5.15(a)所示。由于应力波的反复耦合，Mises 等效应力出现了多个高数值的应力峰，如图 5.15(b)所示，与单面冲击对比，双面对冲峰值明显增大，这将导致材料产生更加剧烈的塑性变形。由图 5.15(c)可知，在耦合应力波作用下材料发生多次塑性变形，且变形程度很大，其对应的等效塑性应变量达到 0.02 左右，比应力波第一波程作用下冲击表面处材料的等效塑性应变还大，最终等效塑性应变量达到 0.0793，是单面冲击时的 6.6 倍。如图 5.15(d)所示，耦合应力波是由压缩应力波和拉伸应力波交替耦合而成，导致深度中间处材料发生纵向压缩与拉伸的交替塑性变形过程，即每次塑性变形对应的横向塑性应变增

量是正负交替的,其中前 6 次的横向塑性应变增量分别为 0.0116、–0.0082、0.0068、–0.0058、0.0042 和–0.0027。反复压缩、拉伸作用下,且塑性应变量很大,可能会导致材料的层裂。

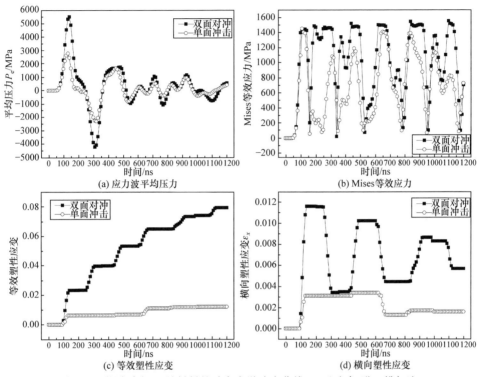

图 5.15　深度中间 B 处材料的动态力学响应曲线(双面对冲-进、排气边)

5.2.2　双面对冲的耦合残余应力应变场分布特征

1. 薄叶片叶身区域

图 5.16 是叶身区域双面对冲后残余应力应变场分布曲线,并与单面冲击条件下结果对比,由图 5.16(a)可知,双面对冲与单面冲击条件下光斑内表面径向上等效塑性应变分布相似,只是径向距离 0.5mm 内存在一定的差异,这是反射应力波作用造成的。在截面上,如图 5.16(b)所示,双面对冲条件下形成了对称的等效塑性分布,其中在应力波耦合处(深度中间 B 处)的塑性变形程度甚至高于冲击表面处,在冲击表面与深度中间仍呈梯度下降趋势,应力波耦合作用使整体塑性变形程度增大。由图 5.16(c)和(d)发现,双面对冲可提高光斑内表面残余压应力的大小,并在截面上形成对称性的梯度残余应力分布,但在深度中间处存在 108.4MPa 的拉应力,这主要是因为第二次耦合拉伸应力波作用下发生了剧烈的纵向拉伸塑性变形(图 5.9),其横向塑性应变为–0.0017,处于横向收缩状态。

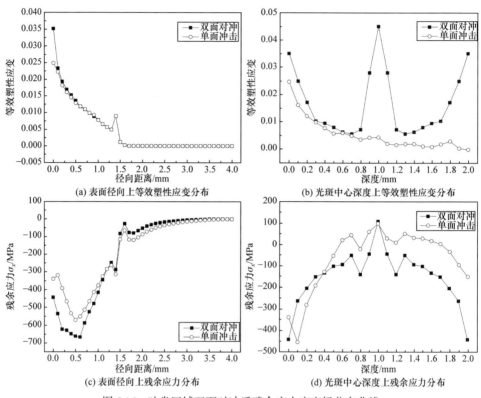

(a) 表面径向上等效塑性应变分布　　　(b) 光斑中心深度上等效塑性应变分布

(c) 表面径向上残余应力分布　　　(d) 光斑中心深度上残余应力分布

图 5.16　叶身区域双面对冲后残余应力应变场分布曲线

图 5.17 是叶身区域在不同激光功率密度下双面对冲的残余应力应变场分布曲线，其中激光功率密度分别为 2.83GW/cm²、4.24GW/cm² 和 5.66GW/cm²(表 3.5)，对应的冲击波峰值压力分别是 4.09GPa、5.02GPa 和 5.81GPa。由图 5.17(a)和(b)发现，随着激光功率密度的增大，表面和深度上的等效塑性应变也随之整体增大，其中光斑中心处塑性应变增幅最大,而应力波耦合的中间深度处增幅并不是最大，这是因为光斑中心处材料会受到反射应力波和表面波的双重作用。由图 5.17(c)和(d)可知，增大激光功率密度可以有效提高表面和截面上的残余压应力值，且整体上增幅显著。特别的是，应力波耦合的深度中间处也变为残余压应力状态，从而形成了贯穿整个截面的残余压应力分布。这主要因为耦合压缩应力波的作用大于耦合拉伸应力波的作用，最终形成了正值的横向塑性应变。

2. 薄叶片进、排气边区域

图 5.18 是进、排气边区域双面对冲后残余应力应变场分布曲线,由图 5.18(a)和(b)可知，双面对冲时表面径向距离 1.0mm 内塑性变形量都明显降低，其中表面径向上由单面冲击时的 0.0345 降低至双面对冲时的 0.0177，同时应力波耦合

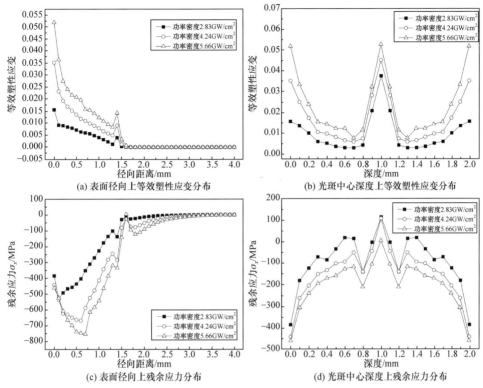

图 5.17　叶身区域在不同激光功率密度下双面对冲的残余应力应变场分布曲线

作用使中间深度处的塑性变形量由单面冲击时的 0.0168 激增至双面对冲时的 0.0866，说明双面对冲会因应力波耦合造成中间深度处的剧烈塑性变形，正是由于中间深度处材料的塑性变形，应力波压力快速衰减，从而大大降低了反射应力波在冲击表面处的塑性变形程度。由图 5.18(c)和(d)可知，相比单面冲击，双面对冲可在光斑表面形成残余压应力，且整个深度上形成 150~350MPa 的残余压应力。

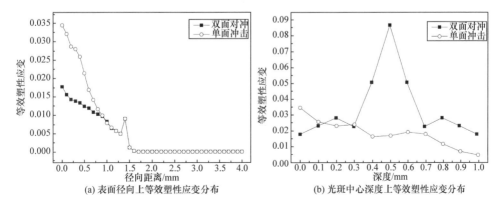

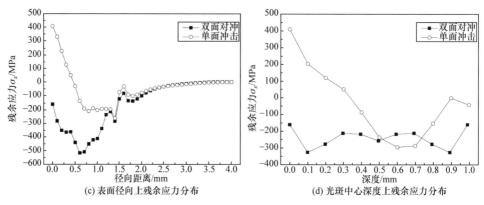

(c) 表面径向上残余应力分布　　　　(d) 光斑中心深度上残余应力分布

图 5.18　进、排气边区域双面对冲后残余应力应变场分布曲线

综上所述，双面对冲不仅在薄叶片进、排气边区域表面光斑内形成残余压应力，而且可以在整个截面上形成残余压应力。但是，双面对冲过程中，中间深度处材料在压、拉应力波的反复作用下发生剧烈压-拉塑性变形，可能导致内部层裂损伤。因此，在对进、排气边区域进行激光冲击强化时，不能采用双面对冲工艺，建议采用带透波层结构的单面冲击工艺。另外，建议采用微激光冲击强化工艺[5]，因为采用小光斑(微米级)、低能量(微/毫焦级)激光，其塑性影响深度很小、耦合强度低，可在薄叶片上形成较浅的残余压应力层。

5.2.3　薄叶片模拟件的双面对冲工艺与性能验证

考虑薄叶片叶身区域双面对冲时，应力波耦合处材料的塑性变形程度不高，无法导致内部层裂，可利用双面对冲工艺对叶身区域进行处理。为验证双面对冲工艺在薄叶片叶身区域的可行性，根据发动机叶片设计了 2mm 厚的 TC17 钛合金模拟叶片(图 5.19)，再对其最大工作应力处进行双面对冲处理，并通过一阶振动

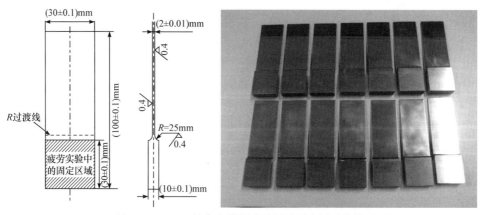

图 5.19　TC17 钛合金模拟叶片尺寸示意图及实物

高周疲劳实验进行效果验证。

图 5.20 是模拟叶片一阶振动模态的振型和应力云图,一阶振动模态下模拟叶片振幅从叶根到叶尖逐渐增大,工作应力则从根部到叶尖逐渐减小,其中最大应力位于叶片根部。因此,确定激光冲击强化处理区域为叶片根部往上区域,大小为 30mm × 15mm。

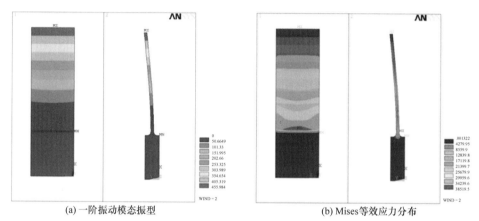

(a) 一阶振动模态振型　　　　　　　　　　(b) Mises等效应力分布

图 5.20　模拟叶片一阶振动模态的振型和应力云图

采用"蛇形"路径对模拟叶片 LSP 处理区域进行双面对冲工艺,激光功率密度为 5.66GW/cm^2,具体激光参数为 1064nm/20ns/8J/3mm,如图 5.21 所示。通过残余应力测试发现在冲击处理区域内形成了平均值为 589.3MPa 的表面残余压应力。

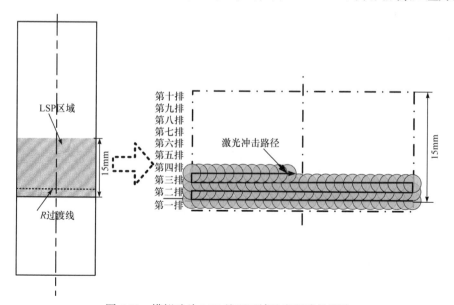

图 5.21　模拟叶片 LSP 处理区域及光斑路径设计

　　考虑服役过程中航空发动机叶片一般是在空气激振等条件下发生共振而导致疲劳,采用一阶振动疲劳实验来考核双面对冲工艺的强化效果。模拟叶片高周疲劳实验在电磁激振 D-300-3 疲劳实验系统上进行,其中采用电阻应变片对叶根的工作应力进行标定,并采用激光位移传感器对叶片叶尖振幅进行监测。疲劳实验按照疲劳升降法进行,图 5.22 为激光双面对冲工艺前后模拟叶片的疲劳升降图。

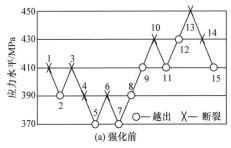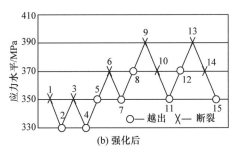

图 5.22　激光双面对冲工艺前后模拟叶片的疲劳升降图

　　使用疲劳升降法中疲劳极限公式(5.2)对实验数据进行处理,上述双面对冲工艺下模拟叶片的疲劳极限不但没有提高,反而降低,由 405.7MPa 降至 360.3MPa,降低了 11.2%。

$$\sigma_r = \sum \sigma_{ri} n_i' / n' \tag{5.2}$$

式中,n_i' 为某应力水平下的疲劳对子数;σ_{ri} 为疲劳对子应力水平;n' 总疲劳对子数;σ_r 为叶片的疲劳极限。

　　通过荧光探伤发现,疲劳裂纹主要位于强化区域的边缘,如图 5.23(a)所示,而且边缘存在凸起、鼓包现象。通过数值模拟发现边缘存在较大的塑性变形,如图 5.23(b)所示,造成材料的横向扩展、鼓包,使两侧边缘产生有害拉应力而导致疲劳裂纹快速萌生。

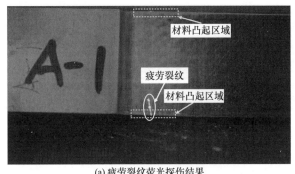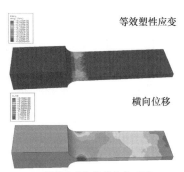

(a) 疲劳裂纹荧光探伤结果　　　　(b) 塑性应变与位移分布云图

图 5.23　荧光探伤和塑性应变与位移分布

　　针对上述模拟叶片双面对冲后疲劳性能下降的原因，对双面对冲工艺进行了优化设计，采用过渡性工艺布置[6](图 5.24)，防止边缘处因高程度塑性变形而发生鼓包，即中间区域(最大工作应力区、1 区)采用较高激光功率密度(1064nm/3J/20ns/2.4mm，3.32GW/cm²)，而边缘区域(2、3、4 区)则采用较低激光功率密度(1064nm/2J/20ns/2.4mm，2.21GW/cm²)。残余应力测试结果表明，随着激光功率密度减小，表面残余压应力也明显降低，1 区平均残余压应力为 466.3MPa，而 2、3、4 区平均残余压应力仅为 210.5MPa。

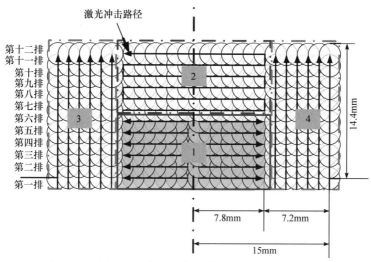

图 5.24　优化后的过渡性工艺布置

　　采用优化后的双面对冲工艺对模拟叶片进行处理，并同样按照疲劳升降法进行一阶振动疲劳实验，图 5.25 为双面对冲优化工艺下的疲劳升降图与疲劳极限。结果表明，模拟叶片在双面对冲优化工艺下的疲劳极限达到 462.9MPa，相比原始状态提高了 14.1%[7]。

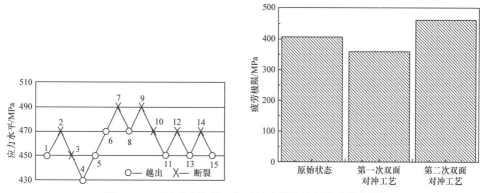

图 5.25　双面对冲优化工艺下的疲劳升降图与疲劳极限

根据双面对冲工艺在 2mm 厚模拟叶片的强化效果可以看出，双面对冲不仅不会在叶片内部发生层裂，而且可以有效提高其疲劳性能。但是，采用双面对冲工艺时，厚度减小、功率密度升高等都有可能导致叶片内部材料发生层裂，所以如何降低或者消除薄叶片内部层裂等有害因素的可能性，确定一种有效可行的工艺方法是关键。根据薄叶片双面对冲过程中应力波耦合作用机理发现，内部层裂可能发生的地方在中间深度处，此处材料在压-拉耦合应力波反复作用下发生了剧烈的压-拉交替塑性变形。因此，针对性提出双面错位冲击和双面延时冲击，将两路激光横向偏移或者制造时间差，从而降低应力波耦合强度。

5.3 薄壁结构双面错位冲击的应力波耦合规律

薄壁结构双面错位冲击工艺方法是将两路激光进行空间偏移，使应力波相遇时存在一定的错位，降低耦合应力波的耦合强度，从而降低应力波耦合处的塑性变形程度。

图 5.26 为双面错位冲击示意图及应力波传播云图，从中发现两个应力波在内部传播时发生了错位，可降低应力波的耦合强度，同时使材料的动态力学响应特征发生变化，并最终导致残余应力应变场的变化。下面将通过数值模拟研究两个应力波系的耦合规律及材料的动态力学响应特征，获得残余应力应变场的分布特征，并对比双面对冲的结果，分析错位冲击对应力波耦合作用的影响。考虑到错位冲击的非对称性，建立了一个二分之一有限元模型，激光参数与双面对冲时一致，下面主要以错位 1.5mm(光斑半径)情况来讨论。

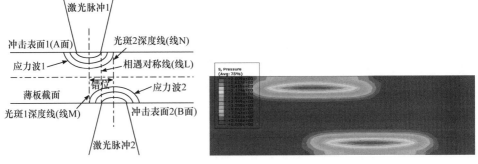

图 5.26　双面错位冲击示意图及应力波传播云图

5.3.1　双面错位冲击的应力波传播规律

图 5.27～图 5.30 是叶身区域双面错位 1.5mm 冲击过程中应力波耦合规律，

其中图 5.27 和图 5.28 是光斑中心深度线上的传播与耦合规律，图 5.29 和图 5.30 是相遇对称线上的传播与耦合规律。

图 5.27 是光斑中心深度线 M 上第一次应力波耦合过程，错位导致 220ns 耦合时应力波平均压力峰值为 2882.9MPa，只有双面对冲条件下的 68%，这将有效降低耦合应力波作用下中间深度处材料的塑性变形程度。图 5.28 是光斑中心深度线 M 上第二次应力波耦合过程，560ns 时耦合应力波的平均压力峰值为 -1384.6MPa，相比双面对冲时还要稍大。这是因为第一次耦合应力波压力减小，材料塑性变形程度随之降低，因此，应力波压力衰减速率减小。

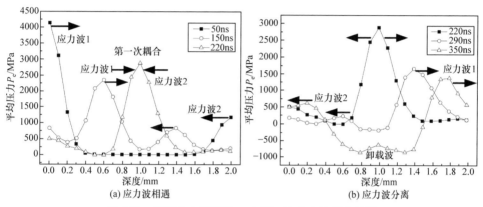

图 5.27 光斑中心深度线 M 上第一次应力波耦合过程

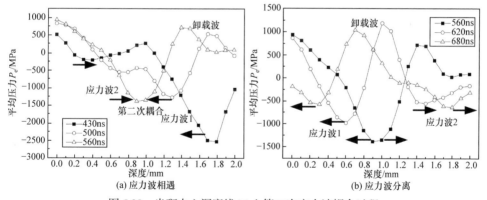

图 5.28 光斑中心深度线 M 上第二次应力波耦合过程

图 5.29 是相遇对称线 L 上第一次应力波耦合过程，中间深度处耦合应力波的平均压力峰值达到 3712.8MPa，虽然比光斑中心深度上的耦合应力波平均压力大，但是相比双面对冲条件下的峰值，仍起到了显著降低作用。在第一次应力波耦合完成后，由于材料塑性变形对应力波平均压力的消耗，分离后应力波平均压力峰值仅为 1082.9MPa。图 5.30 是相遇对称线 L 上第二次应力波耦合过程，此时耦合

应力波的平均压力峰值为-1352.3MPa，比光斑中心深度线上的第二次耦合应力波压力更小。这是因为在相遇对称线上第一次耦合应力波平均压力大，材料发生的塑性变形更为剧烈，导致应力波平均压力衰减程度更高。

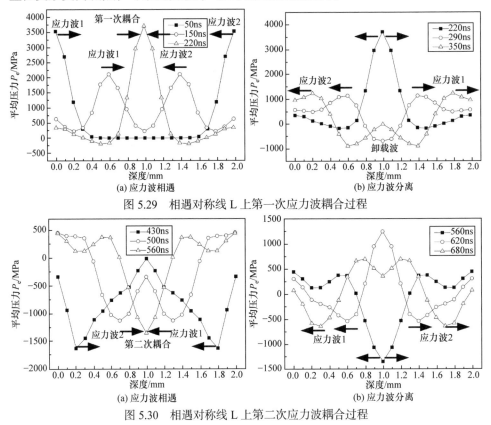

图 5.29　相遇对称线 L 上第一次应力波耦合过程

图 5.30　相遇对称线 L 上第二次应力波耦合过程

5.3.2　双面错位冲击的耦合残余应力应变场分布特征

图 5.31 是双面错位 1.5mm 冲击后的残余应力应变场分布曲线，由图 5.31(a)和(b)可知，错位后光斑中心处的塑性变形程度得到明显降低，这主要是因为应力波错位导致光斑中心处应力波反射强度降低。同时，深度上由于应力波耦合强度的降低，中间深度处的塑性变形程度也随之大幅度降低，由双面对冲时的 0.045减小至 0.026(相遇对称线上)和 0.012(光斑中心深度线上)，整个深度上的塑性变形程度都得到了一定程度上的降低。在图 5.31(c)和(d)中发现，错位冲击下表面径向上残余应力呈非对称性分布，这是因为靠近相遇对称线的光斑内材料会在更大压力的反射应力波作用下发生更加剧烈的塑性变形，从而形成非对称的塑性应变分布，并在靠近相遇对称线区域形成了更大的残余压应力。在深度方向上，无论是光斑中心深度线上，还是相遇对称线上，双面错位冲击都形成了 0.5mm 以上的残

余压应力层。其中相遇对称线上深度中间处也处于压应力状态，形成了贯穿截面的残余压应力，而在光斑中心深度 0.6~0.8mm 处形成了一个应力值较小(最大仅为 60MPa)的残余拉应力区。

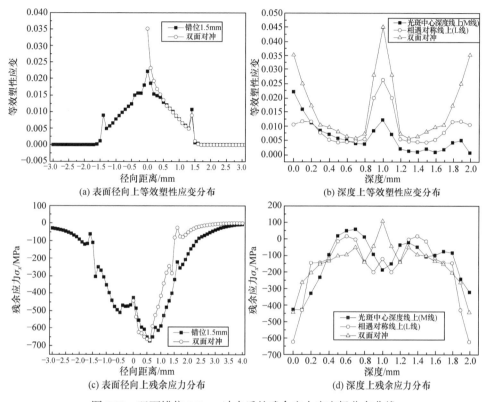

图 5.31　双面错位 1.5mm 冲击后的残余应力应变场分布曲线

5.3.3　双面错位冲击下材料的动态力学响应

下面主要针对双面错位冲击过程中光斑中心处(A 处)和相遇对称线中间深度处(B 处，应力波耦合最为强烈)的动态力学响应开展研究，如图 5.32 所示，并与双面对冲结果对比，分析错位冲击对关键位置处材料动态力学响应的影响规律。

1) 冲击表面 A 处

图 5.33 是冲击表面 A 处材料的动态力学响应曲线。由图 5.33(a)可知，两个应力波的错位有效降低了冲击表面处的应力波平均压力的波动幅度，尤其是在 400~500ns 第一次反射形成拉伸应力波过程。与此同时，材料所受 Mises 等效应力也随之降低，如图 5.33(b)所示，且后续应力峰幅值是上下波动的。相比双面对冲，错位冲击下冲击表面处的应力波平均压力和 Mises 等效应力都得到了明显减

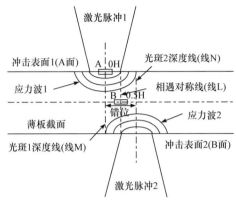

图 5.32　双面错位冲击时材料动态力学响应分析的关键位置示意图

小，其塑性变形程度也随之降低，如图 5.33(c)所示，等效塑性应变显著减小，由双面对冲时的 0.0258 降低至 0.0195。由图 5.33(d)可知，应力波反射使得横向塑性应变减小幅度得到显著缓解，由双面对冲的 0.0187 提高至 0.0437，利于形成更大数值的残余压应力。

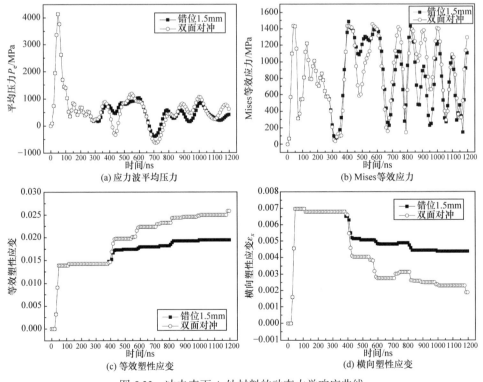

图 5.33　冲击表面 A 处材料的动态力学响应曲线

2) 相遇对称线深度中间 B 处

图 5.34 是相遇对称线深度中间 B 处材料的动态力学响应曲线，与双面对冲时光斑中心深度中间处相对应，都是应力波耦合最为强烈的区域。图 5.34(a)中发现，第一次应力波耦合的平均压力峰值由双面对冲的 4226.9MPa 降低至 3712.8MPa，而且后续耦合应力波平均压力也明显降低，说明错位导致了应力波平均压力整体下降。由于耦合应力波平均压力的降低，材料所受应力也发生急剧减小，如图 5.34(b)所示，尤其是 600ns 后多个应力峰存在明显降低，降低幅度达 50%以上。由图 5.34(c)可知，错位冲击在降低应力波平均压力和材料所受应力的同时，显著降低了相遇对称线深度中间处材料的塑性变形程度，并且减少了其塑性变形次数。图 5.34(d)中发现，错位冲击显著降低了第二次塑性变形过程中的拉伸塑性应变量，减弱了压-拉反复塑性变形，横向塑性应变由双面对冲时的-0.0017 升高至-0.00036，有效抑制层裂可能。

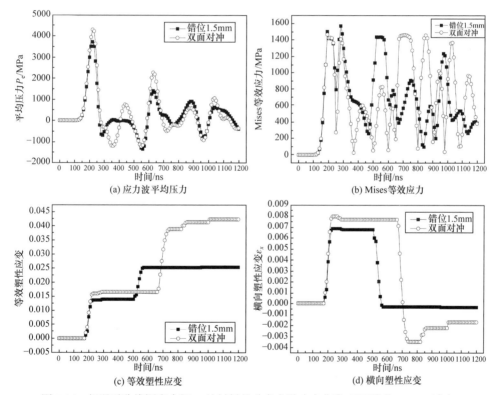

图 5.34 相遇对称线深度中间 B 处材料的动态力学响应曲线(双面错位 1.5mm 冲击)

5.3.4 不同错位条件的影响规律

下面分别对错位 0.5mm、1.5mm 和 3.0mm 冲击进行数值模拟，对比双面对冲的结果，分析不同错位距离对残余应力应变场的影响规律，最终确定较为合适的错位距离。

图 5.35 是叶身区域在不同错位距离下双面冲击后的残余应力应变场分布曲线,由图 5.35(a)可知,不同错位距离都可以显著降低光斑中心处的塑性变形程度,但随着错位距离的增大,光斑径向距离 0.5mm 内的等效塑性应变先降后升,其中错位 1.5mm 时的等效塑性应变最小。在相遇对称线深度上,随着错位距离增大,整个截面上的等效塑性应变都减小,说明错位冲击显著降低内部材料的塑性变形程度,如图 5.35(b)所示。相比双面对冲时,错位 0.5mm 和 1.5mm 时塑性变形最剧烈的中间深度区域处,等效塑性应变量减小了一半左右,而错位 3.0mm 时则仅为十分之一左右,说明错位距离越大,越能避免应力波耦合处的材料层裂。

由图 5.35(c)可知,错位距离越小,冲击表面上形成的残余压应力越大,特别的是错位 3.0mm 时,在光斑中心形成了较为严重的"残余应力洞",这是另一个应力波在冲击背面反射时造成了该表面上表面波强度的提高。在相遇对称线深度上,如图 5.35(d)所示,当错位 3.0mm 时相遇对称线上耦合应力波的压力很低,相应塑性变形很小,残余压应力值也很小(最大仅为 204.3MPa),而错位 0.5mm 和 1.5mm 时表层残余压应力更大(表面最大为 659.2MPa)。

由图 5.35(e)和(f)发现,光斑中心深度线上,深度中间处的等效塑性变形程度随着错位距离增大而显著降低,其中错位 3.0mm 时其等效塑性应变分布与单面冲击时相似。同时,错位 3.0mm 时因为"残余应力洞"的影响导致叶片表层没能形成较大压力幅值及梯度分布的残余压应力层,但错位 0.5mm 和 1.5mm 时,光斑中心深度线 0.5mm 内都可形成梯度分布较好的残余压应力层。

综合考虑,钛合金薄叶片叶身区域进行双面冲击时,应对两路激光进行 0.5~1.5mm(对应为 $R/3$~R,其中 R 为光斑半径)的横向错位,从而显著降低应力波耦合强度,避免层裂风险,同时形成较好的梯度分布残余压应力。

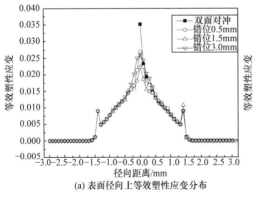

(a) 表面径向上等效塑性应变分布

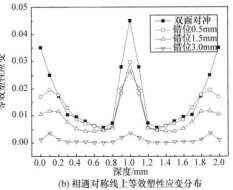

(b) 相遇对称线上等效塑性应变分布

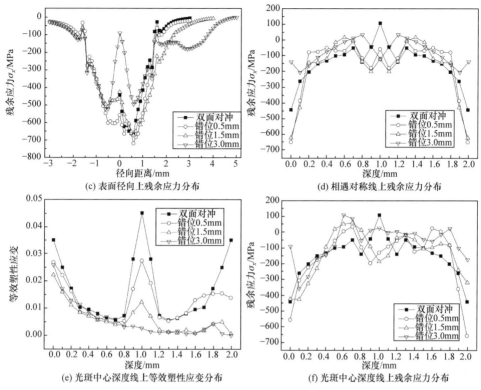

(c) 表面径向上残余应力分布　　　　　(d) 相遇对称线上残余应力分布

(e) 光斑中心深度线上等效塑性应变分布　　(f) 光斑中心深度线上残余应力分布

图 5.35　叶身区域在不同错位距离下双面对冲后的残余应力应变场分布曲线

5.4　薄壁结构双面延时冲击的应力波耦合规律

考虑激光冲击强化设备的光路一般是固定的，调节光束错位难度较大，本节提出另一种解决方案——双面延时冲击，即两束激光对冲时存在一定的时间差。该方法只需在其中一路激光光路上加几个光学镜片拉长光程即可实现,原理简单、易操作、代价低。

图 5.36 是双面延时冲击示意图及应力波传播云图，从中发现延时冲击时，两个应力波耦合偏离深度中间处，且其中一个应力波经更长距离的衰减可以更大程度降低耦合强度，有利于减弱应力波耦合处的塑性变形程度。因此，下面将通过数值模拟研究应力波的耦合规律及材料的动态力学响应特征，获得残余应力应变场的分布特征，并与双面对冲的结果对比，分析延时冲击对应力波耦合作用的影响，其有限元模型及激光参数都与双面对冲时一致。

薄壁结构双面延时冲击时，不同延迟时间会导致不同的应力波耦合过程，可分为两种情况进行讨论：第一种是两个应力波虽存在延时，但仍在第一波程内相

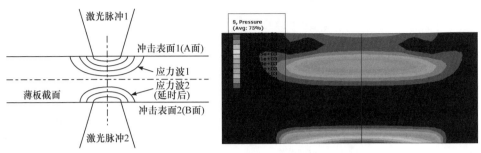

图 5.36　双面延时冲击示意图及应力波传播云图

遇，只是耦合位置偏离中心而已，如图 5.37(a)所示；第二种是两个应力波延时较大，即第一个应力波发生反射后，第二个应力波才开始传播，此时两个应力波会同向传播一段路程后，第二个应力波再次反射后才相遇，两个应力波都已传播较长距离，如图 5.37(b)所示。因此，下面将针对叶身区域采用延时 100ns 和 500ns 两种情况开展研究。

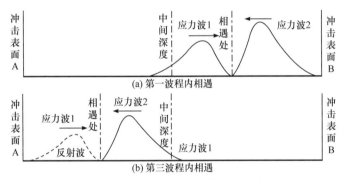

图 5.37　两种双面延时冲击情况的示意图

5.4.1　双面延时冲击的应力波传播规律

图 5.38 是双面延时 100ns 冲击时第一次应力波耦合过程。由图 5.38(a)发现两个应力波在 270ns 时，在偏离中间深度 0.3mm(深 1.3mm)处耦合，其耦合应力波的平均压力峰值为 4373.9MPa，比双面对冲第一次耦合时的压力还要大(图 5.3)。这是因为应力波耦合前，应力波 1 虽拉长了传播衰减历程，但应力波 2 却缩短了传播衰减历程，而且耦合越靠近叶片表面，其中一个应力波的衰减程度就越低，说明延时 100ns 并不能有效减弱应力波耦合强度。在图 5.38(b)中发现，耦合应力波分离后应力波 1 的平均压力峰值仅为 1543.0MPa，说明耦合应力波作用下材料发生了剧烈塑性变形，从而大幅降低了应力波平均压力。

图 5.39 是双面延时 100ns 冲击时第二次应力波耦合过程，从图中发现应力波第二次耦合同样在偏离中间深度 0.3mm(深 0.7mm)处，610ns 时应力波平均压力峰

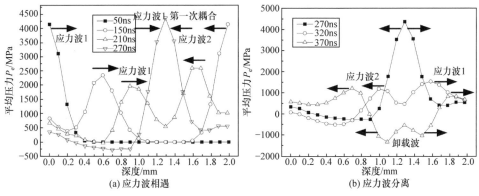

图 5.38　双面延时 100ns 冲击时第一次应力波耦合过程

值为−1623.2MPa，仍然比双面对冲时要大(图 5.4)，说明延时 100ns 并不能有效降低耦合应力波的压力。

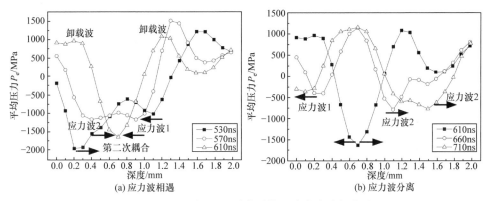

图 5.39　双面延时 100ns 冲击时第二次应力波耦合过程

图 5.40 为双面延时 500ns 冲击时应力波延时传播过程。图 5.40(a)为应力波 1 的第一波程及在另一冲击表面 B 处反射的过程。与单面冲击时一样，应力波 1 从冲击表面 A 向内传播，并发生衰减，由 50ns 时的 4147.6MPa 衰减至 350ns 时的 1370.1MPa。然后，反射形成平均压力峰值为−2664.4MPa 的拉应力波，而后继续向内部传播。图 5.40(b)中应力波 2 开始传播，而此时两个应力波一个是压应力波，另一个则是反射拉应力波，并且两个应力波处于同向传播状态，不发生耦合。两个应力波各自传播、衰减一段距离后，在 680ns 时(应力波 1 再次反射前)，其应力波平均压力峰值分别衰减至−518.3MPa 和 1680.3MPa。

图 5.41 是双面延时 500ns 冲击时第一次应力波耦合过程。图 5.41(a)中应力波 1 开始第二次反射，在 770ns 时形成了平均压力峰值为 1808.8MPa 的压应力波；应力波 2 则继续向冲击表面 A 传播，在 770ns 时其平均压力峰值已经衰减至 1652.0MPa。图 5.41(b)中两个应力波在 810ns 时发生了第一次耦合，耦合位置位

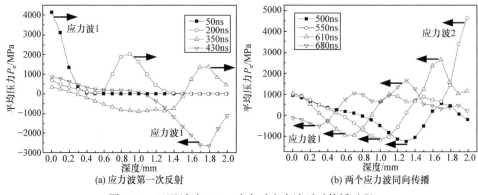

图 5.40　双面延时 500ns 冲击时应力波延时传播过程

于偏离中间深度 0.5mm(深 0.5mm)处，此时耦合应力波平均压力峰值仅为 2232.9MPa，相比双面对冲第一次耦合时平均压力降低了 43%，说明双面延时 500ns 冲击可以有效降低应力波的耦合强度。

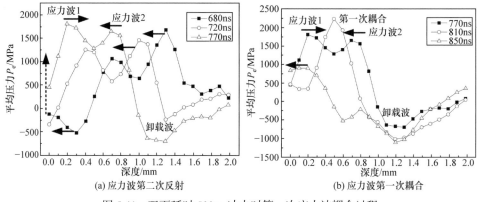

图 5.41　双面延时 500ns 冲击时第一次应力波耦合过程

5.4.2　双面延时冲击的耦合残余应力应变场分布特征

图 5.42 是双面延时 100ns 冲击后的残余应力应变场分布曲线。由图 5.42(a) 和(b)可知，延时 100ns 冲击虽可以降低材料的塑性变形程度，但是其降低幅度并不大，其中应力波耦合处等效塑性应变由双面对冲时的 0.0451 降低至 0.0364。如图 5.42(c)和(d)所示，双面延时 100ns 冲击后表面残余应力分布与双面对冲时差异不大，只是光斑中心区域的残余压应力有所降低，延时冲击表面的残余压应力更大；截面上呈非对称性分布，虽中间深度附近形成了较小的残余拉应力，但在深度 0.5mm 内仍形成梯度分布的残余压应力。

图 5.43 是双面延时 500ns 冲击后的残余应力应变场分布曲线。由图 5.43(a) 和(b)可知，延时 500ns 使延时冲击表面及次表层都发生了更大程度的塑性变形，

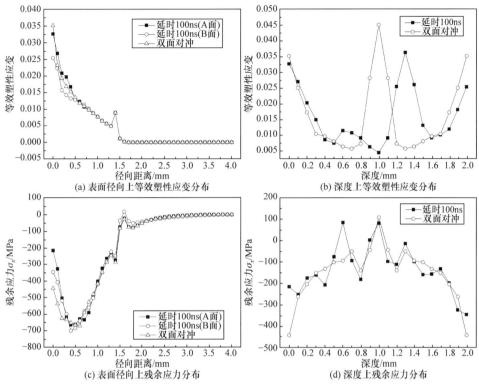

图 5.42　双面延时 100ns 冲击后的残余应力应变场分布曲线

但相比双面对冲，显著降低了中间深度处的塑性变形程度，其等效塑性应变由 0.0451 降低至 0.0034，说明延时 500ns 时显著降低了应力波耦合强度。在图 5.43(c) 和(d)中发现，相比双面对冲，延时冲击表面上的残余压应力发生了降低，形成了更为严重的"残余应力洞"，而非延时冲击表面上的残余压应力则有所提高。截面上残余应力同样呈非对称性分布，虽在中间深度区域形成了约 300MPa 的残余拉应力，但在两个冲击表面深 0.5mm 内都是残余压应力层，其中延时冲击的次表面形成了高于表面的残余压应力。

5.4.3　双面延时冲击下材料的动态力学响应

1) 双面延时 100ns 的冲击表面 A 处

图 5.44 是双面延时 100ns 冲击过程中冲击表面 A 处材料动态力学响应曲线。由图 5.44(a)发现，冲击表面处的平均压力并没有太大变化，只是 430ns 时在延时冲击表面上形成了更大的反射应力波，峰值提高了 1 倍。在图 5.44(b)中发现，相比双面对冲，延时 100ns 冲击时 Mises 等效应力峰数值有明显降低，这将导致塑性变形程度降低。由图 5.44(c)可知，双面延时后塑性变形次数明显减少，500ns

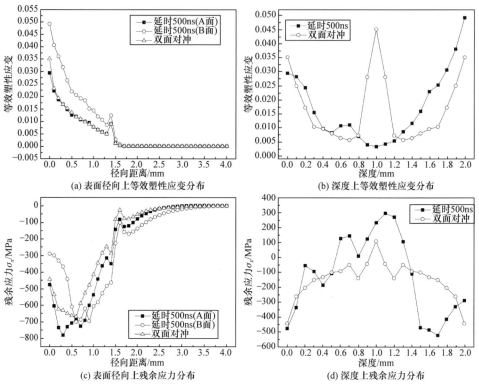

(a) 表面径向上等效塑性应变分布　　　　　　(b) 深度上等效塑性应变分布

(c) 表面径向上残余应力分布　　　　　　(d) 深度上残余应力分布

图 5.43　双面延时 500ns 冲击后的残余应力应变场分布曲线

和 980ns 时冲击表面 A 在应力波反射作用下发生了剧烈塑性变形，而冲击表面 B 则只在 880ns 时发生剧烈塑性变形，在 400ns 左右第一次反射时并没有导致塑性变形。另外，如图 5.44(d)所示，两个表面的后几次横向塑性应变显著降低，说明在反射应力波作用下材料发生了横向收缩变形。

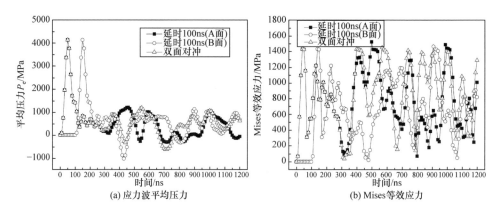

(a) 应力波平均压力　　　　　　　　(b) Mises等效应力

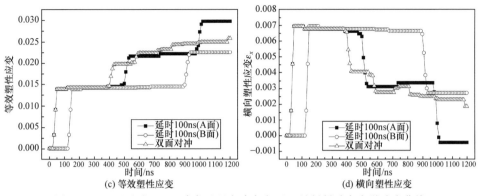

图 5.44　双面延时 100ns 冲击过程中冲击表面 A 处材料动态力学响应曲线

2) 双面延时 100ns 的应力波耦合 B 处

图 5.45 是双面延时 100ns 冲击过程中塑性变形最剧烈 B 处材料动态力学响应曲线。由图 5.45(a)可知，延时 100ns 冲击虽没有显著降低第一次耦合应力波压力，但整体过程上体现出降低作用，Mises 等效应力也有减小，如图 5.45(b)所示。由图 5.45(c)和(d)可知，延时 100ns 虽不能有效降低第一次应力波耦合作用下塑性变形程度，但

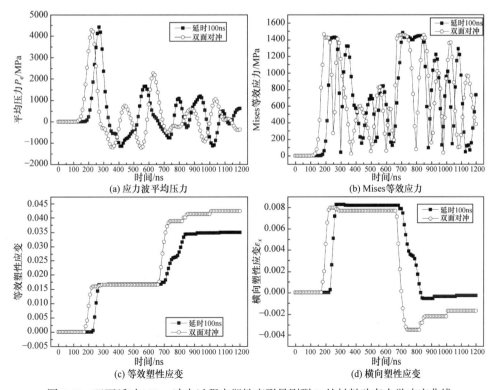

图 5.45　双面延时 100ns 冲击过程中塑性变形最剧烈 B 处材料动态力学响应曲线

在第二次耦合过程中起到了显著降低作用，与此同时，在横向塑性应变上，则是较大程度上减弱了第二次耦合拉伸应力波造成的横向收缩变形程度。

3) 双面延时 500ns 的冲击表面 A 处

图 5.46 是双面延时 500ns 冲击过程中冲击表面 A 处材料动态力学响应曲线。由图 5.46(a)和(b)可知，延时冲击表面(B 面)在 550ns 时的平均压力峰值大于延时冲击表面(A 面)的平均压力峰值。这是因为应力波 2 加载时正好与应力波 1 反射拉伸波后的卸载压应力波发生了耦合，从而导致此时材料所受 Mises 等效应力的显著升高，但在后续反射应力波作用下，材料的 Mises 等效应力值发生了降低。在图 5.46(c)中发现，由于延时冲击表面应力波压力的增大，延时冲击表面(B 面)材料的第一次塑性变形比延时冲击表面(A 面)上材料更为剧烈，而且延时冲击表面材料在 880ns 时因应力波反射而再次发生了剧烈的塑性变形。由图 5.46(d)说明，延时冲击表面处材料在 520ns 和 880ns 分别发生的是横向扩展和横向回缩的塑性变形过程。

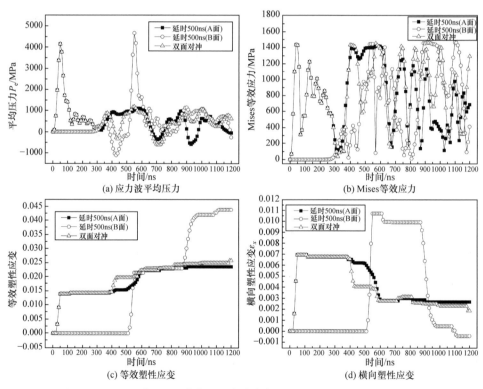

图 5.46　双面延时 500ns 冲击过程中冲击表面 A 处材料动态力学响应曲线

5.4.4　不同延时条件的影响规律

下面通过对比不同延时条件下的残余应力应变场分布，确定较为合适的延时参数，其中依次冲击是指两束激光依次进行激发，可认为是延迟时间无限长，两束应力波互不影响。

图 5.47 是不同双面延时条件下残余应力应变场分布曲线。由图 5.47(a)和(b)可知，随着延迟时间的缩短，光斑中心区域材料的塑性变形程度增大，但变化幅度很小；表面残余应力分布差不多，只有延时 100ns 时径向距离 0.3mm 内出现了明显的压应力降低。如图 5.47(c)和(d)所示，在延时冲击表面(B 面)上，延时 500ns

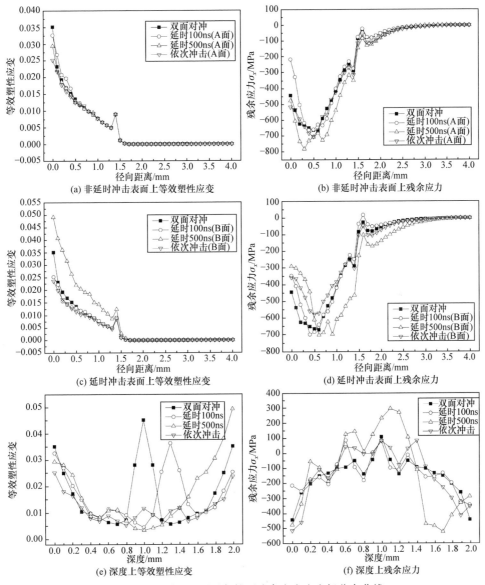

图 5.47　不同双面延时条件下残余应力应变场分布曲线

时导致了光斑内材料塑性变形程度的明显增大，并且残余压应力也有一定程度的降低，延时 100ns 时则降低幅度更小。由图 5.47(e)和(f)可知，延时 100ns 冲击虽可以降低应力波耦合处材料的塑性变形程度，但降低幅度不高；延时 500ns 和依次冲击可以完全避免因应力波强烈耦合而造成的材料剧烈塑性变形。另外，不同延时条件下都可以在 0.5mm 深度内形成梯度分布残余压应力层，但延时 100ns 冲击时，冲击表面(A 面)上的残余压应力层深度小。

根据不同延时条件下残余应力应变场的分布规律，结合关键位置处材料的动态力学响应特征，可以明确的是延迟时间的增大不仅可以有效降低应力波耦合处材料的塑性变形程度，同时也可以在两个冲击表面下形成梯度残余压应力层。延迟时间选取应注意：延迟时间应该保证非延时应力波可以完成第一次应力波反射过程，符合双面延时冲击的第二情况(图 5.37)，即 $T_{延时} \geqslant T_{第一次反射}$，如果不考虑处理效率，可以采用双面依次冲击的方式。

参 考 文 献

[1] JARMAKANI H, MADDOX B, WEI C T, et al. Laser shock-induced spalling and fragmentation in vanadium[J]. Acta Materialia, 2010, 58(14): 4604-4628.

[2] LIU Q, DING K, YE L, et al. Spallation-like phenomenon induced by laser shock peening surface treatment on 7050 aluminum alloy[C]. Proceedings of the Structural Integrity and Fracture International Conference, Brisbane, Australia, 2004: 235-240.

[3] LIU Q, YANG C H, DING K, et al. The effect of laser power density on the fatigue life of laser-shock-peened 7050 aluminium alloy[J]. Fatigue and Fracture of Engineering Materials and Structures, 2007, 30(11): 1110-1124.

[4] 王礼立. 应力波基础[M]. 北京: 国防工业出版社, 2005.

[5] VUKELIC S, KYSAR J W, LAWRENCE Y Y. Grain boundary response of aluminum bicrystal under micro scale laser shock peening[J]. International Journal of Solids and Structures, 2009, 46(18-19): 3323-3335.

[6] LUO S H, HE W F, NIE X F, et al. Distribution and optimization of residual stress fields in titanium simulated blade treated by laser shock peening[J]. Applied Mechanics and Materials, 2015, 727-728: 171-176.

[7] NIE X F, TANG Y Y, ZHAO F F, et al. Formation mechanism and control method of residual stress profile by laser shock peening in thin titanium alloy component[J]. Materials, 2021, 14: 1878.

第 6 章　激光诱导冲击波作用下的材料响应规律

激光诱导冲击波作用于金属材料，在入射压缩波作用下发生材料超高应变率塑性变形，一方面在材料表层形成梯度分布的残余压应力层和硬化层[1-4]；另一方面使表层材料微观组织发生变化，晶粒内产生大量位错、孪晶等结构，晶粒变形、细化，甚至形成纳米级组织结构[5-7]。另外，激光诱导冲击波作用于树脂基复合材料，在反射拉应力作用下发生层裂损伤[8]。本章围绕激光诱导冲击波作用下材料残余压应力分布、加工硬化效应、微观组织演化和内部层裂等方面的响应特征，分析影响规律及响应机制。

6.1　入射压缩波与塑性变形

激光诱导冲击波作用下，金属材料在冲击波方向上被压缩，在平行材料表面方向上伸展。当冲击波压力超过金属材料的 Hugoniot 弹性极限(Hugoniot elastic limit，HEL)时，金属就会发生动态塑性变形。当冲击波压力消失后，受冲击区域周围材料的反作用，在平行于表面的平面内形成残余应力。

6.1.1　冲击压缩条件下材料的强度特性

金属材料在冲击波作用下的强度特性与静力条件下不同，其抵抗变形的能力也将发生变化。在经典高压物态方程中，一般认为冲击波加载应力达到 Hugoniot 弹性极限的数十倍时，剪切应力就远远小于冲击加载应力，再考虑冲击加载作用引起的材料温升导致的"软化"效应，通常认为在数十吉帕冲击压缩下，材料中的剪应力近似等于零，在强冲击压缩下可把材料的受力状态近似当作流体静水压状态看待。

激光冲击强化的冲击波压力一般为吉帕量级，金属材料会发生弹-塑性响应，因此需要研究材料屈服强度、冲击波加载应力、应变、温度等力学参量之间的关系。由于在激光冲击强化过程中，激光光斑直径一般为 2~5mm，形成近似平面的冲击波。在材料的传播过程中将其简化成一维应变状态，并采用理想弹-塑性模型，而忽略横向运动及其他表面波，即满足：

$$\sigma_x \neq 0, \sigma_y = \sigma_z = 0; \quad \varepsilon_x \neq 0, \varepsilon_y = \varepsilon_z = \varepsilon_{xy} = \varepsilon_{xz} = \varepsilon_{yz} = 0 \qquad (6.1)$$

根据弹-塑性理论，应力和应变可分解成球量和偏量两部分：

$$\sigma = p + s, \quad \varepsilon = \varepsilon_r + \varepsilon_s \tag{6.2}$$

式中，$p = \left(\sigma_x + \sigma_y + \sigma_z \right) / 3$ 为球应力或平均应力；$s = 2\left(\sigma_x - \sigma_y \right) / 3$ 为偏应力；$\varepsilon_r = \left(\varepsilon_x + \varepsilon_y + \varepsilon_z \right) / 3 = \varepsilon_x / 3 = \varepsilon / 3$ 为球应变；$\varepsilon_s = \varepsilon - \varepsilon_r = 2\varepsilon_x / 3 = 2\varepsilon / 3$ 为偏应变。

对于各向同性介质，最大剪应力可表示为

$$\tau = \pm\left(\sigma_x - \sigma_y \right) / 2 = \pm\left(\sigma_x - \sigma_z \right) / 2 \tag{6.3}$$

于是可得

$$\bar{\sigma} = p = \sigma_x - 4/3\tau = \sigma_x - s \tag{6.4}$$

公式(6.4)表明，在一维冲击加载条件下，得到的 Hugoniot 弹性极限应力 σ_x 实际是沿着加载方向的正应力，并不等于在状态方程中定义的压力 p。只有在流体静水压状态下，当剪应力等于零时，σ_x 才与热力学定义的压力 p 相等。因此，在足够强的冲击波作用下，材料从弹性应变向塑性应变状态发生转变。在弹性应变下能够承受的最大加载应力称为弹性极限。超过弹性极限，材料发生不可恢复的永久变形或塑性应变，此时较小的应力增量就可使材料发生较大的应变。在一维应变冲击压缩条件下，材料发生屈服时的正应力称为 Hugoniot 弹性极限。

常用的屈服准则有 Mises 屈服准则或 Tresca 屈服准则，即

$$\left(\sigma_x - \sigma_y \right)_{\max} = 2\tau_{\max} \tag{6.5}$$

同一种材料的屈服强度与应变、应变率和温度等因素有关。

在一维应变状态下，当冲击波压力引起的应力小于屈服极限时，应力与应变满足线性关系，将流体压力与剪切应力用弹性模量和应变表示，可写为

$$p = K\varepsilon_x = \sigma_x - 4/3G\varepsilon_x \tag{6.6}$$

式中，K 为体积模量；G 为剪切模量。当然，公式(6.6)没有考虑应变硬化的影响。根据广义胡克定律，体积模量、剪切模量、弹性模量与泊松比满足以下关系：

$$K = \lambda + 2\mu = \frac{E}{3\left(1 - 2v \right)} \tag{6.7}$$

$$G = \mu = \frac{E}{2\left(1 + v \right)} \tag{6.8}$$

式中，λ 和 μ 为拉曼常数。于是，弹性区应力与应变关系满足：

$$\sigma_\lambda = \left(x + 2\mu \right)\varepsilon_x = \frac{E\left(1 - v \right)}{\left(1 - 2v \right)\left(1 + v \right)}\varepsilon_x \tag{6.9}$$

当冲击波压力足够大，金属材料会发生动态屈服，进入塑性阶段，弹性-理想塑性材料的应力-应变关系位于屈服面上，且满足塑性应力-应变关系。

在一维应变冲击压缩条件下，材料发生屈服时的正应力 σ_x 称为 Hugoniot 弹性极限，用 σ_{HEL} 表示：

$$\sigma_x = \sigma_{HEL} = K\varepsilon_{HEL} + \frac{2}{3}Y_0 = \left(K + \frac{4}{3}G\right)\varepsilon_{HEL} \tag{6.10}$$

式中，Y_0 为 Tresca 屈服应力。材料在 Hugoniot 弹性极限的应变为

$$\varepsilon_{HEL} = \frac{Y_0}{2G} \tag{6.11}$$

于是得到：

$$\sigma_{HEL} = \left(\frac{K}{2G} + \frac{2}{3}\right)Y_0 \tag{6.12}$$

只有当冲击波引起的应力大于该弹性极限时，材料才会发生动态塑性变形。因此，根据公式(6.12)，可计算得到不同金属材料发生塑性变形所需的冲击波压力。

6.1.2　冲击压缩作用过程

根据流体动力学假设，冲击波阵面上的应力状态可认为是流体静力学压缩状态，在 Cartesian 坐标系中有

$$\sigma_x = \sigma_y = \sigma_z = -P \tag{6.13}$$

但是，在强度不能忽视的实际金属材料中，必须考虑非流体动力学分量，在这种情况下，HEL 就是金属发生塑性变形时的应力[9]。对于单轴应力、应变状态，冲击波不改变垂直于冲击波传播方向上材料的尺寸。也就是说，如果冲击波传播方向是 ox，那么 $\sigma_y = \sigma_z = 0$，且工程应变为

$$\varepsilon_x = \frac{l_0 - l}{l_0} = \frac{l_0 - l}{l_0} \cdot \frac{l_0^2}{l_0^2} = \frac{V_0 - V}{V_0} = 1 - \frac{V}{V_0} \tag{6.14}$$

真实应变为

$$d\varepsilon_x = \frac{dl}{l}, \quad \varepsilon_x = \ln\frac{l}{l_0} = \ln\frac{V}{V_0} \tag{6.15}$$

冲击波在材料传播过程中，加载首先出现弹性变形，根据材料屈服强度理论，当冲击波引起的剪切应力大于材料的动态屈服剪切应力时，金属将发生塑性变形，如图 6.1 所示。将 Rankine-Hugoniot 曲线平移 $4\tau_{YD}/3$ 就可得到一条加载曲线，其中 $4\tau_{YD}/3$ 就是剪切屈服应力。

一般而言，激光诱导冲击波压力为几吉帕，属于中等强度的冲击，将材料看作弹塑性固体，这时材料性质要考虑弹性应力-应变关系、塑性应力-应变关系。通过分析 σ_x 和 ε_x 之间的变化关系，随着一维应变平面波在理想弹塑性材料中的

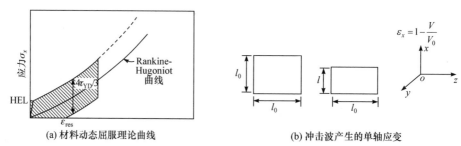

(a) 材料动态屈服理论曲线　　　　　　　(b) 冲击波产生的单轴应变

图 6.1　理想流体动力学材料的 Rankine-Hugoniot 曲线

传播，材料从加载到卸载结束的整个弹塑性过程，从宏观上可分为四个部分(*OA* 段/*AB* 段/*BC* 段/*CD* 段)，如图 6.2 所示。

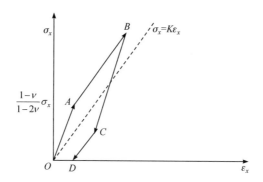

图 6.2　弹塑性波的加载、卸载过程

(1) 在冲击波加载的初始阶段，材料从初始状态$(\sigma_x = 0, \varepsilon_x = 0)$沿 *OA* 线进行弹性变形，弹性线 *OA* 的方程为

$$\sigma_x = \left(K + \frac{4}{3}G \right)\varepsilon_x \tag{6.16}$$

在材料中对应传播的是弹性波，弹性波的波速是

$$C_e = \sqrt{\frac{1}{\rho_0}\left(K + \frac{4}{3}G \right)} \tag{6.17}$$

此时侧向应力与纵向应力之间的关系是

$$\sigma_y = \sigma_z = \frac{\nu}{1-\nu}\sigma_x \tag{6.18}$$

(2) 冲击波继续加载，使材料弹性线 *OA* 与屈服轨迹上支 *AB* 相交，此时材料发生屈服，纵向应力与侧向应力的关系为

$$\sigma_x = \frac{1-\nu}{1-2\nu}\sigma_S = \sigma_y + \sigma_S = \sigma_z + \sigma_S \tag{6.19}$$

材料沿 AB 线进行塑性变形，AB 线的方程为

$$\sigma_x = K\varepsilon_x + \frac{2}{3}\sigma_S \tag{6.20}$$

(3) 随着冲击载荷开始减小，材料进入了弹性卸载阶段，应力、应变沿 BC 线变化，弹性卸载线 BC 的方程是

$$\sigma_x - \sigma_{xB} = \left(K + \frac{4}{3}G\right)(\varepsilon_x - \varepsilon_{xB}) \tag{6.21}$$

式中，σ_{xB}、ε_{xB} 分别对应 B 点纵向的应力、应变。此时的波速对应着弹性波速。纵向应力与侧向应力之间的关系满足：

$$\sigma_y - \sigma_{yB} = \frac{\nu}{1-\nu}(\sigma_x - \sigma_{xB}) \tag{6.22}$$

式中，σ_{xB}、σ_{yB} 分别对应此时 B 点的纵向应力和侧向应力。

(4) 随着冲击载荷的进一步减小，使得弹性卸载线 BC 与屈服轨迹下支 CD 相交，材料进入了反向塑性加载阶段，沿 CD 线反向屈服，CD 线的方程为

$$\sigma_x = K\varepsilon_x + \frac{2}{3}\sigma_S \tag{6.23}$$

纵向应力与侧向应力之间的关系为

$$\sigma_x = \sigma_y - \sigma_S = \sigma_z - \sigma_S \tag{6.24}$$

对应的反向塑性加载波以塑性波波速 C_p 向前传播，所以在卸载阶段也会出现弹塑性双波结构，随着反向塑性加载的进行，应力越来越低，当应力等于零时整个卸载过程结束。D 点对应的残余应变 ε_{xD} 宏观上表现为激光冲击强化后金属材料表面留下的凹坑。

根据上述理论分析，激光诱导冲击波进入金属材料后，首先使材料发生弹性应变，诱导一个弹性应力波在材料中传播(波速为 C_e)；其次随着冲击波加载超过金属材料的动态屈服强度，材料发生塑性应变，对应的塑性波开始在材料中传播(波速为 C_p)；再次根据激光诱导冲击波的时间特性，随着冲击波压力的下降，金属材料发生反向弹性应变，对应的反向弹性波(弹性卸载波)开始在材料中传播；最后随着卸载的进行，进一步发生塑性卸载直至冲击加载降为零，靶材中形成残余压应力和塑性应变。

6.2 残余应力形成机制与分布规律

6.2.1 残余应力形成机制

激光诱导冲击波作用下残余应力的形成机制可分为两个过程[10-11]：①冲击波

加载在金属材料表面时，沿传播方向上产生单轴应力，材料发生塑性变形；②冲击波作用消失后，塑性变形区域受周围材料的约束和反作用，在平行表面的平面内形成残余压应力。

根据前文引入的 Hugoniot 弹性极限[12]，只有当冲击波峰值压力 $P \geqslant$ HEL 时，塑性变形和残余应力才有可能产生，HEL 的计算公式为

$$\text{HEL} = \left(1 + \frac{\lambda}{2\mu}\right)\left(\sigma_Y^{\text{dyn}} - \sigma_0\right) = \frac{1-v}{1-2v}\left(\sigma_Y^{\text{dyn}} - \sigma_0\right) \approx 1.7 \sim 1.9 \left(\sigma_Y^{\text{dyn}} - \sigma_0\right) \quad (6.25)$$

式中，λ、μ 为拉曼常数，$\lambda = Ev/\left[(1+v)(1-2v)\right]$，$\mu = G = Ev/2(1+v)$；$v$ 为泊松比；σ_0 为材料表面初始残余应力水平(MPa)，σ_0 为压应力($\sigma_0 < 0$)时，HEL 值升高；σ_Y^{dyn} 为材料在高应变率下的动态屈服强度(10^{-6}/s，MPa)。有研究学者采用 VISAR 系统对不同金属合金材料的 σ_Y^{dyn} 值进行了测试[13]，结果证实 σ_Y^{dyn} 远大于材料静载拉伸屈服强度 σ_Y^{sta}，有近似关系 $\sigma_Y^{\text{dyn}} = \left(6.32 - 1.89 \lg \sigma_Y^{\text{sta}}\right)\sigma_Y^{\text{sta}}$。

根据冲击波峰值压力 P 和材料 Hugoniot 弹性极限 HEL，可以得到激光冲击强化金属部件表面的塑性变形量 ε_p [14]：

$$\varepsilon_\text{p} = \frac{-2\text{HEL}}{3\lambda + 2\mu}\left(\frac{P}{\text{HEL}} - 1\right) \quad (6.26)$$

当 $P <$ HEL 时，只有弹性形变；当 HEL $\leqslant P <$ 2HEL 时，产生塑性形变并伴随弹性回复，塑性形变随冲击波峰值压力 P 增加而线性增加；当 2HEL $\leqslant P \leqslant$ 2.5HEL 时，塑性形变饱和，达到并保持最大值；当 $P >$ 2.5HEL 时，由于产生表面卸载波，反而会一定程度降低金属表面残余压应力。因此，激光冲击强化的最佳峰值压力应取 $P = (2 \sim 2.5)$HEL。

冲击波在金属材料内部传播是个不断衰减的过程，因此在金属内部一定深度下，当冲击波的峰值压力 P 不再超过 HEL 时，停止发生塑性变形。这个深度就是金属塑性变形的深度，也是残余压应力的影响层深度 L_P，计算公式为

$$L_P = \left(\frac{C_\text{el} C_\text{pl} \tau}{C_\text{el} - C_\text{pl}}\right)\left(\frac{P - \text{HEL}}{\text{HEL}}\right) \quad (6.27)$$

式中，C_el、C_pl 分别为材料中的弹性波速和塑性波速，$C_\text{el} = \sqrt{(\lambda + 2\mu)/\rho}$，$C_\text{pl} = \sqrt{(\lambda + 2\mu/3)/\rho}$，$\rho$ 为材料密度；τ 为冲击波作用时间。

可见，峰值压力 P 越大，残余压应力的影响层深度就越深。当峰值压力 P 相同时，材料的弹性模量 E 越大，残余压应力的影响层深度越深。

在塑性应变 ε_p 和残余应力影响层深度 L_P 已知的情况下，Fabbro 等[13]给出了激光冲击强化形成表面残余压应力的计算公式：

$$\sigma_{\text{surf}} = \sigma_0 - \left[\mu\varepsilon_P (1+v)/(1-v) + \sigma_0 \right] \left[1 - \frac{4\sqrt{2}}{\pi}(1+v)\frac{L_P}{a} \right] \tag{6.28}$$

式中，σ_0 为表面初始应力值；a 为方光斑边长(如果为圆光斑冲击时，光斑半径为 r，式中 a 可以替换成 $a = r\sqrt{2}$)。

6.2.2 残余应力分布规律

1. TC6 钛合金激光冲击残余应力分布

表 6.1 是 TC6 钛合金激光冲击后的表面残余应力[15]，从表中可知激光冲击强化后钛合金表面形成了较大的残余压应力，并且残余压应力幅值随冲击次数增加而递增。不同冲击次数下，TC6 钛合金的表面残余压应力值分别为 520.5MPa、565.2MPa、586.3MPa 和 608.8MPa，相比冲击前原始材料的零应力或者存在一定的拉应力，冲击一次即能产生 520.5MPa 的残余压应力。另外，冲击次数增加并没有带来残余压应力幅值的线性增加，而是增加幅度在减小。这是因为多次冲击时，后续冲击是在上一次冲击效果基础上进一步发生塑性变形，但因加工硬化效应，随着冲击次数增加，材料屈服强度逐渐升高，材料越来越难发生塑性变形，所以由冲击次数增加带来的残余压应力增幅在逐渐减小。

表 6.1 TC6 钛合金激光冲击后的表面残余应力

试验编号	激光功率密度 /(GW/cm^2)	冲击次数 /次	残余应力值 /MPa
GL6-13	4.24	1	−520.5
GL6-14	4.24	3	−565.2
GL6-15	4.24	5	−586.3
GL6-16	4.24	10	−608.8

图 6.3 是 TC6 钛合金激光冲击后的截面残余应力分布，说明 TC6 钛合金激光冲击强化后表层会形成较深的残余压应力，且呈梯度分布[16]，这是因为冲击波传播过程中，深度上材料会发生塑性变形，塑性变形会导致冲击波压力的衰减，越靠近表面压力越大、塑性变形程度越高，所以深度上塑性变形程度由高到低分布，残余压应力也是表面最大，然后逐渐降低。不同冲击次数下的残余压应力层深度不一，冲击 1 次时，深度为 900μm，而冲击次数为 3 次、5 次、10 次时，深度分别达到 1100μm、1400μm、1800μm。残余压应力层深度与冲击次数成正比，主要是因为前一次激光冲击已造成深度上材料的塑性变形，下一次冲击时塑性变形层内材料因加工硬化效应而更难再发生塑性变形。相同传播路径下，冲击波压力衰减程度更小，可向更深处传播，造成更深处材料的塑性变形，所以残余压应力层

深度会增大。

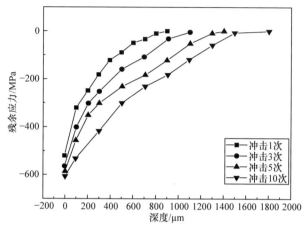

图 6.3　TC6 钛合金激光冲击后的截面残余应力分布

2. TC11 钛合金激光冲击残余应力分布

表 6.2 是 TC11 钛合金激光冲击后的表面残余应力[17]，与 TC6 钛合金相似，激光冲击后材料表面形成了较大的残余压应力。不同冲击次数下，残余压应力值呈现出随冲击次数增加而递增的规律。激光冲击 1 次、3 次、5 次、10 次后，表面残余压应力值分别为 541.6MPa、589.2MPa、610.3MPa 和 632.5MPa。但随着冲击次数增加，残余压应力的增加幅度在减小，与 TC6 钛合金的影响规律相一致。

表 6.2　TC11 钛合金激光冲击后的表面残余应力

试验编号	激光功率密度 /(GW/cm^2)	冲击次数 /次	残余应力值 /MPa
GL11-13	4.24	1	−541.6
GL11-14	4.24	3	−589.2
GL11-15	4.24	5	−610.3
GL11-16	4.24	10	−632.5

图 6.4 是 TC11 钛合金激光冲击后的截面残余应力分布，说明了 TC11 钛合金激光冲击强化后形成了较深的残余压应力，冲击 1 次时，残余压应力深度约为 800μm，而冲击 3 次、5 次、10 次时，深度分别达到 1100μm、1300μm、1600μm，残余压应力层深度与冲击次数成正比，冲击次数越高，残余压应力层深度就越大，这也与 TC6 钛合金的影响规律相一致[18]。

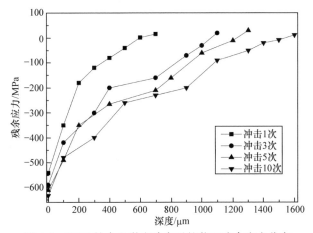

图 6.4　TC11 钛合金激光冲击后的截面残余应力分布

3. TC17 钛合金激光冲击残余应力分布

表 6.3 是 TC17 钛合金激光冲击后的表面残余应力，从表中发现当激光功率密度为 4GW/cm² 时，表面残余压应力值最高，为 530.4MPa。

表 6.3　TC17 钛合金激光冲击后的表面残余应力

激光功率密度/(GW/cm²)	3	4	5	7
残余应力/MPa	−460.2	−530.4	−492.3	−410.8

图 6.5 是 TC17 钛合金激光冲击后的截面残余应力分布，从图中可以看出，残余压应力都是在表面最高。深度 200μm 之前残余压应力变化的斜率较大，深度达到约 500μm 时强化产生的残余压应力仍在 100MPa 左右[19-20]。

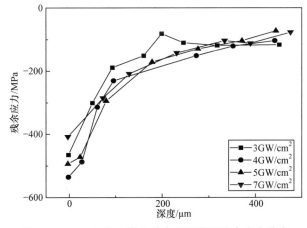

图 6.5　TC17 钛合金激光冲击后的截面残余应力分布

图 6.6 是功率密度为 4GW/cm² 时 TC17 钛合金的截面残余应力分布，从图中可知，激光冲击 3 次后的残余压应力深度约为 1500μm，而冲击 5 次后残余压应力深度约为 1900μm。不同冲击次数的表面残余压应力分别为 531.4MPa、628.2MPa 和 644.3MPa，由 1 次到 3 次要比由 3 次到 5 次的增加幅度更大。经多次冲击后塑性变形层会更深，相应的残余压应力层也会更深。随着冲击次数的增加，塑性变形引起的残余压应力深度呈非线性增加。当冲击次数由 1 次增加到 3 次、5 次时，残余压应力层深度分别由 800μm 提高至 1500μm、1900μm。

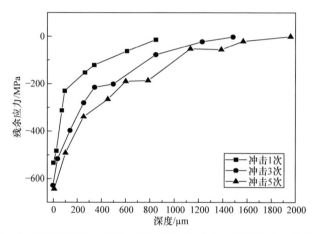

图 6.6　功率密度为 4GW/cm² 时 TC17 钛合金的截面残余应力分布

综上分析，激光冲击次数对残余应力分布影响较大，随着冲击次数的增加，表面残余压应力幅值及影响深度都增大。另外，冲击次数由 1 次增加到 3 次的应力增幅较大，由 3 次增加到 5 次的应力增幅较小。考虑冲击次数越多，对吸收保护层要求越高，工艺复杂性增大，综合考虑，对钛合金而言，功率密度为 4GW/cm²、冲击 3 次是较为优化的工艺参数[19]。

6.3　显微硬度分布

6.3.1　冷作硬化效应

金属材料在常温或再结晶温度以下发生剧烈塑性变形时，内部晶格会发生畸变，晶粒内产生位错、孪生，晶粒发生变形、细化等，使金属材料的硬度和强度增加，塑性和韧性降低，这种现象称为冷作硬化。金属冷态塑性变形的性能指标主要指屈服强度和硬度等，金属材料在激光诱导冲击波作用下会发生塑性变形，硬度会得到一定程度提升，下面将通过显微硬度对激光冲击加工硬化效应及影响规律进行分析。

6.3.2　显微硬度分布规律

激光诱导冲击波作用下，金属材料硬度会因加工硬化而提高，同残余应力一样，呈现出一定的梯度分布特征。

1. TC6 钛合金激光冲击显微硬度分布

图 6.7 为 TC6 钛合金激光冲击后的显微硬度分布。由图 6.7(a)可知，TC6 钛合金原始状态的表面显微硬度为 372HV$_{0.5}$，经过冲击 1 次后显微硬度可达到398HV$_{0.5}$；随着激光冲击次数的逐渐增加，表面显微硬度也随之增加，但是增加的幅度在逐渐减小。虽然冲击 10 次的表面显微硬度最大，达到 408HV$_{0.5}$，但与冲击 1 次相比，冲击 10 次的显微硬度提高效率明显不高。冲击 1 次时 TC6 材料显微硬度值提高 7.0%，冲击 10 次的显微硬度提高仅为 9.7%。

由图 6.7(b)可知，截面显微硬度呈梯度变化，表面显微硬度最大，随后逐渐降低，最终达到稳定，并将达到显微硬度稳定时的深度称为硬化层深度。在相同深度处，冲击次数多的显微硬度值较大，且冲击次数越多，材料硬化层深度就越大。当功率密度为 4.24GW/cm^2 时，不同次数下(1 次、3 次、5 次、10 次)的硬化层深度分别是 700μm、1000μm、1300μm、1500μm。截面上一定深度内的显微硬度变化率很大，随后硬化层硬度平缓降低，这个硬度陡然变化区可定义为显微硬度严重影响层，TC6 钛合金的严重影响层深度大约为 300μm[15-16]。

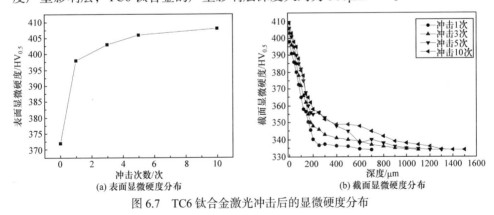

(a) 表面显微硬度分布　　　　　(b) 截面显微硬度分布

图 6.7　TC6 钛合金激光冲击后的显微硬度分布

2. TC11 钛合金激光冲击显微硬度分布

图 6.8 为 TC11 钛合金激光冲击后的显微硬度分布。由图 6.13(a)可知，TC11钛合金原始状态的表面显微硬度为 385HV$_{0.5}$，经过 1 次冲击后显微硬度可达到416HV$_{0.5}$；随着激光冲击次数的增加，表面显微硬度也随之增加，但是提升幅度在逐渐减小。虽然冲击 10 次的表面显微硬度最大，达到 426HV$_{0.5}$，但是与冲击 1 次相比，冲击 10 次的显微硬度提高幅度不大，冲击 1 次时 TC11 钛合金显微硬度

值提高 8.1%，冲击 10 次的显微硬度提高幅度仅为 10.6%。

由图 6.8(b)可知，同 TC6 钛合金相似，截面显微硬度呈梯度分布，表面显微硬度最大，然后逐渐减小，最终达到稳定。当功率密度为 4.24GW/cm² 时，不同次数下(1 次、3 次、5 次、10 次)硬化层深度分别是 600μm、1100μm、1300μm、1600μm，而且 TC11 钛合金的严重影响层深度约为 400μm[17-18]。

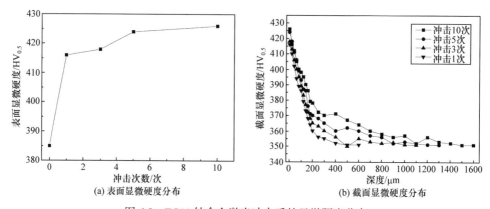

(a) 表面显微硬度分布　(b) 截面显微硬度分布

图 6.8　TC11 钛合金激光冲击后的显微硬度分布

3. TC17 钛合金激光冲击显微硬度分布

图 6.9 是 TC17 钛合金激光冲击后的表面显微硬度，激光冲击后 TC17 钛合金的表面显微硬度均有提高，但提高的幅度各不相同。冲击 1 次时，功率密度为 4GW/cm² 和 5GW/cm² 条件下，表面显微硬度值分别为 472.03HV$_{0.2}$、475.37HV$_{0.2}$，而冲击 3 次和 5 次时均是功率密度为 4GW/cm² 时提高幅度最大。

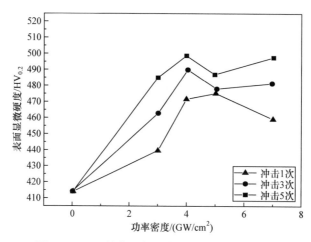

图 6.9　TC17 钛合金激光冲击后的表面显微硬度

图 6.10 是不同功率密度下 TC17 钛合金激光冲击后的截面显微硬度分布，TC17 钛合金激光冲击强化后，显微硬度值在表面处最大，随着深度的增加逐渐下降，最后趋于平缓，接近基体显微硬度。在 200μm 之前显微硬度变化较大，这是因为材料浅表层处冲击波压力较大，使浅表层发生更为剧烈的塑性变形，呈现出更高程度的加工硬化效应。综上分析，功率密度为 4GW/cm² 时硬化层深度最大，同时残余压应力也最大，视为较为合适参数[19-20]。

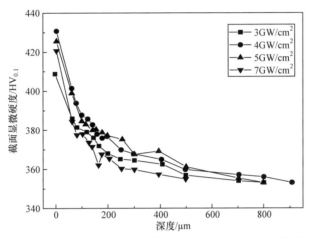

图 6.10　不同功率密度下 TC17 钛合金激光冲击后的截面显微硬度分布

图 6.11 是功率密度为 4GW/cm² 时不同冲击次数下 TC17 钛合金的截面显微硬度分布，可以看出，激光冲击强化后 TC17 钛合金显微硬度显著提高，冲击 5 次时截面显微硬度最大，3 次次之，1 次最小，在表面显微硬度值和硬化层深度方面尤为明显。

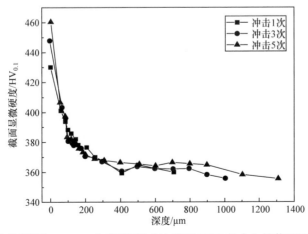

图 6.11　功率密度为 4GW/cm² 时不同冲击次数下 TC17 钛合金的截面显微硬度分布

6.4　微观组织的特征与演化

金属材料在激光诱导冲击波作用下发生超高应变率动态塑性变形，在宏观上表现为动态力学响应，形成残余压应力场，发生硬化效应；在微观上则表现为微观组织演化，形成新的微观组织结构及分布特征，而微观组织演化机制则是动态塑性变形的内在规律。本节以钛合金为例，从微观组织表征入手，利用 X 射线衍射、透射电子显微镜和同步辐射 X 射线衍射技术精细表征激光冲击后的微观组织结构特征，分析激光参数对微观组织结构特征的影响规律，揭示激光诱导冲击波作用下的位错形成、运动机制和纳米晶形成机理等微观组织演化机制。

6.4.1　实验材料及组织状态

本节对 TC6、TC11、TC17 三种钛合金开展研究，下面先介绍其基本性能和组织特征。

TC6 钛合金，即 Ti-6Al-2.5Mo-1.5Cr-0.5Fe-0.3Si，化学成分见表 6.4。TC6 钛合金微观组织呈等轴组织形式分布，均匀分布的等轴初生 α 基体上存在一定数量的 β 组织，如图 6.12 所示。该合金具有较高的室温强度，在 450℃ 以下具有良好的热强性能，主要用来制造航空发动机的压气机盘和叶片等零件[21]。

表 6.4　TC6 钛合金化学成分　　　　　　　（单位：%）

合金元素						杂质元素			
$w(Al)$	$w(Mo)$	$w(Cr)$	$w(Fe)$	$w(Si)$	$w(Ti)$	$w(C)$	$w(N)$	$w(H)$	$w(O)$
5.5~7.0	2.0~3.0	0.8~2.3	0.2~0.7	0.15~0.4	余量	0.1	0.05	0.015	0.18

TC11 钛合金，即 Ti-6.5Al-1.5Zr-3.5Mo-0.3Si，化学成分见表 6.5。TC11 钛合金由初生 α、次生 α 和 β 相组成，等轴状 α 组织和针状 β 组织呈双态组织形式分布，如图 6.13 所示。该合金具有较高的室温强度，在 500℃ 以下具有高温强度、高蠕变抗力等优异的热强性能，主要用于制造航空发动机压气机盘、叶片等部件，也可以用于制造飞机结构件[21]。

表 6.5　TC11 钛合金化学成分　　　　　　　（单位：%）

合金元素					杂质元素			
$w(Al)$	$w(Mo)$	$w(Zr)$	$w(Si)$	$w(Ti)$	$w(C)$	$w(N)$	$w(H)$	$w(O)$
5.8~7.0	2.8~3.8	0.8~2.0	0.2~0.35	余量	0.1	0.05	0.012	0.15

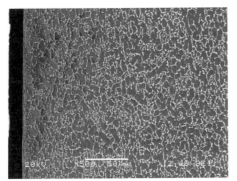

图 6.12 TC6 钛合金微观组织

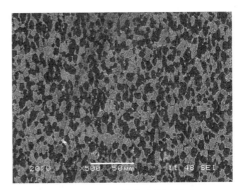

图 6.13 TC11 钛合金微观组织

表 6.6 是 TC6、TC11 两种钛合金的热处理工艺和基本力学性能参数[21]。

表 6.6 TC6、TC11 两种钛合金的热处理工艺和基本力学性能参数

| 牌号 | 技术标准 | 热处理工艺 | 室温瞬时拉伸 | | | | 室温冲击 | | 硬度 |
			σ_b /MPa	$\sigma_{0.2}$ /MPa	δ_s /%	ψ /%	α_{KV} /(kJ/m²)	α_{KU} /(kJ/m²)	HB /(kgf/mm²)
TC6	GB 2965—87	870～920℃，1～2h，随炉 或转炉 550～650℃，2h， 空冷	930	885	12	35	295	455	345
TC11	HB 5286—84	950～980℃，1～2h,空冷； 530℃，6h，空冷	1030	930	9	30	295	526	360

TC17 钛合金，即 Ti-5Al-4Mo-4Cr-2Sn-2Zr，其化学成分如表 6.7 所示，是一种富 β 稳定元素的 α+β 型双相钛合金。TC17 钛合金是我国一种新型航空发动机材料，不仅具有较高的屈服强度、抗拉强度和疲劳强度，而且具有较好的塑性和断裂韧性，同时具有淬透性好、锻造温度范围宽等优点，其最高工作温度可达427℃[21]。该合金主要用于制造航空发动机压气机盘/叶片等构件，是未来制造新一代高性能航空发动机压气机整体叶盘/叶片的主要材料。

表 6.7 TC17 钛合金化学成分 (单位：%)

| 合金元素 | | | | | | 杂质元素 | | | |
w(Al)	w(Mo)	w(Cr)	w(Sn)	w(Zr)	w(Ti)	w(C)	w(N)	w(H)	w(O)
4.5～5.5	3.5～4.5	3.5～4.5	1.6～2.4	1.6～2.4	余量	0.05	0.05	0.0125	0.13

TC17 钛合金的热处理工艺和实际压气机叶片的热处理工艺一致，且经过相同锻造工艺处理。图 6.14 为 TC17 钛合金的微观组织，α 相(密排六方)和 β 相(体

心立方)呈双套组织分布，α 相分布在 β 相基体上，其中 α 相大概占材料的 30%(体积分数)，β 相大概占材料的 70%。表 6.8 为 TC17 钛合金的基本物理参数，表 6.9 为 TC17 钛合金的热处理工艺与基本力学性能[21]。

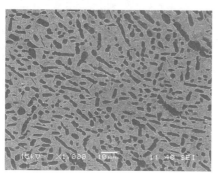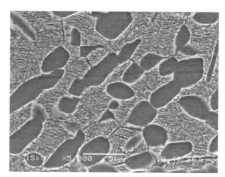

图 6.14　TC17 钛合金的微观组织

表 6.8　TC17 钛合金的基本物理参数

牌号	密度 /(g/cm³)	泊松比	弹性模型 /GPa	剪切模量 /GPa	体积模量 /GPa
TC17	4.68	0.33	113	126	65

表 6.9　TC17 钛合金的热处理工艺与基本力学性能

牌号	技术标准	热处理工艺	室温瞬时拉伸				室温冲击		硬度
			σ_b /MPa	$\sigma_{0.2}$ /MPa	δ_5 /%	ψ /%	α_{KV} /(kJ/m²)	α_{KU} /(kJ/m²)	HB /(kgf/mm²)
TC17	XJ/BS 5127—1995	840℃±10℃，1h，空冷；800℃±10℃，4h，水淬	1150	1070	7	15	300	532	373

　　实验中采用的是钛合金板状试样，尺寸为 40mm×30mm×4mm，其中中间区域 25mm×20mm 为激光冲击强化处理区域，激光冲击方式采用单面冲击。为了讨论激光冲击参数对钛合金微观组织结构的影响规律，实验中采用了几组不同功率密度和冲击次数的激光冲击参数，其具体激光冲击强化实验参数如表 6.10 所示。

表 6.10　三种钛合金的激光冲击强化实验参数[16,18-19]

材料	冲击参数	功率密度/(GW/cm²)	光斑搭接率/%	冲击次数
TC6	6J,20ns,3mm	4.24	50	1
	6J,20ns,3mm	4.24	50	3
	6J,20ns,3mm	4.24	50	5
	6J,20ns,3mm	4.24	50	10

续表

材料	冲击参数	功率密度/(GW/cm²)	光斑搭接率/%	冲击次数
TC11	6J,20ns,3mm	4.24	50	1
	6J,20ns,3mm	4.24	50	3
	6J,20ns,3mm	4.24	50	5
	6J,20ns,3mm	4.24	50	10
TC17	4J,20ns,3mm	2.83	50	3
	6J,20ns,3mm	4.24	50	3
	8J,20ns,3mm	5.66	50	3
	10J,20ns,3mm	7.07	50	3

6.4.2　激光诱导冲击波作用下的微观组织特征

本节分别利用 X 射线衍射(X-ray diffraction，XRD)、透射电子显微镜(transmission electron microscopy，TEM)和同步辐射 X 射线衍射(synchrotron X-ray diffraction，SXRD)对不同激光冲击参数下钛合金的微观组织进行表征，分析激光诱导冲击波对微观组织的影响。

1. X 射线衍射分析

通过 X 射线衍射分析激光诱导冲击波作用前后钛合金表面物相和微观结构的变化，并讨论冲击次数和功率密度的影响规律。图 6.15 是不同激光冲击次数下 TC6 钛合金的 XRD 图谱及晶面半高宽。由图 6.15(a)可知，激光冲击前后 TC6 钛合金衍射峰位置没有发生变化，且没有新的衍射峰产生，说明 TC6 钛合金在激光冲击后没有新相形成，即使增加激光冲击次数，同样没有新相产生，证明激光冲击波并不能导致 TC6 钛合金发生冲击相变。另外，TC6 钛合金在激光冲击后 Bragg 衍射峰发生了宽化，衍射峰强度值发生降低，而且 Bragg 衍射峰宽化程度随着激光冲击次数增加而增大，说明激光冲击可以使 TC6 钛合金表层微观应变增大，甚至晶粒发生细化，且随着冲击次数增加，微观应变和晶粒细化的程度也随之增大，这与喷丸、深滚等表面强化技术的结果一致[22-23]。图 6.15(b)为不同激光冲击次数下衍射峰半高宽的变化情况，α-Ti 相对应的所有晶面衍射峰半高宽在激光冲击后都发生了不同程度的宽化，其中在(100)、(102)、(110)晶面上呈现出随着冲击次数增加而明显增大的趋势[15-16]。

图 6.16 是不同激光功率密度下 TC11 钛合金的 XRD 图谱及晶面 XRD 衍射峰。TC11 钛合金在激光冲击后，即使功率密度增大到 5.66GW/cm²，XRD 图谱中都没有出现新的衍射峰，说明 TC11 钛合金同样没有发生冲击相变而产生新相。随着激光功率密度的增大，X 射线衍射峰向低角方向发生偏移，这是材料微观应变导致的，而微观应变的产生主要是因为材料剧烈塑性变形而产生了大量晶体缺陷和

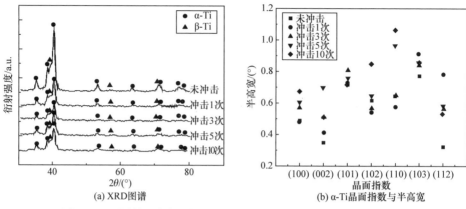

图 6.15　不同激光冲击次数下 TC6 钛合金的 XRD 图谱及晶面半高宽

畸变。同 TC6 钛合金一样，激光冲击后 TC11 钛合金的 X 射线 Bragg 衍射峰发生了明显宽化，这同样是表层微观应变和晶粒细化引起的。随着激光功率密度的增大，微观应变和晶粒细化程度都会随之增大，导致 Bragg 衍射峰进一步宽化[24]。

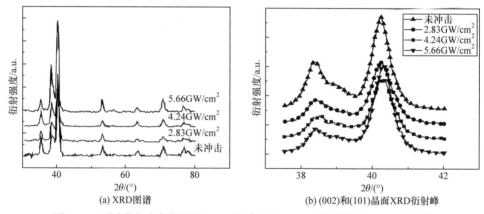

图 6.16　不同激光功率密度下 TC11 钛合金的 XRD 图谱及晶面 XRD 衍射峰

图 6.17 为不同激光功率密度下 TC17 钛合金的 XRD 图谱。相比激光冲击前，TC17 钛合金在不同激光功率密度冲击后，X 射线衍射峰及其位置没有发生变化，说明激光冲击后 TC17 钛合金仍由 α 相和 β 相组成，同样没有发生冲击相变而形成新生相。同上述 TC6、TC11 钛合金一样，激光冲击后 TC17 钛合金相应晶面的 Bragg 衍射峰发生了宽化，说明塑性变形导致了微观应变和晶粒细化的产生，且功率密度越大，宽化程度越高[25]。

2. 透射电子显微镜分析

由 XRD 图谱分析可知，钛合金激光冲击后产生了大量微观应变，甚至晶粒

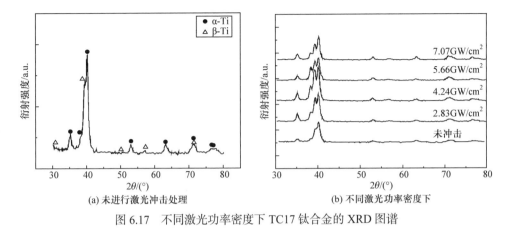

(a) 未进行激光冲击处理　　　　　　　　(b) 不同激光功率密度下

图 6.17　不同激光功率密度下 TC17 钛合金的 XRD 图谱

细化，下面通过透射电子显微镜和同步辐射 X 射线衍射更加直接、精细地对微观组织结构进行表征。

　　图 6.18 是透射电子显微镜下三种钛合金的原始微观组织，从图中可以看出三种钛合金都是由尺寸较大的等轴状 α 相晶粒和针状 β 相晶粒组成，晶粒尺寸在几微米左右，且晶粒内的位错、孪生等晶体缺陷很少；不同的是钛合金中 α 相与 β 相所占的比例不同。

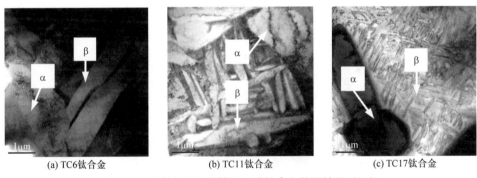

(a) TC6钛合金　　　　　　(b) TC11钛合金　　　　　　(c) TC17钛合金

图 6.18　透射电子显微镜下三种钛合金的原始微观组织

　　为了获得 TC6 钛合金在不同冲击次数下微观组织的变化规律，在功率密度为 4.24GW/cm² 下分别对 TC6 钛合金进行 1 次、3 次、5 次、10 次激光冲击处理，然后通过透射电子显微镜观察表面和截面的微观组织。图 6.19 为 TC6 钛合金激光冲击 1 次后表面透射电镜图。由图 6.19(a)发现表面晶粒内产生了高密度位错，说明 TC6 钛合金是通过位错的形式进行塑性变形，且剧烈塑性变形导致位错的大量增殖。图 6.19(b)中发现了大量位错胞结构，其尺寸在 300～500nm，这是由位错滑移后围聚而成。另外，在表面某些区域发现了细化晶粒，如图 6.19(c)，晶粒尺寸直接达到了纳米级，但纳米晶的尺寸并不均匀，尺寸范围从几十纳米到 300 纳米。

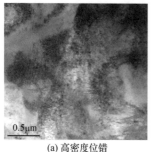 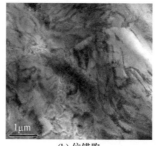 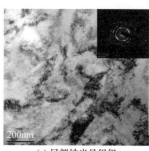

(a) 高密度位错　　　　　　　　　　(b) 位错胞　　　　　　　　　　(c) 局部纳米晶组织

图 6.19　TC6 钛合金激光冲击 1 次后表面透射电镜图

综上可知，冲击 1 次后 TC6 钛合金表面虽可以在局部区域形成纳米晶，但大部分区域仍处于高密度位错和位错胞状态，属于高密度位错、位错胞和纳米晶的混合组织，这是因为冲击波造成的塑性变形程度较低，且不均匀，导致大部分原始晶粒的细化过程未能完成[16]。

为了使高密度位错和位错胞等结构继续演化，促进晶粒细化而形成均匀纳米晶组织，通过增大激光冲击次数的方式来延长冲击波作用时间。当冲击次数增大至 3 次时，如图 6.20 所示，TC6 钛合金表面形成了均匀的纳米晶组织，纳米晶的平均尺寸在 70nm，且电子衍射花样呈现出明锐、连续的环状，说明纳米晶的空间分布和晶粒取向均匀，此时 TC6 钛合金实现了表面纳米化。

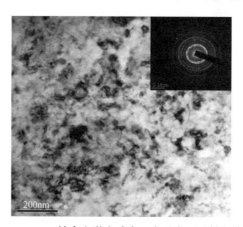

图 6.20　TC6 钛合金激光冲击 3 次后表面透射电镜图

另外，冲击 1 次时大量存在的高密度位错和位错胞等结构已经基本消失，说明高密度位错和位错胞完成了演化，且所在的原始晶粒也已细化成纳米晶，这是因为高能态的高密度位错和位错墙不稳定，在冲击波驱动下位错发生了湮灭和重排，从而形成更为稳定的晶界。综上可知，纳米晶是通过高密度位错和位错胞等微观结构演化而成，其中增加冲击次数来延长冲击波作用时间是实现表面纳米化的有效途径之一。

　　为了研究 TC6 钛合金表面纳米晶组织在后续冲击波作用下的变化规律，继续增大冲击次数到 5 次时，如图 6.21 所示。TC6 钛合金表面形成了平均尺寸在 30nm 的纳米晶，相比冲击 3 次时，纳米晶的平均尺寸发生明显减小，且晶粒大小更为均匀。在选区电子衍射花样中出现更多、更明锐的衍射光斑，形成了更加连续的衍射环，说明纳米晶的晶粒取向也变得更加随机。因此，在激光诱导冲击波反复多次作用下，TC6 钛合金表面会形成尺寸更小、分布更均匀、取向更为随机的纳米晶组织，这是由于前期形成的大尺寸纳米晶在后续冲击波作用下发生了进一步的细化，且纳米晶同时发生了旋转，从而获得更大的晶粒取向差。

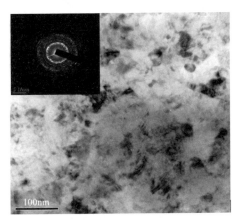

图 6.21　TC6 钛合金激光冲击 5 次后表面透射电镜图

　　实验中对表面纳米晶组织进行了高分辨率分析，从而更加清晰地观察纳米晶组织的微观结构细节，如图 6.22 所示。图中原子排列呈现出多处具有不同排列方向的部分，即为纳米晶，其尺寸在十到几十纳米。纳米晶之间存在排列较为无序的过渡区域，即为纳米晶界。图中标注的 A、B、C、D、E、F 区域则表示具有不同晶粒取向的纳米晶，其最小尺寸在 10nm 左右。

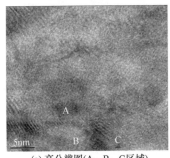

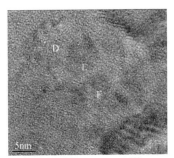

(a) 高分辨图(A、B、C区域)　　　(b) 快速傅里叶变换图　　　(c) 高分辨图(D、E、F区域)

图 6.22　TC6 钛合金表面 5 次冲击后的高分辨率图

图 6.23 是 TC6 钛合金激光冲击 10 次后表面透射电镜图。相比 5 次冲击，10 次冲击后表面纳米晶没有发生明显细化，平均尺寸稳定于 30nm，说明冲击波作用下表层晶粒细化到一定程度后无法再继续细化。另外，由电子衍射花样可以看出纳米晶的晶粒取向变得更加随机、均匀，这是因为无法继续细化的纳米晶在后续冲击波下发生了旋转。

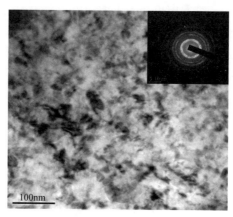

图 6.23　TC6 钛合金激光冲击 10 次后表面透射电镜图

利用聚焦离子束(focused ion beam，FIB)制作截面样品，通过透射电镜对截面微观组织进行观察，图 6.24 为 TC6 钛合金激光冲击 1 次后截面透射电镜图。在图 6.24(a)中，材料表层 A 区域产生了纳米晶，该区域电子衍射花样呈明锐衍射环(图 6.24(b))，说明纳米晶组织的晶体取向较为随机，但纳米晶层厚度仅为 200nm 左右。由图 6.24(c)看出，次表层 B 区域的电子衍射花样呈对称性排列，但存在较大的畸变，说明此处仍为粗大原始晶粒，并且晶粒内部形成了高密度位错和位错胞结构，致使原始晶粒内存在较大的微观应变。

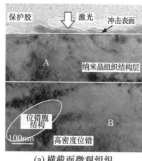

(a) 横截面微观组织

(b) A 区衍射环

(c) B 区衍射环

图 6.24　TC6 钛合金激光冲击 1 次后截面透射电镜图

由图 6.25 可看出，TC6 钛合金在激光冲击 3 次后截面组织分布与冲击 1 次时相似，仍呈现出最表层纳米晶组织和次表层位错胞的分布规律。不同的是冲击 3次时表层纳米晶层厚度达到 1μm 左右，这说明增加冲击次数可以显著提高表面纳米化程度，不仅可以在材料表面形成更加细小、均匀的纳米晶组织，而且可以增加纳米晶层的厚度。

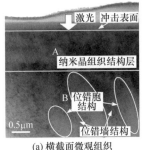
(a) 横截面微观组织

(b) A区衍射环

(c) B区衍射环

图 6.25　TC6 钛合金激光冲击 3 次后截面透射电镜图

同样对不同激光冲击参数下 TC11、TC17 钛合金微观组织结构进行表征。如图 6.26 所示，同 TC6 钛合金一样，TC11 钛合金在激光冲击 1 次后表面组织形成了大量的高密度位错和位错胞，个别区域形成了纳米晶，其中位错胞结构尺寸在500nm 左右，而纳米晶最小仅为 50nm。不同区域出现不同的微观组织结构，这与冲击波作用下位错运动方向的择优性有关，当冲击波作用方向与位错滑移方向一致时，可促进位错结构快速运动而形成纳米晶[24-25]。

(a) 高密度位错和位错胞

(b) 纳米晶组织

图 6.26　TC11 钛合金激光冲击 1 次后表面透射电镜图

图 6.27 为不同冲击次数下 TC11 钛合金表面透射电镜图。从图 6.27(a)和(b)中发现，激光冲击 3 次后表面形成了较为均匀的纳米晶组织，其晶粒尺寸在 40～80nm，说明冲击 3 次即可基本上实现 TC11 钛合金的表面纳米化。相比冲击 1次时，高密度位错和位错胞结构都消失了，主要是通过细化转变为纳米晶。如图 6.27(c)中 5 次冲击后表面形成了更加细小的纳米晶，晶粒尺寸平均在 30nm，且基本上呈等轴状；另外电子衍射环变得更加明锐、连续，说明纳米晶组织的晶

粒取向更加随机。如图 6.27(d)所示，10 次冲击后表面纳米晶尺寸没有发生明显变化，平均尺寸仍为 30nm，说明纳米晶无法再通过晶粒内位错运动来实现进一步细化。通过对比电子衍射花样发现 10 次冲击后纳米晶的晶粒取向进一步随机均匀化，这是由于表面纳米晶无法细化时，后续冲击波驱动纳米晶发生了动态旋转，相邻纳米晶之间的取向差变大，此时纳米晶界则由小角度晶界向大角度晶界转化[24]。

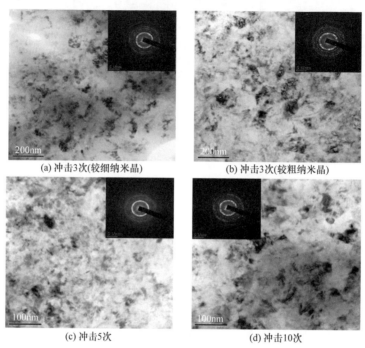

(a) 冲击3次(较细纳米晶)　　　　(b) 冲击3次(较粗纳米晶)

(c) 冲击5次　　　　(d) 冲击10次

图 6.27　不同冲击次数下 TC11 钛合金表面透射电镜图

通过多次冲击可以实现 TC11 钛合金表面纳米化，但由于冲击波压力衰减，不同深度微观组织发生不同程度的演化，下面对 TC11 钛合金激光冲击 5 次后的截面微观组织进行观察，如图 6.28 所示。由于 FIB 截面样品的区域较小，仅能观察浅表层的微观组织，因此采用双喷减薄法在距冲击表面 1μm、10μm、100μm 和区域制作不同深度上的 TEM 薄膜上，实现对较深区域微观组织的观察。由图 6.28(a)和(b)发现，深 1μm 处为尺寸不均匀的纳米晶组织，最大尺寸约达 400nm，这是冲击波压力衰减导致次表层处晶粒细化程度不高，而且塑性变形的不均匀性也造成晶粒不同程度的细化。在图 6.28(c)中，深 10μm 处没有发现纳米晶组织，说明此处晶粒没有发生纳米级细化，主要是位错滑移、集聚而形成的位错胞等结构。随着深度增大，冲击波压力进一步衰减，致使位错形成后由于缺乏高压冲击波作为驱动力，位错滑移、重排无法继续进行，因此深 100μm 处微观组织处于高密度位错杂乱排列，如图 6.28(d)所示。

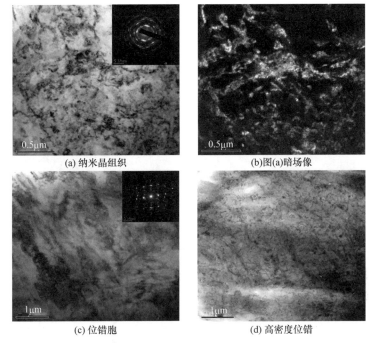

图 6.28　TC11 钛合金激光冲击 5 次后截面透射电镜图

　　根据上述研究发现冲击 3 次即可实现钛合金的表面纳米化,因此下面对 TC17 钛合金进行 3 次冲击,且采用不同功率密度(2.83GW/cm²、4.24GW/cm²、5.66GW/cm²、7.07GW/cm²)进行处理,讨论功率密度对微观组织结构的影响规律。

　　图 6.29 为不同功率密度下激光冲击 3 次后 TC17 钛合金表面透射电镜图。由图 6.29(a)可知,功率密度为 2.83GW/cm² 下表面组织主要为高密度位错和位错胞等结构,且衍射花样与原始组织相同,说明晶粒没有发生细化。如图 6.29(b)所示,当功率密度为 4.24GW/cm² 时,电子衍射花样呈明锐衍射环,且通过明场像看出晶粒尺寸已细化至纳米级别,平均尺寸在 100nm,说明原始晶粒已经通过细化形成了大量纳米晶,即实现了表面纳米化。通过对比 TC6 和 TC11 钛合金发现,随着材料屈服强度的升高,在相同冲击条件下(4.24GW/cm² 下、3 次冲击)晶粒细化程度在逐渐降低,形成的纳米晶尺寸在随之增大[25]。

　　如图 6.29(c)和(d)所示,当继续加大激光功率密度到 5.66GW/cm²、7.07GW/cm² 时,晶粒得到了进一步细化,晶粒尺寸仅为 30nm 左右,且衍射环更加连续、明锐,说明增大功率密度同样可以获得更加细小、均匀的纳米晶组织[23]。但随着功率密度的升高,晶粒尺寸趋于稳定,说明晶粒细化程度同样存在极限值。另外,三种钛合金表面纳米化形成的纳米晶尺寸都趋于稳定在 30nm 左右,说明双相钛合金原始晶粒在激光诱导冲击波作用下的可细化程度相近,是由晶粒细化机制所决定的。

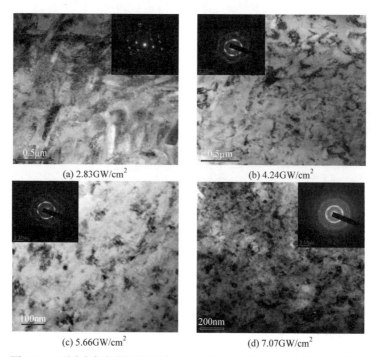

(a) 2.83GW/cm^2　　　　　　　　　　　(b) 4.24GW/cm^2

(c) 5.66GW/cm^2　　　　　　　　　　　(d) 7.07GW/cm^2

图 6.29　不同功率密度下激光冲击 3 次后 TC17 钛合金表面透射电镜图

　　综上可知，激光诱导冲击波作用同样可以实现 TC17 钛合金的表面纳米化，表面纳米化过程中出现了高密度位错和位错胞等微观组织结构，说明 TC17 与 TC6、TC11 钛合金的表面纳米化形成机制相同，都是由位错形成、运动等导致晶粒纳米级细化的过程。另外，功率密度为 2.83GW/cm^2 下 3 次冲击后，微观组织仍处于高密度位错和位错胞等状态，说明激光冲击表面纳米化不仅与冲击次数有关，同时也与功率密度有关。

　　3. 同步辐射 X 射线衍射分析

　　为更好研究钛合金激光冲击表面纳米化过程中的晶粒细化机制，下面将对 TC6 钛合金进行同步辐射 X 射线衍射分析。图 6.30 为 TC6 钛合金激光冲击后截面衍射峰分布结果。图 6.30(a)的衍射图谱中，在距冲击表面约 2μm 的浅表层区域内，几乎所有的衍射峰显得十分明锐，而 X 射线衍射时采用的束斑直径小于 1μm，说明在冲击表层区域内存在纳米晶，且大量纳米晶基本分布于整个浅表层区域。由图 6.30(b)的衍射图谱可知，在距冲击表面约 5μm 的区域处，除了少量明锐衍射峰外，大多是被严重拉伸的衍射峰，衍射峰强度变弱且其形状已完全偏离理论上的洛伦兹分布，说明该区域内主要是位错胞和高密度位错等结构。图 6.30(c)中距冲击表面约 20μm 区域的衍射图谱发现，衍射峰不再明锐，形状拉伸更加严重，衍射强度也变得更加微弱，说明此区域内仅存在高密度位错结构，相比图 6.30(b)，拉伸程度的增大和衍射强度的降低是由于随着深度增加，位错密度在逐渐降低。

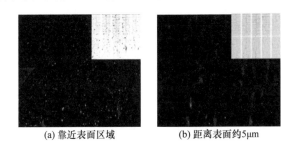

(a) 靠近表面区域　　　　(b) 距离表面约5μm　　　　(c) 距离表面约20μm

图 6.30　TC6 钛合金激光冲击后截面衍射峰分布结果(后附彩图)

另外，研究还对功率密度为 4.24GW/cm² 、1 次冲击后的 TC6 钛合金进行了 X 射线衍射分析，发现劳厄衍射峰沿截面分布与冲击 3 次时相似，只是影响深度变浅，劳厄衍射峰在距冲击表面 3μm 处拉伸明显，而在距冲击表面 20μm 处与基体基本相同。因此，激光诱导冲击波作用下劳厄衍射峰形状的演化过程：原始晶粒的明锐衍射峰在位错和晶格畸变的影响下拉伸、模糊，然后在晶粒发生细化后，衍射峰变为更加细小、明锐的衍射峰，如图 6.31 所示。

图 6.31　激光冲击波作用下 TC6 钛合金衍射峰形状的演化过程(后附彩图)

6.4.3　激光诱导冲击波作用下的微观组织演化

根据 6.4.2 小节中不同激光冲击参数下表面和截面微观组织结构发现，钛合金激光冲击表面纳米化过程中形成了大量高密度位错和位错胞等组织结构，但未发现孪晶，说明位错的形成和运动是其表面纳米化的实现方式。钛合金激光冲击表面纳米化过程主要经历了三种微观组织特征：高密度位错、位错胞和纳米晶。因此，钛合金激光冲击表面纳米化过程主要分为位错形成、位错运动和纳米晶形成三个阶段。由于表面纳米化过程与激光诱导冲击波加载条件密切相关，下面将结合激光诱导冲击波压力、传播特性和材料超高应变率塑性变形规律，分析位错的形成、运动机制和纳米晶的形成机制，从而揭示激光诱导冲击波作用下钛合金表面纳米化的形成机理。

1. 位错形成机制

目前，许多学者针对不同研究对象和载荷条件提出了多种位错形成模型，如 Meyers 模型[26]、Hornbogen 模型[27]和 Weertman-Follansbee 模型[28]等，其中 Meyers 模型是针对高压冲击波条件下提出来的，适合于激光诱导冲击波作用下钛合金的位错形成过程。根据 Meyers 的位错均匀成核模型可知，冲击波作用过程中，位错会在单轴应变产生的偏应力作用下形成。位错主要在冲击波阵面上及其附近区域均匀成核，而且位错形成后偏应力会发生弛豫，这与一般低应变率下位错成核不同[10]。Dhere 等[29]通过对比铝在冲击载荷和冷轧条件下的位错亚结构，发现冲击载荷下的位错分布更加均匀。

当冲击波与材料相互作用时，高偏应力会使立方晶格扭曲，形成斜方晶格；当偏应力达到某一临界值时，位错即可均匀成核[26]，此时剪切应力为

$$\tau_h / G = 0.054 \tag{6.29}$$

式中，τ_h 为所需的剪切应力；G 为剪切模量。当最大剪切应力等于 τ_h，且该剪切应力作用在各个滑移方向上时，位错即会发生均匀成核。最大剪切应力与冲击波压力的关系为 $\tau_h = 2GP / K$，其中 $K = E / 3(1 - 2v)$。

因此，金属材料位错均匀成核的冲击波压力阈值为 $P = 0.027K$，本小节 TC6、TC11、TC17 钛合金的均匀成核的压力阈值分别为 2.54GPa、2.79GPa、3.02GPa。根据模型计算和实验测试可知，本节所用激光冲击参数下冲击波峰值压力可达到 3~6GPa，完全满足位错均匀成核的条件，所以激光冲击后钛合金内部产生了大量位错，并形成高密度位错结构。

由材料应变率硬化效应可知，塑性变形应变率越高，相同应变下的流变应力就越大。根据位错晶胞加工硬化理论可知，激光冲击波压力越大，材料塑性变形速率越高，形成的位错密度越高，其中流变应力与位错密度密切的关系式为[30]

$$\tau = \alpha Gb\sqrt{\rho} \tag{6.30}$$

式中，τ 为流变应力；α 为材料系数；b 为 Burgers 矢量；ρ 为位错密度。

相关研究结果表明：高应变率条件下，高应力可以激活更短的 Frank-Read 位错源，产生更多数目的位错，并加剧位错运动程度[31]，在吉帕量级高压激光诱导冲击波作用下，金属材料塑性变形速率达 10^6/s 以上，属于超高应变率塑性变形，所以钛合金在激光诱导冲击波作用下很容易形成高密度位错。

本节通过分子动力学仿真发现，密排六方 α 晶粒在激光诱导冲击波作用下形成了大量的位错结构，且由于激光诱导冲击波作用下材料的塑性变形速率非常高，位错密度也随之急剧升高，从而形成了高密度位错结构，如图 6.32 所示。

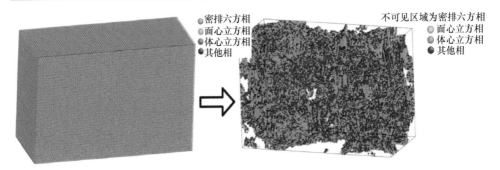

图 6.32　冲击波作用下形成的高密度位错结构(后附彩图)

2. 位错运动机制

高密度位错形成后，位错在后续冲击波驱动下会通过不同运动方式协调塑性变形，高层错能钛合金内的位错易移动，但不易分解，导致位错发生交互作用而聚集缠结。位错运动的相互阻碍作用，导致位错分布不均匀，形成许多高密度位错地区和低密度位错地区，即位错胞的初始阶段[32]。位错胞周围存在大量位错，随着冲击波继续驱动位错运动，胞壁上的位错相互作用、抵消，形成了位错墙，从而把原始粗晶切割成不同尺寸的位错胞[33]。如图 6.33 所示，在冲击波的后续作用下，位错密度明显降低，只有在特定区域处形成了位错墙，而且位错墙附近仍集聚较多杂乱分布的位错。

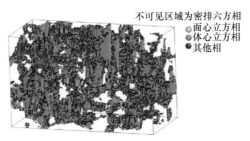

图 6.33　位错胞结构(后附彩图)

由于钛合金两相的晶体结构不同，冲击波在相界、晶界上发生反射和透射，形成具有多个传播方向的复杂冲击波系。不同传播方向的冲击波将有利于同时开动多个滑移系进行位错滑移，从而导致高密度位错在冲击波作用下快速滑移形成位错胞，如图 6.34 所示。

应变率越高，塑性变形产生的位错密度越大，分布越均匀，随着位错滑移形成的位错胞尺寸也更小，进而获得尺寸更小的细化晶粒：

$$应变率\uparrow \Rightarrow \begin{cases} 位错密度\uparrow \\ 位错均匀性\uparrow \end{cases} \Rightarrow 位错胞尺寸小\downarrow \Rightarrow 晶粒细化程度\uparrow \qquad (6.31)$$

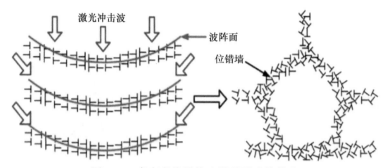

图 6.34 高密度位错快速滑移形成位错胞

因此，钛合金在激光诱导冲击波作用下形成了大量高密度位错，并在后续冲击波驱动下形成了尺寸很小的位错胞。

3. 纳米晶形成机制

在激光诱导冲击波作用下，高密度位错极易发生快速滑移，并在很小区域内增殖、集聚和重排，从而形成尺寸在纳米量级的位错胞。当激光冲击波持续作用(冲击波作用时间延长)，纳米量级位错胞胞壁上的位错密度会达到某一临界值时，位错进一步湮灭、重排，从而使胞壁进一步变薄。胞壁上的位错重排后，不同符号的位错相互抵消，只留下一种符号的多余位错，其柏氏矢量垂直于胞界的位错产生取向差，使位错墙演化为晶界，如图 6.35 所示，同时引起胞状组织向纳米晶组织转变，如图 6.36 所示。

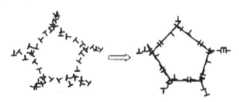

图 6.35 位错墙演化为晶界

图 6.36 新生晶界结构(后附彩图)

另外，钛合金在 1 次冲击下即可在材料表面局部区域形成纳米晶，这是由于该区域内晶粒的滑移系与冲击波作用方向相一致，位错更容易运动，从而在较短的冲击波作用时间内快速完成整个晶粒细化过程。

　　根据上述位错的形成、运动机制和纳米晶的形成机制分析，钛合金激光冲击表面纳米化形成机制可以总结为三个阶段，如图 6.37 所示。

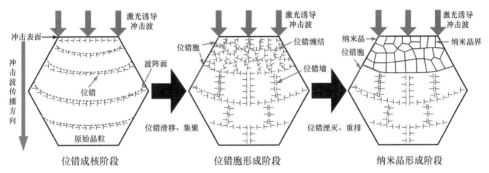

图 6.37　钛合金激光冲击表面纳米化形成机制示意图

　　具体三个阶段：①当激光冲击波压力大于钛合金位错均匀成核阈值时，在冲击波波阵面附近快速形成高密度位错；②在后续冲击波的驱动下，原始晶粒内的高密度位错在小范围内快速滑移，因位错集聚而形成纳米级尺寸的位错胞；③位错墙上位错在冲击波的进一步驱动下发生湮灭和重排，使位错墙转变为晶界，从而在钛合金表层快速形成纳米晶组织。

　　在不同功率密度和冲击次数下，钛合金表面微观组织都呈现出高密度位错—位错胞—纳米晶的纳米化过程，因此，激光冲击表面纳米化过程及其程度与冲击波压力大小、作用时间密切相关。冲击波压力越大，位错胞尺寸越小，最终形成的纳米晶尺寸也就越小；冲击波作用时间越长，材料塑性变形时间也就越长，从而通过进一步细化形成更小的纳米晶。因此，表面纳米晶尺寸会随着功率密度和冲击次数的提高而减小，其本质上是因为更多的冲击波动能转化为材料塑性变形能，促使晶粒高程度细化，如图 6.38 所示，其中阴影部分为材料塑性变形能。但是，表面纳米晶的尺寸不可能无限制减小(冲击 5 次以上稳定在约 30nm)，这是因为冲击波很难诱导纳米晶内位错的形成和滑移，晶粒无法继续细化，而此时晶体会发生动态旋转，获得更加随机、均匀的晶粒取向。

　　激光冲击表面纳米化时，由于冲击波向内传播过程中压力大小和作用时间都会随着冲击波衰减而逐渐减小，材料塑性变形程度随之降低，深度上呈现出不同细化程度的梯度微观组织结构，如图 6.39 所示。其中包括约 1μm 的纳米晶层、约 10μm 的位错胞层和约 1mm 的位错层，且增大功率密度和冲击次数可以提高各层深度。特别的是，由于纳米晶层很浅(约 1μm)，而原始晶粒较大(约 10μm)，说明表面纳米化后材料表层出现了新生纳米晶与部分原始晶粒共存的现象。

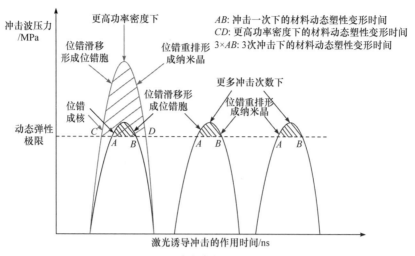

图 6.38 不同冲击参数下的纳米化过程

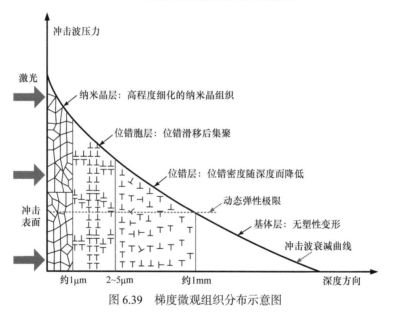

图 6.39 梯度微观组织分布示意图

相比机械研磨、超声喷丸等传统表面强化技术，激光冲击表面纳米化的形成机理存在很大不同：①激光冲击波压力大，材料塑性变形速率高，位错形成、运动及纳米晶形成都是在很短时间内完成，而传统表面强化技术是通过长时间、较低应变率下的反复累积塑性变形完成；②位错在波阵面上均匀成核，在后续冲击波驱动下快速滑移，而传统表面强化技术下，初次塑性变形导致某些达到临界分切应力的滑移系开动而产生位错，并在"再次塑性变形"下促使其他滑移系开动；③激光冲击条件下纳米晶由纳米级位错胞直接转化而成，而传统表面强化技术下，纳米晶形成则经历了复杂多层次、多次细化的晶粒细化过程，即位错—位错胞—亚晶—纳米晶[34-35]。

6.5　反射拉伸波与冲击层裂

在激光冲击波结合力检测技术中,树脂基复合材料在激光诱导冲击波作用下,一方面会产生由耦合拉应力作用下界面单元刚度折减并最终破坏的张开型损伤;另一方面还会产生由层裂区域边缘冲击作用而形成的剪切损伤。

本节在不同激光参数下进行复合材料层合板激光冲击试验,通过光子多普勒测速仪获取激光诱导冲击波作用下复合材料背面速度曲线,再利用相控阵超声无损检测技术对试样进行无损检测,讨论激光冲击参数对复合材料内部层裂损伤特征的影响,通过有限元数值模拟方法,揭示激光诱导冲击波作用下的层裂损伤机制。

6.5.1　激光功率密度对复合材料层裂特征的影响

图 6.40 为不同功率密度下复合材料层合板激光冲击后的超声检测结果,其中脉冲激光为平顶激光、20ns 脉宽、直径 5mm 光斑。功率密度为 0.51GW/cm² 条件下,试样底面轮廓波不平整,存在缺陷回波,说明此冲击条件下试样内部已产生损伤。随着激光冲击能量的增加,缺陷回波愈加明显,严重影响到试样底面的超声回波,底面轮廓波的不平整度增加。当激光功率密度达到 0.76GW/cm² 及以上时,可以观察到试样冲击表面的轮廓波也不再平整,出现凹陷,说明在高压冲击

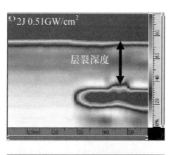
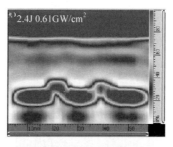
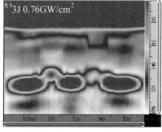
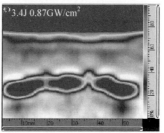

图 6.40　不同功率密度下复合材料层合板激光冲击后的超声检测结果(后附彩图)

波作用下，碳纤维复合材料冲击表层也会发生损伤。冲击表层的损伤，一方面是在过大的冲击波压力下，表层环氧树脂与碳纤维之间的阻抗失配造成；另一方面则是因为材料在过大压力作用下产生形变损伤。

如定义表面轮廓波至缺陷回波的距离为层裂深度，对不同功率密度下的层裂深度进行统计，其结果如图 6.41 所示。虽然激光冲击前已对碳纤维复合材料层合板进行了筛选，剔除了存在明显缺陷的试样，但因为碳纤维复合材料层合板在制作过程中仍会存在固化强度不充足、不均匀等问题，而这些缺陷也会对最终冲击结果产生影响，造成缺陷数据，所以应将这些明显的缺陷数据排除。激光功率密度为 0.51GW/cm^2 条件下，损伤主要集中在冲击背面，随着激光能量的增加，层裂深度减小，层裂位置逐渐向冲击表面移动。结合 2.3 节对激光诱导冲击波压力特性的分析结果可知，功率密度的增加使作用于复合材料的冲击波压力增大，更大压力的冲击波在更靠近冲击表面的位置仍能够产生高于界面间粘接强度的拉应力，从而使得材料内部发生层裂损伤。

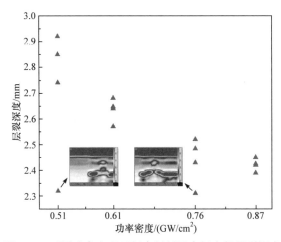

图 6.41 不同功率密度下复合材料层合板内部层裂深度

图 6.42 为不同功率密度下复合材料层合板的背面粒子速度曲线，由无损检测结果可知，在该冲击条件下试样内部均产生了层裂损伤，应力波在试样内部传播反射，造成了背面粒子速度曲线的波动。0.51GW/cm^2 功率密度下最大速度为0.123km/s，0.76GW/cm^2 功率密度下最大速度为 0.211km/s，两者间振幅的差异则归因于激光功率密度的不同。激光功率密度越高，层裂速度也越快，因此导致层裂的拉应力更大，从而给层裂提供了更多的动能。

6.5.2 激光空间能量分布对复合材料层裂特征的影响

图 6.43 为不同功率密度下复合材料层合板高斯激光冲击后的超声检测结果，

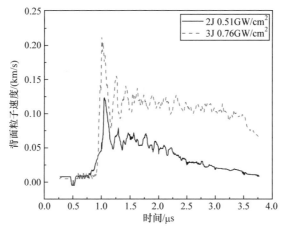

图 6.42　不同功率密度下复合材料层合板的背面粒子速度曲线

并与相同冲击参数下平顶激光的检测结果进行对比(图 6.40)。在 0.51GW/cm² 功率密度下，平顶激光冲击下试样表面轮廓波平整，而高斯激光冲击下试样表面轮廓波已出现凹陷，随着能量的进一步增加，高斯激光冲击下试样内部均出现了一定程度损伤。结合平顶激光与高斯激光所诱导的冲击波压力特性差异可知(见 2.3.2 小节)，这一现象是由在相同激光功率密度下，高斯激光所能产生的冲击波峰值压力更大造成的。

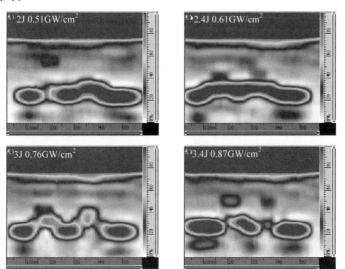

图 6.43　不同功率密度下复合材料层合板高斯激光冲击后的超声检测结果(后附彩图)

图 6.44 为不同空间能量分布条件下层裂深度,能量为 2.0J(功率密度为 0.51GW/cm²)和 2.4J(功率密度为 0.61GW/cm²)时，高斯激光和平顶激光所造成的层裂深度基本一致，位于试样冲击背面 2.75mm 处。随着能量增大至 3.0J(功率密度为 0.76GW/cm²)

时，高斯激光造成的层裂相较于平顶激光，层裂位置更靠近冲击表面。当能量达到 3.4J(功率密度为 0.87GW/cm²)时，两种情况之间的层裂位置差异更加明显。

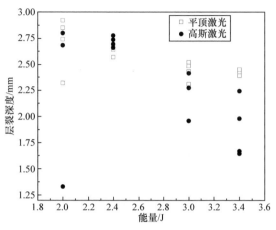

图 6.44　不同空间能量分布条件下层裂深度

根据 2.3.2 小节中激光诱导冲击波压力测试结果,平顶激光诱导产生的冲击波峰值压力模型为 $P = 2.688I^{0.459}$, 高斯激光诱导产生的冲击波峰值压力模型为 $P = 3.269I^{0.5572}$。激光能量为 2J(功率密度为 0.51GW/cm²)时，平顶激光对应的冲击波峰值压力为 1973MPa，高斯激光对应的冲击波峰值压力为 2246MPa，两者相差 273MPa。当激光能量增加到 3J(功率密度为 0.76GW/cm²)时，则平顶激光产生的冲击波峰值压力为 2370MPa，而高斯激光产生的冲击波峰值压力为 3006MPa，两者相差 636MPa。随着激光能量增加、功率密度升高，平顶激光和高斯激光诱导产生的冲击波峰值压力差异变大，导致在高斯激光诱导的更高压力冲击波作用下，在更靠近冲击表面位置耦合出高于结合强度的拉应力而造成层裂。

图 6.45 为不同能量下高斯激光、平顶激光冲击的背面粒子速度曲线，由图可知，相同能量下，高斯激光冲击下的背面粒子速度均高于平顶激光。在背面粒子速度曲线中，最大速度和第一个下降的最小速度的差称为"回退速度"，根据声学近似[36]，这个量可以用来估计材料的内部强度[37-38]：

$$\sigma = \rho_0 C_1 \Delta u / 2 \tag{6.32}$$

式中，σ 为动态层裂强度；ρ_0 为材料初始密度(1.6g/cm³)；C_1 为材料纵波声速 2680m/s；Δu 为回退速度。在激光能量为 2J(功率密度为 0.51GW/cm²)情况下，分别取平顶激光和高斯激光冲击的背面粒子速度曲线，Δu 分别为 72.9m/s 和 86.4m/s。由式(6.32)计算可得动态层裂强度分别为 156MPa 和 185MPa，动态层裂强度显著高于静态测量值[39]。需要注意的是，该计算模型仍然是一个简化的模型，是忽略了应力波在材料中的多次反射和衰减而提出的。

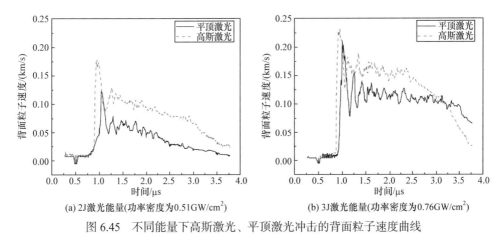

(a) 2J激光能量(功率密度为0.51GW/cm²) (b) 3J激光能量(功率密度为0.76GW/cm²)

图 6.45 不同能量下高斯激光、平顶激光冲击的背面粒子速度曲线

6.5.3 激光脉宽对复合材料层裂特征的影响

图 6.46 为 50ns/100ns 脉宽不同能量下复合材料层合板激光冲击后的超声检测结果，在脉宽为 50ns、能量为 1J 的激光冲击下，材料底面轮廓波中断，且存在较弱信号的缺陷回波，说明该冲击条件下造成了材料内部的轻微损伤。然后，将激光能量继续增加至 2J、3J，内部损伤则更为明显。在脉宽为 100ns、能量为 1J 的激光冲击下，层合板内部未检测出明显损伤。激光能量增加至 2J(功率密度为 0.1GW/cm²)时，底面轮廓波出现中断，说明内部已出现损伤。当激光能量继续增加到 3J，所能探得的损伤也更加明显。综述结果表明，该复合材料层合板在激光诱导冲击波作用下的层裂损伤阈值在功率密度为 0.1GW/cm² 附近。

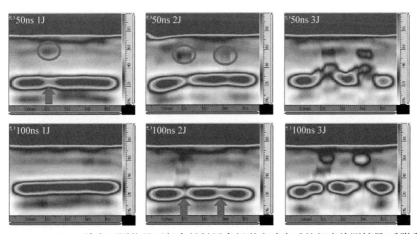

图 6.46 50ns/100ns 脉宽不同能量下复合材料层合板激光冲击后的超声检测结果(后附彩图)

当取激光能量为 3J，对不同脉宽条件下复合材料层合板激光冲击的层裂深度进行统计，结果如图 6.47 所示。相同激光能量，随着激光脉宽的增加，功率密度随

之降低，层裂深度也随之减小，说明损伤位置随着激光脉宽增加向冲击表面移动，这是因为激光脉宽的改变使得材料内部的最大拉应力位置也随之改变。如图 6.48 所示，P_1、P_2 为脉宽不同的冲击波，P_2 的脉宽长于 P_1，P_2 加载下形成卸载波的时间相较于 P_1 有所延后，应力波传播过程中，加载波(压应力波)先到达材料背面反射并转换为拉应力波与随后的卸载波耦合。当卸载波延后，加载波与卸载波耦合的位置则会更加靠近冲击表面，使得在 P_2 冲击波作用下最大拉应力位置比 P_1 深。

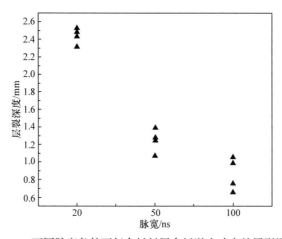

图 6.47　不同脉宽条件下复合材料层合板激光冲击的层裂深度

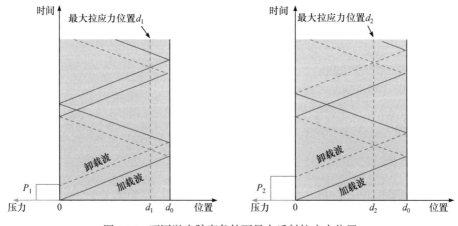

图 6.48　不同激光脉宽条件下最大反射拉应力位置

图 6.49 是激光脉宽为 100ns，能量为 1J(功率密度为 0.05GW/cm^2)和 3J(功率密度为 0.15GW/cm^2)条件下的背面粒子速度曲线，通过对比分析复合材料层合板激光冲击层裂与未层裂的背面粒子速度差异。如图 6.49(a)所示，0.15GW/cm^2 功率密度下，因为在相同加载时间内引入了更大的激光能量，所产生的冲击波压力更大，形成的峰值速度为 201.6m/s，远高于 0.05GW/cm^2 功率密度下的 38m/s。将

背面粒子速度进行归一化,如图 6.49(b)所示(图中 1A~4A,1B~4B 分别表示功率密度为 0.05GW/cm² 和 0.15GW/cm² 激光冲击下背面粒子速度峰值位置),1A 与 1B 出现时刻相近,随后各峰值位置出现明显差异,2B 峰值时刻相较于 2A 提前,3B、4B 的时间间隔也显著小于 3A 与 4A 的间隔,即层裂状态下背面粒子速度振荡周期减小。层合板内部产生层裂后,会在层裂处形成强界面,阻碍应力波在材料中的透射传播,同时加强了对应力波的反射,层裂位置与背面之间的应力波传播区域波程变短,速度曲线表现为更高频率的波动。

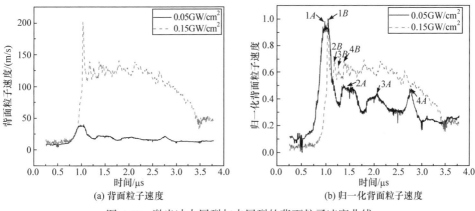

(a) 背面粒子速度　　　　　　　　　　(b) 归一化背面粒子速度

图 6.49　激光冲击层裂与未层裂的背面粒子速度曲线

6.5.4　激光诱导冲击波作用下复合材料的层裂机制

图 6.50 是复合材料层合板的激光冲击层裂形貌。由图 6.50(a)可知,在平顶激光(脉宽为 20ns,光斑直径为 5mm)诱导的冲击波作用下,最终在 1~2 铺层的界面形成了 10mm × 7mm 类椭圆形层裂区域。图 6.50(b)为相同冲击条件下复合材料层合板超声 C 扫描结果,损伤区域大小分别为 8.53mm × 6.31mm、9.45mm × 7.30mm、7.12mm × 6.26mm、6.99mm × 5.28mm。冲击载荷为中心对称载荷,但

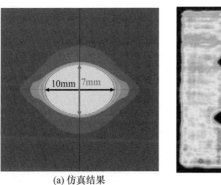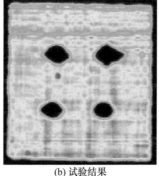

(a) 仿真结果　　　　　　　　　　(b) 试验结果

图 6.50　复合材料层合板的激光冲击层裂形貌(后附彩图)

最终损伤结果呈现为椭圆形区域，这是复合材料层合板力学性能各向异性所导致的。下面选取1~2铺层界面层裂区域7mm短轴方向距激光冲击轴线距离为0mm、1.5mm、3mm的A、B、C三个界面单元，如图6.51所示，分析各界面单元在层裂动态过程中的受力状态。

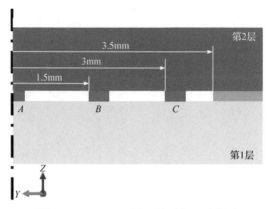

图 6.51　A、B、C界面单元位置示意图

图6.52是界面单元的应力曲线，分别为A、B、C三个界面单元剪应力S_{13}、S_{23}和正应力S_{33}的应力变化曲线，激光诱导冲击波作用下界面单元除受到应力波耦合形成的拉应力S_{33}以外，同时还受到因冲击变形及冲击波横波而产生的S_{13}、S_{23}剪应力。对于界面单元A、B，虽然受到S_{13}、S_{23}剪应力，但其应力值均远低于界面单元损伤的临界强度80MPa，只有650ns时S_{33}正应力达到了临界强度80MPa，且在达到临界强度后，界面单元刚度折减，承载能力下降直至单元最终破坏(670ns)，不再受力。界面单元C位于层裂区域的边缘位置，S_{33}正应力方向最大承受了62.5MPa的拉应力，但并未达到临界强度，而是在S_{23}剪应力方向承受的应力达到了临界强度而最终破坏。综上所述，激光诱导冲击波作用下的层裂

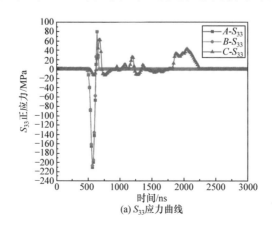

(a) S_{33}应力曲线

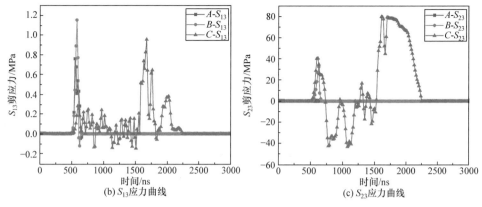

(b) S_{13} 应力曲线　　　　　　　　　(c) S_{23} 应力曲线

图 6.52　界面单元的应力曲线

损伤，除了在耦合拉应力作用下界面单元刚度折减并最终破坏的张开型损伤，还包括层裂区域边缘冲击作用造成的变形而产生的剪切损伤[40]。

参 考 文 献

[1] 邹世坤, 王健, 王华明, 等. 激光冲击处理金属板材后的裂纹扩展速率[J]. 激光技术, 2002, 26(3): 189-191.

[2] 汪诚, 任旭东, 周鑫, 等. 激光冲击对 GH742 镍基合金疲劳短裂纹扩展的影响[J]. 金属热处理, 2009, 34(7): 57-60.

[3] 任旭东, 张田, 张永康, 等. 激光冲击处理提高 00Cr12 合金的疲劳性能[J]. 中国激光, 2010, 37(8): 2111-2115.

[4] 李伟, 何卫锋, 李应红, 等. 激光冲击强化对 K417 材料振动疲劳性能的影响[J]. 中国激光, 2009, 36(8): 2197-2201.

[5] ZHOU L C, HE W F, WANG X D, et al. Effect of laser shock processing on high cycle fatigue properties of 1Cr11Ni2W2MoV stainless steel[J]. Rare Materials and Engineering, 2011, 40 (S4): 174-177.

[6] 李启鹏. 钛合金压气机叶片激光冲击强化原理与关键技术研究[D]. 西安: 空军工程大学, 2012.

[7] 聂祥樊. TC6、TC11 钛合金激光冲击强化表面纳米化研究[D]. 西安: 空军工程大学, 2011.

[8] 汤毓源. 碳纤维复合材料层合板激光冲击层裂研究[D]. 西安: 空军工程大学, 2021.

[9] 薛丁元. 空间高斯分布纳秒脉冲激光诱导冲击波试验研究[D]. 西安: 空军工程大学, 2016.

[10] 刘海雷. TC17 钛合金激光冲击强化研究[D]. 西安: 空军工程大学, 2011.

[11] 熊笏琦. TC4 钛合金激光冲击强化的数值模拟与试验研究[D]. 西安: 空军工程大学, 2011.

[12] JOHNSON J N, ROHDE R W. Dynamic deformation twinning in shock-loaded iron[J]. Journal of Applied Physics, 1971, 42(11): 4171-4182.

[13] FABBRO R, PEYRE P, BERTHE L, et al. Physics and applications of laser-shock processing[J]. Journal of Laser Applications, 1998, 10(6): 265-279.

[14] BALLARD P. Residual stresses induced by rapid impact-applications of laser shocking[D]. France: Ecole Poly Technique, 1991.

[15] 聂祥樊, 何卫锋, 李启鹏, 等. 激光喷丸改善 TC6 钛合金组织和力学性能[J]. 强激光与粒子束, 2013, 25(5): 1115-1119.

[16] NIE X F, HE W F, ZHOU L C, et al. Experiment investigation of laser shock peening on TC6 titanium alloy to improve high cycle fatigue performance[J]. Materials Science and Engineering: A, 2014, 594: 161-167.

[17] 聂祥樊, 何卫锋, 臧顺来, 等. 激光冲击对 TC11 钛合金组织和力学性能的影响[J]. 航空动力学报, 2014, 29(2): 321-327.

[18] NIE X F, HE W F, ZHOU L C, et al. Effects of laser shock peening on TC11 titanium alloy with different impacts[J]. Advanced Materials Research, 2013, 681: 266-270.

[19] 聂祥樊, 何卫锋, 王学德, 等. 激光冲击强化对 TC17 钛合金微观组织和力学性能的影响[J]. 稀有金属材料与工程, 2014, 43(7): 1691-1696.

[20] NIE X F, LONG N D, HE W F, et al. The effect on the surface of Ti-5Al-2Sn-2Zr-4Mo-4Cr by laser shock peening[J]. Materials Science Forum, 2011, 694: 946-950.

[21] 颜鸣皋. 中国航空材料手册[M]. 北京: 中国标准出版社, 2004.

[22] BAGHERIFARD S, FEMANDEZ-PARIENTE I, GHELICHI R, et al. Effect of severe shot peening on microstructure and fatigue strength of cast iron[J]. International Journal of Fatigue, 2014, 65: 64-70.

[23] ALTENBERGER I, NALLA R K, SANO Y, et al. On the effect of deep-rolling and laser-peening on the stress-controlled low- and high-cycle fatigue behavior of Ti-6Al-4V at elevated temperatures up to 550℃[J]. International Journal of Fatigue, 2012, 44: 292-302.

[24] NIE X F, HE W F, ZHANG S L, et al. Effect study and application to improve high cycle fatigue resistance of TC11 titanium alloy by laser shock peening with multiple impacts[J]. Surface and Coatings Technology, 2014, 253: 68-75.

[25] NIE X F, HE W F, LI Q P, et al. Experiment investigation on microstructure and mechanical properties of TC17 titanium alloy treated by laser shock peening with different laser fluence[J]. Journal of Laser Applications, 2013, 25(4): 42001.

[26] MEYERS M A. 材料的动力学行为[M]. 张庆明, 刘彦, 黄风雷, 等, 译. 北京: 国防工业出版社, 2006.

[27] HORNBOGEN E. The effect of striation substructure on the shear stress of single crystals[J]. Acta Materialia, 1962, 10: 978-986.

[28] WEERTMAN J, FOLLANSBEE P S. Mechanical behaviour and deformation substructures in steel[J]. Mechanics Materials, 1983, 2: 265-274.

[29] DHERE A G, KESTENBACH H J, MEYERS M A. The influence of shock loading on aluminum alloy deformation[J]. Materials Science & Engineering A, 1982, 5: 113-119.

[30] 陈锋. 高应变率和大变形对材料微晶化改性的影响之研究[D]. 宁波: 宁波大学, 2006.

[31] LEE D N. Relationship between deformation and recrystallisation textures of fcc and bcc meters[J]. Philosophical Magazine, 2005, 85: 297-322.

[32] 李茂林. 铝合金表面纳米化微观结构及晶粒细化机制研究[D]. 太原: 太原理工大学, 2006.

[33] VALIEV P 3, ALEXSANDHOV N B. 剧烈塑性形变纳米材料[M]. 陈光, 王经涛, 译. 北京: 科学出版社, 2005.

[34] 涂滨士. 纳米表面工程[M]. 北京: 化学工业出版社, 2004.

[35] 聂祥樊. 钛合金薄叶片激光冲击超高应变率动态响应与强化机理研究[D]. 西安: 空军工程大学, 2015.

[36] COCHRAN S, BANNER D. Spall studies in uranium[J]. Journal of Applied Physics, 1977, 48(7): 2729-2737.

[37] 谷卓伟, PERTON M, KRUGER S E, 等. 利用激光冲击波检测碳纤维材料中的粘接质量[J]. 中国激光, 2011, 38(3): 174-178.

[38] PERTON M, BLOUIN A, MONCHALIN J, et al. Adhesive bond testing by laser shock waves and laser interferometry[C]. Abstracts of 17th World Conference on Non-destructive Testing, Shanghai, 2010: 90.

[39] PERTON M, BLOUIN A, MONCHALIN J. Adhesive bond strength evaluation in composite materials by laser-generated high amplitude ultrasound[J]. Journal of Physics: Conference Series, 2011, 278(1): 12044.

[40] GHRIB M, BERTHE L, MECHBAL N, et al. Generation of controlled delaminations in composites using symmetrical laser shock configuration[J]. Composite Structures, 2017, 171: 286-297.

编　后　记

　　"博士后文库"是汇集自然科学领域博士后研究人员优秀学术成果的系列丛书。"博士后文库"致力于打造专属于博士后学术创新的旗舰品牌，营造博士后百花齐放的学术氛围，提升博士后优秀成果的学术影响力和社会影响力。

　　"博士后文库"出版资助工作开展以来，得到了全国博士后管委会办公室、中国博士后科学基金会、中国科学院、科学出版社等有关单位领导的大力支持，众多热心博士后事业的专家学者给予积极的建议，工作人员做了大量艰苦细致的工作。在此，我们一并表示感谢！

"博士后文库"编委会

彩　图

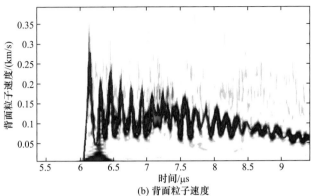

(b) 背面粒子速度

图 2.10　PDV 测试数据的处理过程

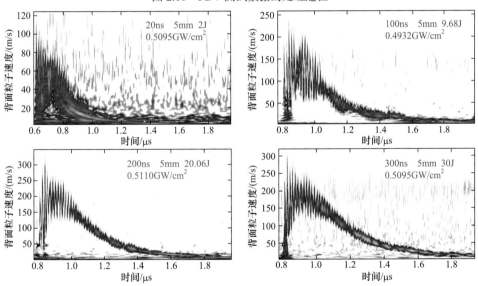

图 2.24　不同脉宽条件下背面粒子速度曲线

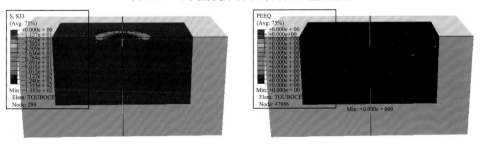

图 4.4　10ns 时的应力波与塑性应变

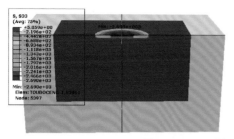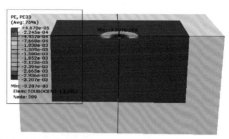

图 4.5　30ns 时的应力波与塑性应变

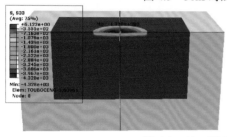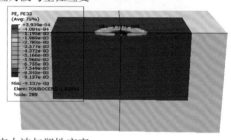

图 4.6　40ns 时的应力波与塑性应变

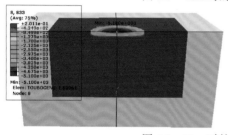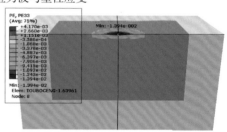

图 4.8　50ns 时的应力波与塑性应变

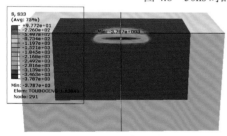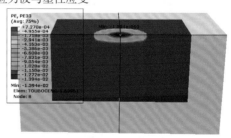

图 4.9　100ns 时的应力波与塑性应变

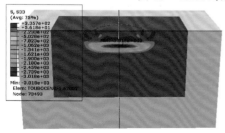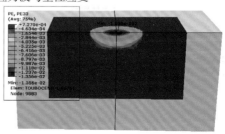

图 4.10　200ns 时的应力波与塑性应变

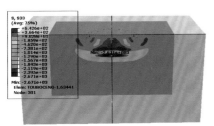 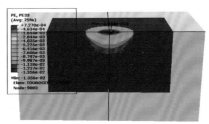

图 4.11　270ns 时的应力波与塑性应变

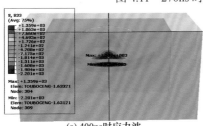 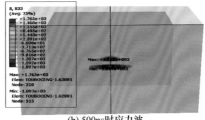

(a) 400ns时应力波　　　　　　　　　　　(b) 500ns时应力波

图 4.13　400ns、500ns 时的应力波

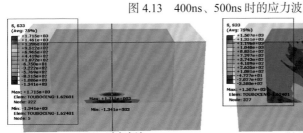 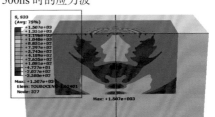

(a) 700ns时应力波　　　　　　　　　　　(b) 780ns时应力波

图 4.14　700ns、780ns 时的应力波透射

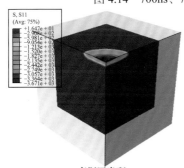 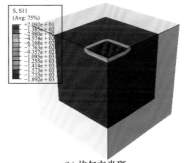

(a) 高斯圆光斑　　　　　　　　　　　(b) 均匀方光斑

图 4.42　不同形式光斑的冲击波作用过程

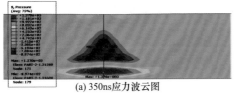 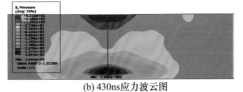

(a) 350ns应力波云图　　　　　　　　　　　(b) 430ns应力波云图

图 4.48　叶身区域冲击背面处第一次应力波反射过程

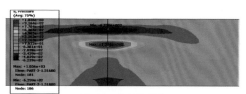
(a) 670ns应力波云图

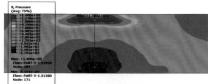
(b) 780ns应力波云图

图 4.49　叶身区域冲击表面处第二次应力波反射过程

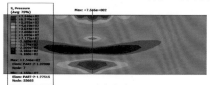
(a) 1000ns应力波云图

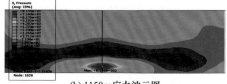
(b) 1150ns应力波云图

图 4.50　叶身区域冲击背面处第三次应力波反射过程

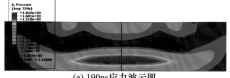
(a) 190ns应力波云图

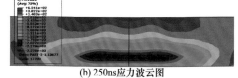
(b) 250ns应力波云图

图 4.58　进、排气边区域冲击背面处第一次应力波反射过程

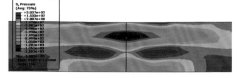
(a) 360ns应力波云图

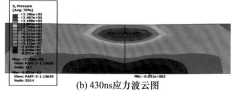
(b) 430ns应力波云图

图 4.59　进、排气边区域冲击表面处第二次应力波反射过程

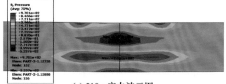
(a) 510ns应力波云图

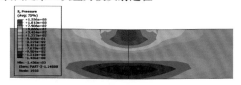
(b) 610ns应力波云图

图 4.60　进、排气边区域冲击背面处第三次应力波反射过程

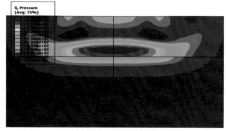
(a) 190ns应力波云图

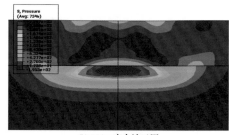
(b) 250ns应力波云图

图 4.69　冲击背面处的应力波透射情况

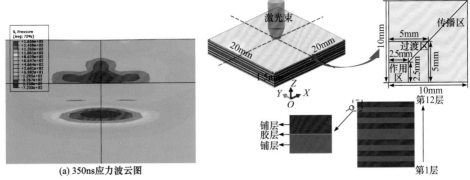

图 4.70　透射波的传播情况　　　图 4.83　树脂基复合材料层合板激光冲击的有限元模型

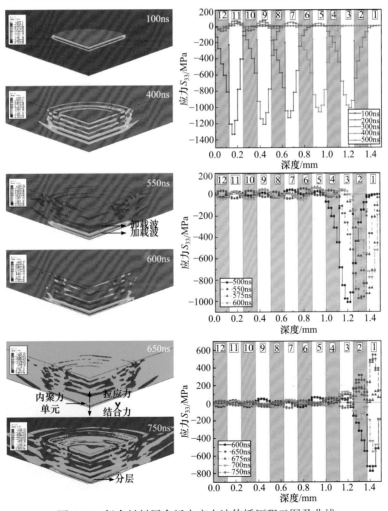

图 4.84　复合材料层合板内应力波传播历程云图及曲线

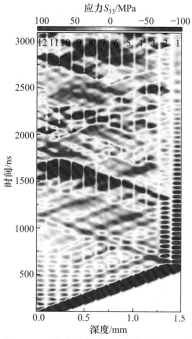

图 4.85　冲击轴线方向应力时空云图

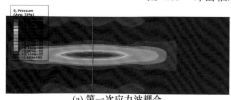

(a) 第一次应力波耦合

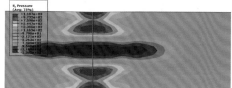

(b) 第二次应力波耦合

图 5.6　前两次应力波耦合时的压力云图(双面对冲-叶身)

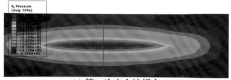

(a) 第一次应力波耦合

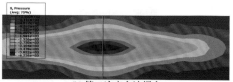

(b) 第二次应力波耦合

图 5.13　前两次应力波耦合时的压力云图(双面对冲-进、排气边)

(a) 靠近表面区域

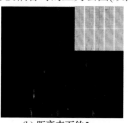

(b) 距离表面约5μm

(c) 距离表面约20μm

图 6.30　TC6 钛合金激光冲击后截面衍射峰分布结果

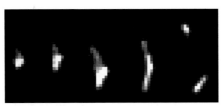

图 6.31　激光冲击波作用下 TC6 钛合金衍射峰形状的演化过程

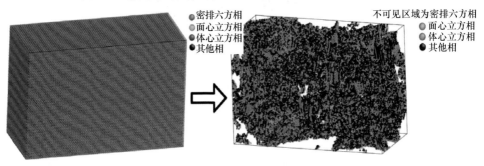

密排六方相
面心立方相
体心立方相
其他相

不可见区域为密排六方相
面心立方相
体心立方相
其他相

图 6.32　冲击波作用下形成的高密度位错结构

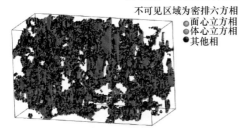

不可见区域为密排六方相
面心立方相
体心立方相
其他相

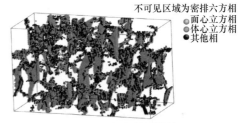

不可见区域为密排六方相
面心立方相
体心立方相
其他相

图 6.33　位错胞结构　　　　　　　图 6.36　新生晶界结构

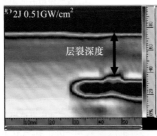

2J 0.51GW/cm^2

层裂深度

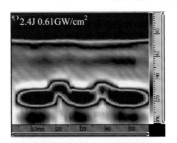

2.4J 0.61GW/cm^2

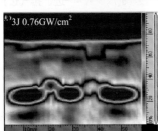

3J 0.76GW/cm^2

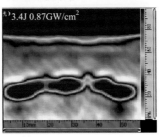

3.4J 0.87GW/cm^2

图 6.40　不同功率密度下复合材料层合板激光冲击后的超声检测结果

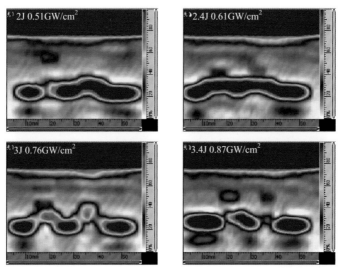

图 6.43 不同功率密度下复合材料层合板高斯激光冲击后的超声检测结果

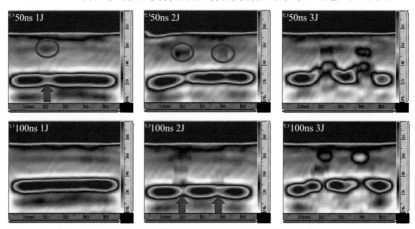

图 6.46 50ns/100ns 脉宽不同能量下复合材料层合板激光冲击后的超声检测结果

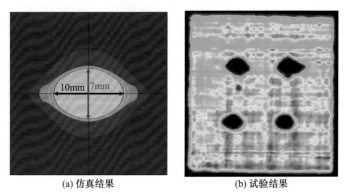

(a) 仿真结果   (b) 试验结果

图 6.50 复合材料层合板的激光冲击层裂形貌